Yellow Warbler

Common Cardinal

Olive-bellied Sunbird

Streaked Spider.

Bronze-winged Jacana

Red Phalarope

Brown Thornbill

Saddleback

Common Rosefinch

Japanese Bush Warbler

Marsh Warbler

Hawfinch

Prothonotary Warbler

European Serin

Yellow-streaked Greenbul

Purplish Jay

Savi's Warbler

Paradise-crow

Forest Wagtail

Bristle-necked Brownbul

Bokmakierie Shrike

Barn swallow

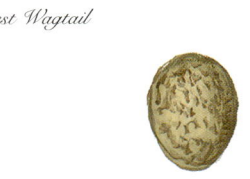
Spike-heeled Lark

Little Friarbird

Grey Butcher Bird

Thick-billed Flowerpecker

Spotted Flycatcher
California Thrasher

Gray's Malimbe

Dead Sea Sparrow

Red-faced Cisticola

Thick-Billed Reed Warbler

Mid-mountain Rail Babbler

Streak-chested Antpitta

Snowcap

Wrentit

世界655種

鳥と卵と巣の大図鑑

吉村卓三 著
鈴木まもる 絵・構成
林 良博 監修

ブックマン社

はじめに

　アフリカ大陸から南東400キロにあるマダガスカル島の南端セントマリー岬の砂丘。この写真は、1997年、私がマダガスカル政府の特別な許可と、国立博物館のDr. ボアラ・ランドリアナソロ館長の協力を得て、絶滅した鳥類史上最大の鳥と言われるエピオルニスの卵を発掘したときの写真です。エピオルニスはマダガスカル島の南端セントマリー岬など温かい砂浜の地中に卵を産み、太陽熱で卵を温めたと言われています。私は現地の人の協力を得てひたすら地面を掘り、ついにエピオルニスの卵を発掘したのです（この卵は、現在、我孫子市鳥の博物館で見ることができます）。

　私が鳥の卵と最初に出会ったのは、小学生の頃のことでした。竹藪の中で偶然ウグイスの巣を発見し、その中にチョコレート色の卵を見つけたのです。その美しさと、そこから新しい生命が誕生するという神秘に心奪われ、それ以来、卵を研究するようになりました。

　日本の鳥にとどまらず、アジア、ヨーロッパ、アメリカ、アフリカ、南米、オーストラリア、ニューギニア……、世界各地の鳥たちの生活を知るにつけ感じたのは、それぞれの環境に適応して巣を作り、卵を産み、新たな生命を産み出している鳥たちの生命力の強さ、その素晴らしさです。それはすべての生命に共通で、驚きと不思議に満ちています。そしてそれは、生命の入ったカプセル"卵"から始まるのです。

　地球という多様な環境の中で、誰にも教わらず巣を作り、卵を産み、雛を育てている鳥たちの生命とその生活の保護に本書が役立てば嬉しいかぎりです。

吉村卓三

　ここは日本から15000キロ離れた南アフリカはウィッサンドの砂漠です。ぼくのうしろにあるのはシャカイハタオリの巣で全長約10メートル、厚さは約3メートルもあります。日中は40度以上、夜間は-15度近くまで冷え込む厳しい環境で暮らしていけるよう、枯草を集めたこのような巣を作るようになったのです。2004年、ぼくはこの鳥の巣が見たくて、日本の裏側まではるばる旅をしてきました。

　ぼくが初めて見た鳥の巣は、家のそばの藪の中で偶然見つけた古い巣でした。小さなかわいい鳥の巣の精巧な作り、そこから巣立っていったであろう雛たちのことを思うと心がとても温かくなりました。こうしてぼくの鳥の巣を探す旅は始まったのです。

　旅の途中、卵博士の吉村卓三さんと出会い、意気投合。本書を作ることになりました。

　生命の始まりである卵と、それを入れるために作り、生命が育つ場としての鳥の巣。どちらも切っても切れない大切なものです。ぼくは画家で絵本作家です。そんな人間から見ると、鳥が誰にも教わらずに新しい生命を育てるために作る鳥の巣は、とても美しい造形物で、なぜ物を作るのかという根源的なことを教えてくれます。この本から鳥と卵と巣の美しさと不思議さ、地球という多様な環境を感じていただければ嬉しいです。世界中の鳥たちが、巣を作り、卵を産み、雛が大空に巣立っていける環境がいつまでも続くことを願うと同時に、それらを守るために、同じ地球上に住む人間として、なにをしなければいけないのか、自然から学ぶことがあるのではないでしょうか。

鈴木まもる

卵について

● 鳥の卵とは？

鳥は、今からおよそ1億5千万年前、小型の恐竜から進化したと言われています。保温や繁殖のため、ウロコは原羽毛になり、さらに大型の肉食恐竜に食べられないように、風切り羽へと進化し、飛翔能力を身につけていったものが出てきたのでしょう。空を飛ぶためには身を軽くする必要があり、骨の構造が変わるだけではなく出産形態も変わった種が出てきました。

恐竜は地上に卵を産みましたが、鳥は飛べることを利用して、捕食動物が来られないような高い木の上や崖など、様々な場所に卵を産むようになりました。そして産卵場所の変化にともない、卵自体にもそれぞれに見つかりづらい色や転がり落ちない形状といった特徴を持つようになり、現在の形になっていったのです。つまり、鳥の卵の形や色を知ることは、その鳥の長い長い歴史や、現在生きている環境を知ることにもつながるのです。

恐竜から進化した
初期の鳥類

高い場所に卵を
産むようになった

● 卵が産まれるまで

雄と雌が交尾して、雌の卵巣で作られた卵黄に雄の精子が結びついた瞬間（受精）、生命の誕生となります。その後、輸卵管を通る間に卵白がつき、子宮で殻とその色がつけられ、「卵」となって産みだされます。

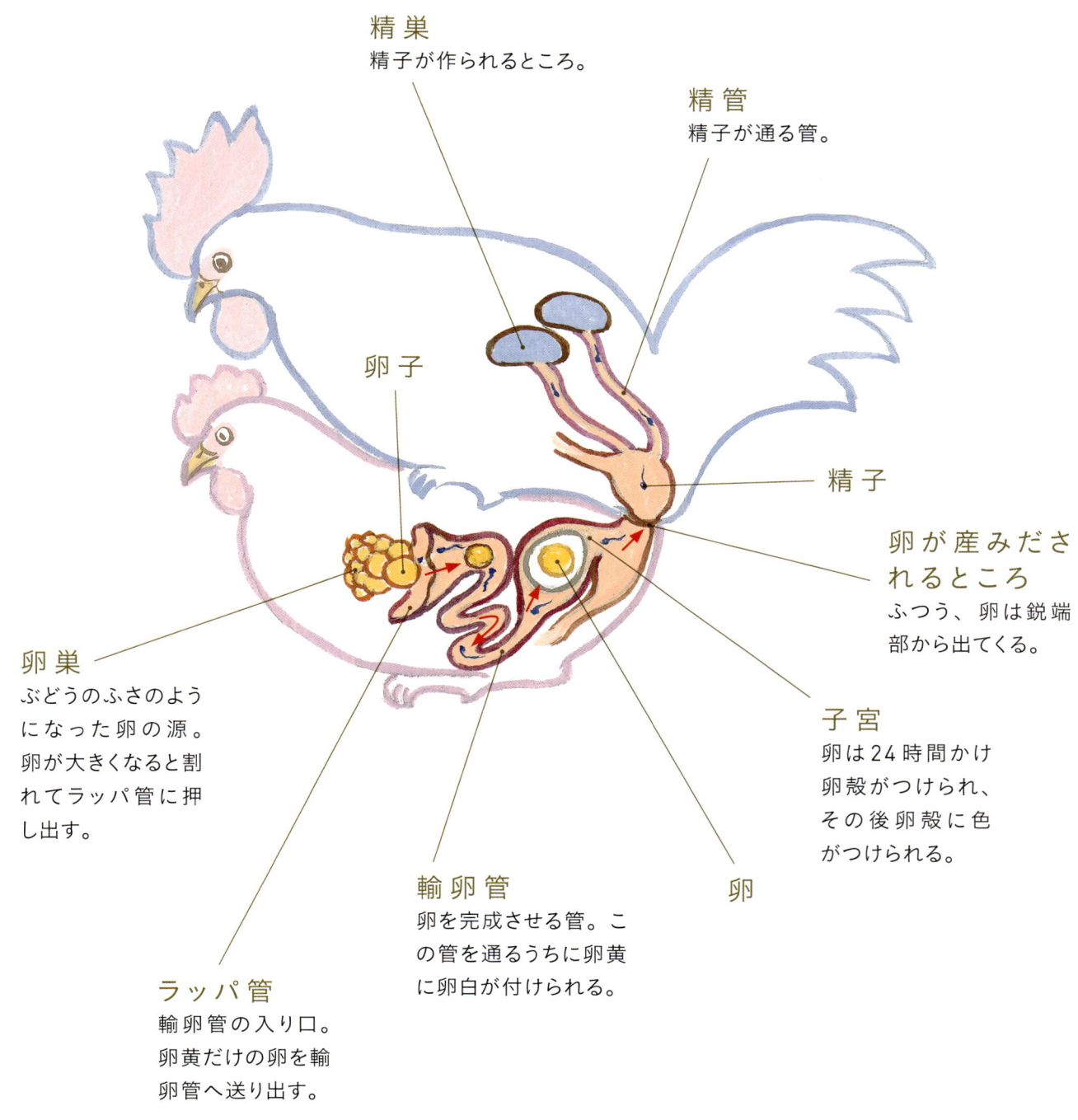

精巣
精子が作られるところ。

精管
精子が通る管。

卵子

精子

卵が産みだされるところ
ふつう、卵は鋭端部から出てくる。

子宮
卵は24時間かけ卵殻がつけられ、その後卵殻に色がつけられる。

卵

輸卵管
卵を完成させる管。この管を通るうちに卵黄に卵白が付けられる。

ラッパ管
輸卵管の入り口。卵黄だけの卵を輸卵管へ送り出す。

卵巣
ぶどうのふさのようになった卵の源。卵が大きくなると割れてラッパ管に押し出す。

● **卵の構造**

卵は通気性のある石灰質の殻に包まれています。中には卵白とカラザがあり、胚盤と卵黄を保護しています。殻の内側には薄い内卵殻膜があり、中の水分が蒸発するのを防いでいます。その一方で通気性はあるので、生命に必要な酸素は自由に取り入れられるようになっているのです。排卵後、すぐに空気が卵殻を通り、気室にたまります。卵黄全体が雛になるのではなく、卵黄についている1mmほどの胚盤が分裂して胚になり、雛に成長していきます。

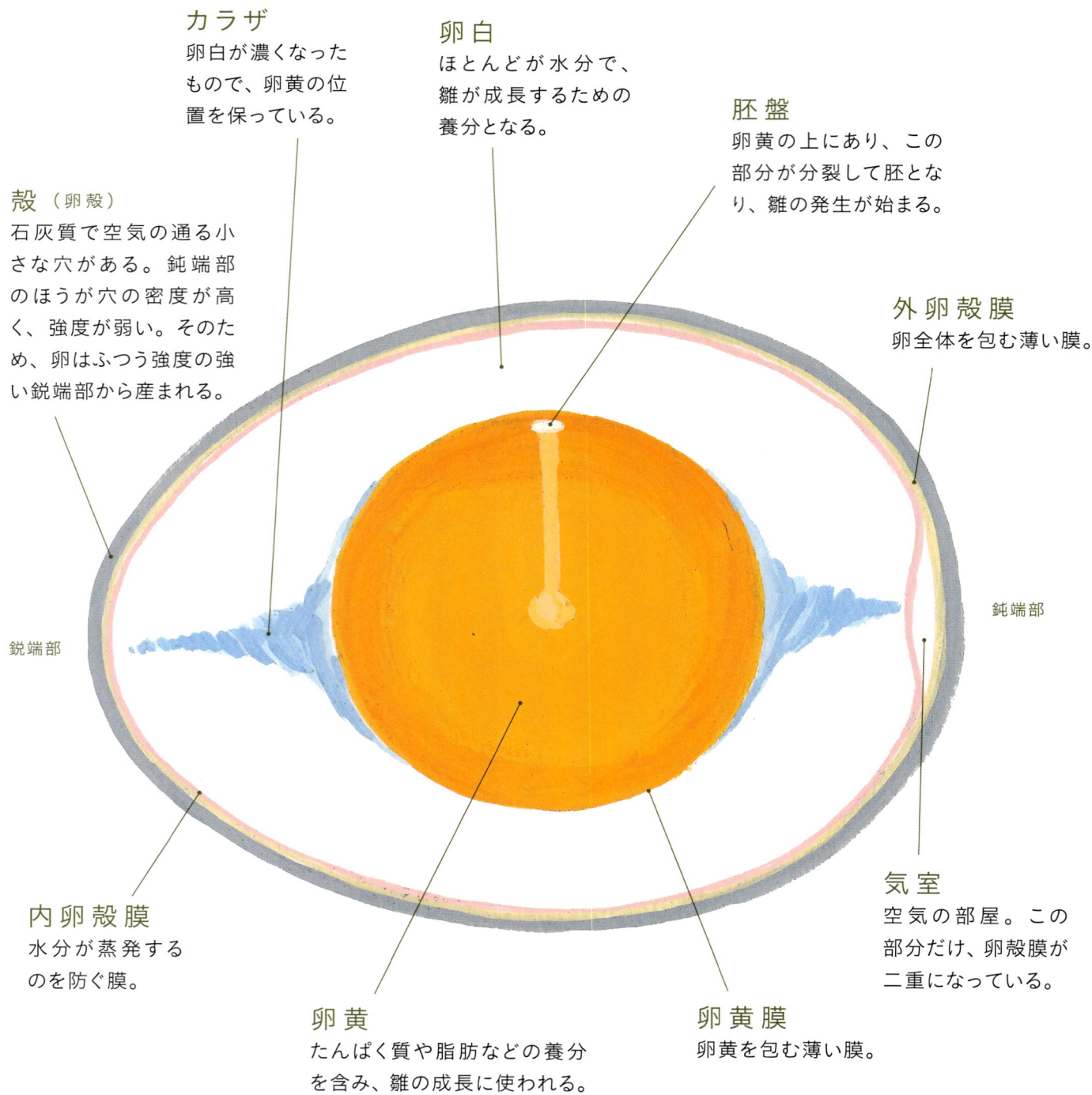

カラザ
卵白が濃くなったもので、卵黄の位置を保っている。

卵白
ほとんどが水分で、雛が成長するための養分となる。

胚盤
卵黄の上にあり、この部分が分裂して胚となり、雛の発生が始まる。

殻（卵殻）
石灰質で空気の通る小さな穴がある。鈍端部のほうが穴の密度が高く、強度が弱い。そのため、卵はふつう強度の強い鋭端部から産まれる。

外卵殻膜
卵全体を包む薄い膜。

鋭端部

鈍端部

内卵殻膜
水分が蒸発するのを防ぐ膜。

卵黄
たんぱく質や脂肪などの養分を含み、雛の成長に使われる。

卵黄膜
卵黄を包む薄い膜。

気室
空気の部屋。この部分だけ、卵殻膜が二重になっている。

● 卵の模様と形状

※名称は海外の文献を参考にしていますが、正式なものではありません。

模様

模様の入り方				

無地	帯状	キャップ状	2種以上の模様が重なる

模様の種類				

糸状斑	筋模様	墨流し	点、小斑

斑、まだら	シミ	散らばる	細かく、密に

形状

球形　　楕円形　　円筒形　　短卵形

卵形　　長卵形　　短洋梨形　　洋梨形　　長洋梨形

巣について

● 鳥の巣とは？

鳥は卵を産むときに巣を作ります。壊れやすい卵を安全に温め、雛が飛べるようになるまで安心して暮らせる場所が必要だからです。鳥の巣は鳥の家ではありません。雛は飛べるようになると巣立ち、巣には帰ってきません。雛が巣立った後の巣は雨や風で自然に壊れます。親鳥は来春また繁殖時期を迎えると、新たに巣を作るのです。

● なぜ巣を作るのか？

胎生であるヒトは受精後約10カ月間お腹の中で赤ちゃんを育てます。カンガルーなどの有袋類は胎児の状態で母親のお腹の袋に移動し、その中で育ちます。恐竜や爬虫類、魚類は一度に複数の卵を産みます。しかし、鳥は空を飛ぶため、お腹にたくさんの卵を抱えているわけにはいかず、卵管で作られた卵はその都度産み落とされます。その卵の安全な保管場所が"巣"です。

鳥は身を軽くするため、卵や雛を育てる場所を体の外に作るようになったのです。

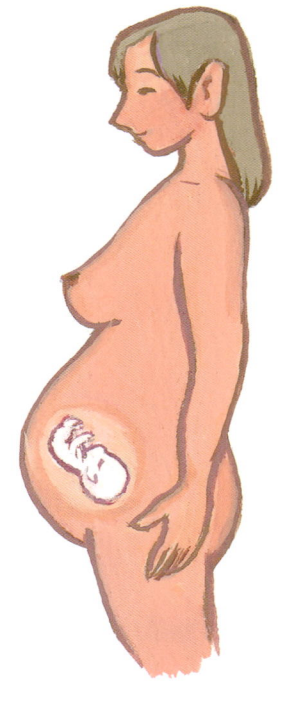

10カ月間、お腹の中で育てる

母親のお腹の袋の中で育てる

巣を作り、産卵して巣の中で育てる

● **巣の形や場所は鳥それぞれ**

巣の形状や巣材、営巣場所などは、鳥によって異なります。多様な地球環境の中で、お互いの生息環境を乱さないように住み分けてきたためです。それぞれの鳥がもっとも安心できる空間を作ったとき、そこが巣になります。

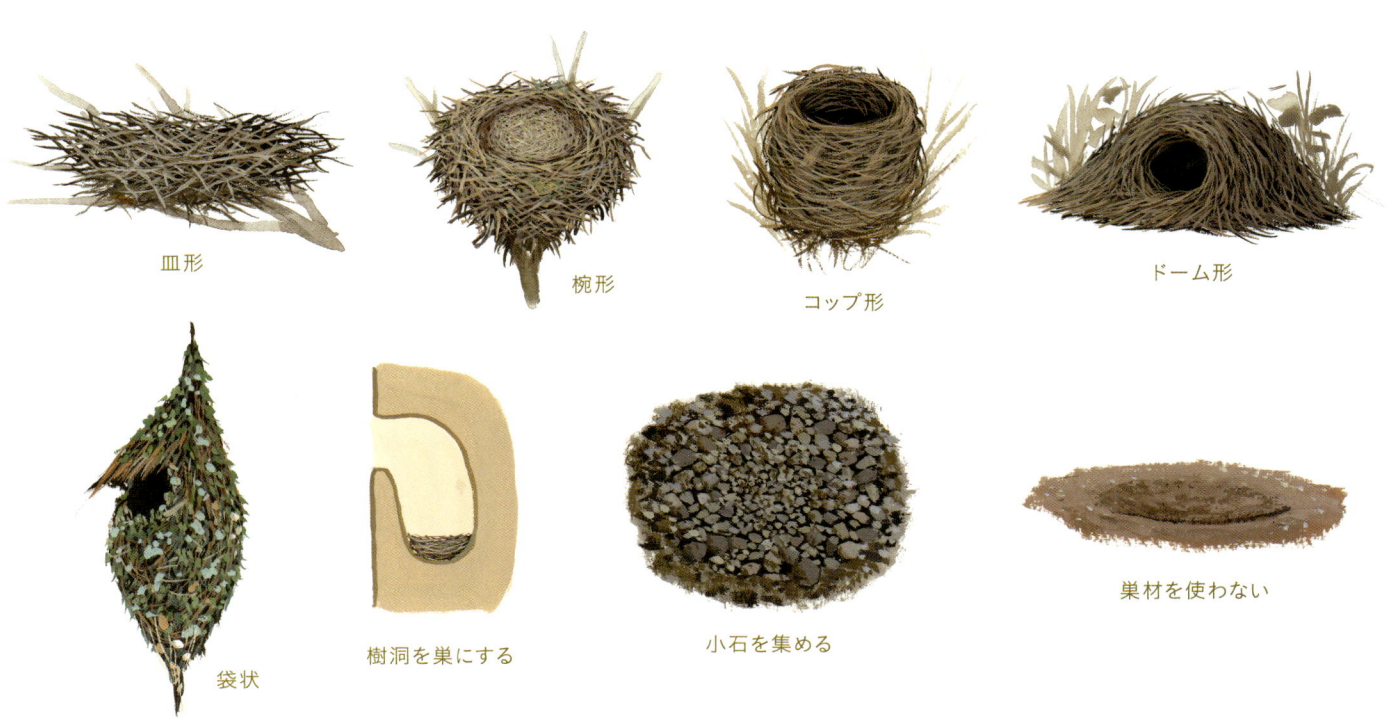

● **巣の主な形状**

※名称は海外の文献を参考にしていますが、正式なものではありません。

皿形　　椀形　　コップ形　　ドーム形

袋状　　樹洞を巣にする　　小石を集める　　巣材を使わない

● 卵と巣の関係

> 穴の中を巣にする鳥

転がっていく心配がないため、卵の形は球形です。
また、暗いので卵に色はついておらず、白色です。

> 地面の上を巣にする鳥

産卵した卵が1カ所にまとまるよう、先がとがった形をしています。バラバラにならないため、温めやすいのです。
また、目立たないように土や石のような模様をしています。

地上にある巣は襲われやすいので、親鳥は傷ついたフリ（擬態）をして巣から敵を遠ざける。

> 崖の棚を巣にする鳥

巣材がほとんどないため、転がっても落ちないように卵は先がとがった形をしています。

> 水上に巣を作る鳥

レンカクなどは水の上に巣を作ります。そのため、卵の殻の外側が防水になっています。

● 巣立ちまでと巣の関係

早成性の鳥

ホロホロチョウは、産卵後24日間抱卵すると、雛がかえります。卵から出てきたときにはすでに羽が生えており、孵化後4～5時間で歩けるようになります。早成性の鳥は孵化から巣立ちまでが早いため、巣は地上に少し巣材を集めただけの簡単なものが多いです。

孵化直後
孵化後4～5時間経過

晩成性の鳥

ホオジロは、産卵後11日間抱卵すると雛がかえります。孵化直後は羽も生えてなく、目も開いていません。親から餌をもらいながら11日間巣の中で過ごすと、羽が生えて巣立ちます。晩成性の鳥は巣立ちまで数日を巣で過ごすため、雛を温めたり、雛が巣から落ちないよう、巣は椀形や袋状など、雛が暮らしやすいようになっています。そのため産座には毛や羽、細い植物などやわらかい素材を使います。

孵化直後
孵化後11日経過

● 巣の場所と雛の成長

ホオジロなど地面に近い場所に営巣する鳥の雛は襲われやすいため、孵化後約11日ほどで巣立ちます。

キツツキなど樹洞を巣にする鳥の雛は、巣立ちまで約21日前後かかります。外敵に気づかれにくいためと考えられます。

※早成性と晩生成では卵黄の量が違い、早成性は卵の大きさに対する卵黄の量が約40％、晩生成は卵黄の量が20％ほどです。

本書について

本書は、著者所蔵の卵の標本を中心に、世界各地の研究所、施設等で保管されている655種の鳥の卵、および種の基本データと巣の様子を、写真、絵、解説でまとめた図鑑です。

和名、英名、分類学上の目、科、学名については、『世界鳥類和名辞典』（山階芳麿著 1986年大学書林）、『日本鳥類目録 改訂第7版』（日本鳥学会編2012年）、『HANDBOOK of THE BIRDS of THE WORLD』（Lynx）、IOC（International Ornithological Congress 国際鳥類会議）などの分類を基本資料としています。また、掲載順序は基本的に分類順に従いましたが、類似種との比較など編成上変更したところもあります。

● 解説の見方

1. アビ
2. Red-throated Loon
3. *Gavia stellata*
4. アビ目アビ科
5. 全長：53〜69cm
6. 一腹卵数：1〜3卵（通常2卵）
7. 抱卵日数：約27日
8. 卵のサイズ：70×44mm

実物大

9. ［卵の特徴］長卵形。地色は濃いオリーブ色を帯びた褐色で、黒褐色の目立ったまだら模様がある。つやはあるが、ざらざらしていて、ほかの鳥の卵とは異なる独特の色味をしている。

10. ［巣・繁殖］川辺や湖畔で、枯草などを集めて中央をくぼませ、皿形の巣を作る。雌雄で抱卵。

11. ［生息場所］北半球の亜寒帯と寒帯の湖沼で繁殖し、沿岸部で越冬する。日本では、冬鳥として北海道から九州の沿岸で見られる。

12. （卵写真）
13. （鳥イラスト）
14. （巣イラスト）
15. 鳥メモ　アビ類のなかで最小の種。広島県の県鳥。

① 和名

② 英名

③ 学名

④ 目名、科名

⑤ 全長
くちばしの先から尾の先までの長さ。基本的に雄の大きさを記載しています。

⑥ 一腹卵数
1回の繁殖で産む卵の平均的な数。

⑦ 抱卵日数
抱卵を始めてから孵化までの日数。

⑧ 卵のサイズ
卵の長径×短径。記載した数字は掲載卵のひとつの実際の数値です。大きさには個体差があります。

⑨ 卵の特徴
卵の形や色、模様など。

⑩ 巣・繁殖
巣を作る場所、巣材や巣の形状など。鳥にとって"もっとも安心できる空間"を巣の定義とし、巣材を使っていないものも本書では"巣"としています。

産座 / 外装

⑪ 生息場所
主な分布域や繁殖地など。

⑫ 卵
「実物大」マークの卵は、掲載卵の実際の大きさです。縮小版の卵は色や模様、形の違いなど、個体差の参考にしてください。なかには、親鳥の爪の傷跡や巣内での汚れが付着した卵もあります。模様と区別するため、下図のように説明を加えています。

親鳥の爪の傷

⑬ 鳥
基本的に雄の鳥を描いています。

⑭ 巣
平均的な巣の様子を描いています。ただし、営巣場所の環境により、巣材、大きさなどは異なります。

⑮ 鳥メモ
そのほかに特筆すべきデータをまとめています。

目次

はじめに ―― 002

卵について ―― 004
　鳥の卵とは？
　卵が産まれるまで
　卵の構造
　卵の模様と形状

巣について ―― 008
　鳥の巣とは？
　なぜ巣を作るのか？
　巣の形や場所は鳥それぞれ
　巣の主な形状
　卵と巣の関係
　巣立ちまでと巣の関係

本書について ―― 012

掲載目科一覧 ―― 015

＊

非スズメ目 ―― 019
スズメ目 ―― 256

世界のめずらしい巣 ―― 367

＊

おわりに ―― 370

索引 ―― 373

参考文献 ―― 387

掲載目科一覧

- **エピオルニス目**
  エピオルニス ……………………… 019

- **モア目**
  モア科 ……………………………… 022

- **ダチョウ目**
  ダチョウ科 ………………………… 024

- **レア目**
  レア科 ……………………………… 026

- **ヒクイドリ目**
  ヒクイドリ科 ……………………… 028
  エミュー科 ………………………… 030

- **キーウィ目**
  キーウィ科 ………………………… 031

- **シギダチョウ目**
  シギダチョウ科 …………………… 033

- **ペンギン目**
  ペンギン科 ………………………… 038

- **アビ目**
  アビ科 ……………………………… 043

- **カイツブリ目**
  カイツブリ科 ……………………… 045

- **ネッタイチョウ目**
  ネッタイチョウ科 ………………… 046

- **ミズナギドリ目**
  アホウドリ科 ……………………… 048
  ミズナギドリ科 …………………… 051
  ウミツバメ科 ……………………… 056

- **ペリカン目**
  ペリカン科 ………………………… 059
  サギ科 ……………………………… 066
  トキ科 ……………………………… 076

- **カツオドリ目**
  カツオドリ科 ……………………… 061
  ウ科 ………………………………… 062
  ヘビウ科 …………………………… 065
  グンカンドリ科 …………………… 065

- **コウノトリ目**
  シュモクドリ科 …………………… 073
  コウノトリ科 ……………………… 074

- **フラミンゴ目**
  フラミンゴ科 ……………………… 079

- **カモ目**
  カモ科 ……………………………… 081

- **タカ目**
  コンドル科 ………………………… 095
  ミサゴ科 …………………………… 098
  タカ科 ……………………………… 099
  ヘビクイワシ科 …………………… 116

- **ハヤブサ目**
  ハヤブサ科 ………………………… 116

- **キジ目**
  ツカツクリ科 ……………………… 119
  ホウカンチョウ科 ………………… 123
  シチメンチョウ科 ………………… 127
  キジ科 ……………………………… 127
  ナンベイウズラ科 ………………… 144
  ホロホロチョウ科 ………………… 146

- **ツメバケイ目**
  ツメバケイ科 ……………………… 150

- **ツル目**
  ツル科 ……………………………… 150
  ラッパチョウ科 …………………… 155
  クイナ科 …………………………… 155

- **ノガン目**
  ノガン科 …………………………… 163

- **チドリ目**
  ミフウズラ科 ……………………… 147
  レンカク科 ………………………… 165
  タマシギ科 ………………………… 167
  セイタカシギ科 …………………… 168
  イシチドリ科 ……………………… 170
  ツバメチドリ科 …………………… 171
  チドリ科 …………………………… 173
  シギ科 ……………………………… 184
  トウゾクカモメ科 ………………… 197
  カモメ科 …………………………… 198
  ウミスズメ科 ……………………… 209

- **サケイ目**
  サケイ科 …………………………… 215

- **ハト目**
  ハト科 ……………………………… 216

- **オウム目**
  オウム科 …………………………… 221
  インコ科 …………………………… 222

- **カッコウ目**
  エボシドリ科 ……………………… 227
  カッコウ科 ………………………… 228

- **フクロウ目**
  フクロウ科 ………………………… 230

- **ヨタカ目**
  ヨタカ科 …………………………… 234

- **アマツバメ目**
  アマツバメ科 ……………………… 236
  カンムリアマツバメ科 …………… 237
  ハチドリ科 ………………………… 238

- **ネズミドリ目**
  ネズミドリ科 ……………………… 241

- **キヌバネドリ目**
  キヌバネドリ科 …………………… 242

- **ブッポウソウ目**
  カワセミ科 ………………………… 242
  コビトドリ科 ……………………… 244
  ハチクイ科 ………………………… 245
  ブッポウソウ科 …………………… 246

- **サイチョウ目**
  ヤツガシラ科 ……………………… 247
  モリヤツガシラ科 ………………… 248
  サイチョウ科 ……………………… 248

- **キツツキ目**
  オオハシ科 ………………………… 250
  キツツキ科 ………………………… 253
  ミツオシエ科 ……………………… 256

- **スズメ目**
  カマドドリ科 ……………………… 256
  タイランチョウ科 ………………… 257
  ヤイロチョウ科 …………………… 259
  コトドリ科 ………………………… 259
  ヒバリ科 …………………………… 260
  ツバメ科 …………………………… 262
  セキレイ科 ………………………… 267
  サンショウクイ科 ………………… 271
  ヒヨドリ科 ………………………… 272
  レンジャク科 ……………………… 275
  カワガラス科 ……………………… 276
  ミソサザイ科 ……………………… 277
  マネシツグミ科 …………………… 278
  イワヒバリ科 ……………………… 279
  モズ科 ……………………………… 280
  ヤブモズ科 ………………………… 284
  メガネモズ科 ……………………… 285
  オーストラリアヒタキ科 ………… 285
  ヒタキ科 …………………………… 286
  オウギビタキ科 …………………… 301
  カササギヒタキ科 ………………… 302
  モズヒタキ科 ……………………… 303
  セッカ科 …………………………… 304
  オーストラリアムシクイ科 ……… 306
  キクイタダキ科 …………………… 306
  トゲハシムシクイ科 ……………… 307
  ウグイス科 ………………………… 308
  センニュウ科 ……………………… 309
  ヨシキリ科 ………………………… 311
  ズグロムシクイ科 ………………… 313
  ムシクイ科 ………………………… 314
  チメドリ科 ………………………… 317
  シジュウカラ科 …………………… 318
  ゴジュウカラ科 …………………… 319
  エナガ科 …………………………… 320
  ツリスガラ科 ……………………… 321
  キバシリ科 ………………………… 322
  ダルマエナガ科 …………………… 322
  タイヨウチョウ科 ………………… 323
  ミツスイ科 ………………………… 327
  メジロ科 …………………………… 329
  スズメ科 …………………………… 330
  カエデチョウ科 …………………… 332
  アトリ科 …………………………… 334
  コウライウグイス科 ……………… 340
  ハタオリドリ科 …………………… 341
  ホオジロ科 ………………………… 344
  フエガラス科 ……………………… 349
  ハワイミツスイ科 ………………… 350
  ムクドリモドキ科 ………………… 351
  ムクドリ科 ………………………… 352
  オウチュウ科 ……………………… 354
  ニワシドリ科 ……………………… 355
  フウチョウ科 ……………………… 357
  カラス科 …………………………… 359

注意

2014年4月現在のデータに基づいています。

絶滅種に関して、鳥の姿や巣の様子は資料に基づいて復元しておりますが、色や形など推測によるところもあります。また、資料の少ない種においても同様です。

掲載した卵の写真は、巣内での汚れが付着したり、時間の経過で変色しているものもあります。また、色や模様、大きさ、形状には個体差があります。

鳥と巣の絵は、種の平均的なものを描いており、それぞれ個体差があります。

史上最大の卵と最小の卵

地球上で確認されている鳥の卵のなかで、最も大きいのはエピオルニスの卵です。17世紀頃に絶滅した地上性の巨鳥で、2013年4月に半化石化した卵がオークションにかけられ、約6万6700ポンド（約1千万円）で落札されて話題になりました。対して、世界最少の卵と言われているのが、マメハチドリの卵です。全長わずか5〜6cmと体も鳥類最少であり、卵は1cmほどもありません。ほかにも、磁器のようなツヤを持つ卵や、きれいな模様の入った卵など、世界中の鳥が個性豊かなように、卵も実に多種多様です。

エピオルニス
Elephant Bird
330×256mm
→P.19

マメハチドリ
Bee Hummingbird
7.5×5mm
→P.241

● エピオルニス目／エピオルニス科
走鳥類。足が太く、翼は少し残っていた。種数は不明。

エピオルニス（象鳥） 絶滅種
Elephant Bird

Aepyornis maximus
エピオルニス目エピオルニス科
全長：約3m

● 一腹卵数：不明
● 抱卵日数：不明
● 卵のサイズ：330×256mm

［卵の特徴］楕円形。淡黄褐色で、無斑。容量は9リットル以上。

［巣・繁殖］産卵が近くなると暖かい南に移動し、マダガスカル島の南端にあるセントマリー岬の砂丘や沼沢地などのくぼみに産卵。砂や枯草などで覆い、温暖地の太陽熱を利用して孵化させていたと考えられている。

［生息場所］マダガスカル島にだけ生息したと言われるが、この種のルーツは現在も不明。

鳥メモ
史上最も体重の重い鳥と言われ、450kgほどになった。オーストラリア、ニューギニアに生息する現生のヒクイドリにごく近縁の鳥と言われている。

非スズメ目 ········ 019〜256
スズメ目 ·········· 256〜366

実物大

● モア目／モア科

走鳥類。くちばしの形から植物を食べていたと思われる。20種くらいいたという記録があるが、正確な種数は不明。

モア 絶滅種
Giant Moa

Dinornis maximus
モア目モア科
全長：約360cm

- 一腹卵数：不明
- 抱卵日数：不明
- 卵のサイズ：218×170mm

[卵の特徴] 楕円形。白色で、無斑。

[巣・繁殖] 林の中で、くぼみを利用して産卵していたと言われている。

[生息場所] ニュージーランド。

＊写真の卵は、原寸大に模り、卵殻を貼って再現したものです。サイズは、卵殻の勾配の角度から算出しました。

鳥メモ
先住民のマオリ族によって食用に狩られたことから次第に絶滅が進み、北島では17世紀、南島では19世紀の初めに全種が絶滅した。鳥類史上最も背の高い鳥で、頭高3.9mに達する種（ジャイアントモア）も生息していたと言われている。

実物大

● ダチョウ目／ダチョウ科
走鳥類。現生鳥類のなかで最大。1種のみ。

ダチョウ
Ostrich

Struthio camelus
ダチョウ目ダチョウ科
全長：210〜275cm

- 一腹卵数：5〜11卵
- 抱卵日数：42〜45日
- 卵のサイズ：160×117mm

［卵の特徴］　楕円形。光沢のある白黄色か乳白色で、無斑。

［巣・繁殖］　足で地面を引っ掻いて直径130〜150cmのくぼみを作り、巣にする。巣を作った1羽の雄と3〜6羽の雌が群れになり、雌は共同の巣に産卵するため、一巣卵数が40卵ほどになることもある。すべての雌が産み終わるまでにおよそ3週間を要し、産卵が終わると最初に卵を産んだ強い雌がほかの雌を追い払う。おもに昼間は雌、夜間は雄が抱卵する。

［生息場所］　アフリカ東部、西部、南アフリカの乾燥した平坦なサバンナや半砂漠に生息する。

○ 実物大

鳥メモ
脚の指が二趾ある。

● レア目／レア科
南米最大の走鳥類。全2種。

レア（アメリカダチョウ）
Greater Rhea

Rhea americana
レア目レア科
全長：127〜140cm

● 一腹卵数：10〜13卵
● 抱卵日数：35〜40日
● 卵のサイズ：133×88mm

[卵の特徴]　楕円形に近い卵形。産卵直後は黄金色だが、すぐ淡黄色になる。無斑。

[巣・繁殖]　草原の開けた場所で、1羽の雄が4〜5羽の雌と次々に交尾する。地面を浅く掘ったくぼみに枯草などを敷いて巣にする。雌は共同の巣に産卵するため、一巣卵数が13〜15卵ほどになる（最高で80卵の記録が残っている）。巣作り、抱卵、子育ては雄が行う。

[生息場所]　ブラジル東部からアルゼンチン中部に分布し、草原の開けた土地に群れで移動する。

🐦 鳥メモ
『進化論』で知られるチャールズ・ダーウィンは、イギリス海軍の測量船「ビーグル号」に乗船した際、夕食にレアの脚を食べ、レアとダーウィンレアの2種の骨の構造の違いに気がついたと言われている。

実物大

ダーウィンレア
Lesser Rhea

Rhea pennata
レア目レア科
全長：92〜100cm

- 一腹卵数：10〜13卵
- 抱卵日数：約40日
- 卵のサイズ：112×74mm

 鳥メモ
寿命は、野生では20年以下、飼育下では最高40年。

実物大

[卵の特徴] 楕円形に近い卵形。オリーブ色を帯びた淡い黄褐色でつやがあり、無斑。

[巣・繁殖] 地面を引っ掻いてくぼみを作り、枯草などを集めて巣にする。繁殖は晩冬に始まり、雄が求愛の際に激しい誇示行動をして複数の雌を引きつける。雌は共同の巣で産卵するため、一巣卵数が13〜50卵ほどになる。雄が抱卵。

[生息場所] アンデス山脈東部からパタゴニアにかけてのプーナ地帯に分布。

● ヒクイドリ目／ヒクイドリ科
走鳥類。頭部がかぶとのようにかたくなっている。全3種。

ヒクイドリ
Southern Cassowary

Casuarius casuarius
ヒクイドリ目ヒクイドリ科
全長：130〜170cm

実物大

- 一腹卵数：3〜5卵
- 抱卵日数：約50日
- 卵のサイズ：140×73mm

[卵の特徴]　長卵形。つやのある美しい黄緑色で、無斑。表面は細かい粒で覆われ、ざらざらしている。

[巣・繁殖]　森の木の根元などに枯木や枯葉、樹皮などを集め、体を押しつけ中央を少しくぼませて巣にする。巣作り、抱卵、子育ては雄が行う。一夫多妻。

[生息場所]　オーストラリア北東部、ニューギニア、セラム島、アル諸島に密生した熱帯雨林。

コヒクイドリ
Dwarf Cassowary

Casuarius bennetti
ヒクイドリ目ヒクイドリ科
全長：100〜110cm

- 一腹卵数：3〜5卵
- 抱卵日数：約49日
- 卵のサイズ：133×86mm

［卵の特徴］楕円形。美しい若草色か暗い緑色で、つやがある。表面は細かい粒で覆われ、ざらざらしている。

［巣・繁殖］2800m前後の山地で、草や木の小枝を集め、中央を浅くくぼませて巣にする。巣作り、抱卵、子育ては雄が行う。

［生息場所］ニューギニアのニューブリテン島の標高2500〜3000mまでの森林や二次林で、丘陵や樹木限界あたりの山地に生息。

 鳥メモ
世界で最も危険な鳥とされ、雌は巣ごもり前になると異常に攻撃的になる。雌は雄よりも大きい。

実物大

● ヒクイドリ目／エミュー科
走鳥類。1種のみ。

エミュー
Emu

Dromaius novaehollandiae
ヒクイドリ目エミュー科
全長：150〜190cm

● 一腹卵数：5〜15卵
● 抱卵日数：約56日
● 卵のサイズ：135×88mm

鳥メモ
オーストラリアの国鳥。

実物大

[卵の特徴]　楕円形。暗緑色から青緑色で、無斑。

[巣・繁殖]　1羽の雄と2〜3羽の雌が群れになり、雌が積極的に求愛を行う。巣作りは雄で、地面を踏みつけ、浅いくぼみを作り、枯草を集めて巣にする。雌は共同の巣に産卵するため、一巣卵数が8〜20卵ほどになる。産卵後、雌は巣を離れ、雄が抱卵と子育てを行う。

[生息場所]　タスマニア島、熱帯雨林を除くオーストラリアのほぼ全土の乾燥した平坦なサバンナや開けた草原に分布している。オーストラリア固有種。

● キーウィ目／キーウィ科

走鳥類。くちばしの先に鼻孔があり、嗅覚が発達している。全3種。

キーウィ
Brown Kiwi

Apteryx australis
キーウィ目キーウィ科
全長：50〜65cm

● 一腹卵数：1〜3卵
● 抱卵日数：75〜84日
● 卵のサイズ：110×65mm

［卵の特徴］長卵形。白色で無斑。鳥の大きさに比べ卵が大きく、雌の体重の14〜20％もある。

［巣・繁殖］土手などに自分で穴を掘ったり、根や岩の隙間を巣にする。巣は産卵する数カ月前に作り、産卵するときには周囲に草が生えて入口がわからなくなる。産卵する2週間ほど前に雄が草や苔を産室に運ぶ。同じ場所に続けて産卵せず、必ず違う場所で産卵する。雄は抱卵中、夜になると餌を採りに行くが、巣を離れるときは枝や葉で巣穴の入口を隠して行く。雄が抱卵している間、雌は巣の外にいる。子育ては雄雌で行う。

［生息場所］ニュージーランドの北島、スチュアート島に生息。

＜鳥と卵の大きさ比較＞

鳥メモ
ニュージーランドの国鳥。

汚れ
実物大

コマダラキーウィ
Little Spotted Kiwi

Apteryx owenii
キーウィ目キーウィ科
全長：35〜45cm

- 一腹卵数：1〜2 卵
- 抱卵日数：63〜76 日
- 卵のサイズ：119×75mm

[卵の特徴]　長卵形。白色で、無斑。鳥の大きさに比べ卵が大きく、同程度の大きさの鳥が生む卵の約4〜5倍ある。

[巣・繁殖]　産卵の数カ月前に、土手に穴を掘ったり根や岩の隙間などを利用して営巣。雄は、産卵の2週間前になると草や苔を産室に運ぶ。産卵時には周囲に生えた草で入口が隠れる。産卵は同じ場所で続けて行うことはなく、必ず違う場所で産卵する。抱卵は雄が行い、夜に餌を採るために巣を離れる際は枝や葉などで入口を隠す。雌は巣穴の外にいる。子育ては雄雌で行う。

[生息場所]　もともとはニュージーランドの南島に生息していたが、保護のため、北島西岸のカピティ島などに移された。

実物大

● シギダチョウ目／シギダチョウ科
中型の鳥。体はまるまるとし、あまり飛ばない。全47種。

オバシギダチョウ
Solitary Tinamou

Tinamus solitarius
シギダチョウ目シギダチョウ科
全長：42〜48cm

● 一腹卵数：5〜14卵
● 抱卵日数：19日
● 卵のサイズ：65×51mm

［卵の特徴］濃い緑青色で無斑。見事なつやがある。

［巣・繁殖］森の木の根元の陰などで、枯葉のたまったところに体を押しつけてくぼませ、巣にする。一夫多妻で、雌は数カ所の巣に産卵する。抱卵、子育ては雄が行う。

［生息場所］ブラジル東部からアルゼンチン北東部に分布し、熱帯の森林に生息。

実物大

33

コシギダチョウ
Little Tinamou

Crypturellus soui
シギダチョウ目シギダチョウ科
全長：21〜24cm

- 一腹卵数：1〜4卵
- 抱卵日数：19日
- 卵のサイズ：36×27mm

実物大

[卵の特徴] 地色はオリーブ色を帯びた褐色で、淡褐色の小さなまだら模様が薄くついている。

[巣・繁殖] 木の根の陰などで、枯葉のたまったところに体を押しつけてくぼませ、巣にする。雄が抱卵。

[生息場所] メキシコ南部からブラジル、ボリビアに分布。

ヤブシギダチョウ
Thicket Tinamou

Crypturellus cinnamomeus
シギダチョウ目シギダチョウ科
全長：25〜30cm

- 一腹卵数：2〜3卵
- 抱卵日数：約20日
- 卵のサイズ：45×37mm

実物大

[卵の特徴] 淡い赤褐色を帯びた灰色で、無斑。

[巣・繁殖] 木の根元や藪の中などの落葉のある地面をひっかいたり体を押しつけてくぼませ、巣にする。複数の雌が共同の巣で産卵するため、一巣卵数は7卵ほどになる。

[生息場所] メキシコからコスタリカの木のまばらな林に生息。生息地の周辺のコーヒー農園などにも見られる。群れをつくらない。

アカバネシギダチョウ
Red-winged Tinamou

Rhynchotus rufescens
シギダチョウ目シギダチョウ科
全長：39〜43cm

- 一腹卵数：5卵
- 抱卵日数：19〜21日
- 卵のサイズ：52×34mm

[卵の特徴]　産卵時は明るい赤紫色か、暗赤色で、時間が経つとくすんだ鉛色や灰緑色に変わる。無斑。

[巣・繁殖]　枯草などがある地面に体を押しつけてくぼませ、巣にする。

[生息場所]　北はブラジルのマトグロッソ高原とブラジル高原、南はアルゼンチンのパンパまで分布。低地および標高2500m以下の山地の草地や薮に生息。

実物大

アレチシギダチョウ
Brushland Tinamou

Nothoprocta cinerascens
シギダチョウ目シギダチョウ科
全長：30〜33cm

- 一腹卵数：8〜11卵
- 抱卵日数：19〜20日
- 卵のサイズ：43×35mm

実物大

[卵の特徴]　つやのある茶褐色で、無斑。磁器のように滑らかな触感がある。

[巣・繁殖]　薮の中で、枯草などの積もった地面をひっかいたり体を押しつけてくぼませ、巣にする。雌は数カ所の巣で産卵後、巣を離れる。抱卵、子育ては雄が行う。

[生息場所]　南アメリカのボリビア、パラグアイ、アルゼンチンに生息。

アンデスシギダチョウ
Andean Tinamou

Nothoprocta pentlandii
シギダチョウ目シギダチョウ科
全長：25〜30cm

- 一腹卵数：5〜8卵
- 抱卵日数：19〜21日
- 卵のサイズ：52×34mm

[卵の特徴]　全体的につやのあるチョコレート色で、鋭端部が薄い赤茶色。無斑。

[巣・繁殖]　藪の中で、枯草のある地面に体を押しつけてくぼませ、巣にする。羽毛をまぜることもある。

[生息場所]　エクアドル南部からチリ南部、アルゼンチン北部までのアンデス山脈の標高3000m以上の山中の吹きさらしの乾燥した高原の草地。

実物大

マダラシギダチョウ
Spotted Nothura

Nothura maculosa
シギダチョウ目シギダチョウ科
全長：24〜26cm

- 一腹卵数：4〜6卵
- 抱卵日数：16〜20日
- 卵のサイズ：40×29mm

実物大

[卵の特徴]　つやのある黒紫色で、無斑。

[巣・繁殖]　藪の中などで、地面をひっかいてくぼませ、枯草や羽などを敷いて巣にする。

[生息場所]　ブラジル南部、パラグアイ、アルゼンチンに分布。

鳥メモ
雌のほうが雄よりも色彩が鮮やか。

カンムリシギダチョウ
Elegant Crested Tinamou

Eudromia elegans
シギダチョウ目シギダチョウ科
全長：37〜41cm

- 一腹卵数：5〜6卵
- 抱卵日数：20〜21日
- 卵のサイズ：55×40mm

[卵の特徴] つやのある若草色で、無斑。

[巣・繁殖] 低地のやせた土地の物陰、棘のある低木の下などで、地面を蹴ったり体を押しつけてくぼませ、巣にする。

[生息場所] チリとアルゼンチンのパンパ、北のボリビアの北部、南東部に生息。

実物大

パタゴニアシギダチョウ
Patagonian Tinamou

Tinamotis ingoufi
シギダチョウ目シギダチョウ科
全長：33〜38cm

- 一腹卵数：8〜15卵
- 抱卵日数：不明
- 卵のサイズ：52×37mm

実物大

[卵の特徴] 地色は金属のようなつやのある赤褐色で、白色の小斑が全体に広がる。

[巣・繁殖] 砂地を引っ掻いてくぼみを作り、巣にする。雌は数カ所の巣で産卵した後、巣を離れる。抱卵、子育ては雄が行う。

[生息場所] 南アメリカのパタゴニアに分布。

● ペンギン目／ペンギン科
中～大型の海鳥。翼はヒレのようになっている。全17種。

キングペンギン（オウサマペンギン）
King Penguin

Aptenodytes patagonicus
ペンギン目ペンギン科
全長：94～95cm

- 一腹卵数：1卵
- 抱卵日数：52～56日
- 卵のサイズ：110×80mm

実物大

[卵の特徴] 洋梨形。白色か緑色を帯びた白色で、無斑。写真は泥や汚物による汚れがついている。

[巣・繁殖] 繁殖は3年に2度。1度に産むのは1卵で、抱卵と子育てに14～16カ月を必要とする。卵は、親鳥が直立姿勢で足元に置き、抱卵斑（下腹部のたるんだ皮膚）と羽毛で覆って温める。雌雄交代で抱卵。

[生息場所] 亜南極海に生息。フォークランド諸島、ケルゲレン諸島など南緯45～60度の離島に繁殖分布する。ペンギン類は陸上にいる写真がよく見られるが、実際は生活のほとんどを海で過ごし、陸上で行動するのは繁殖期間か換羽期のみである。

鳥メモ
現生のペンギンのなかで最大のエンペラーペンギンに次ぐ大型種。

＜抱卵の様子＞

エンペラーペンギン（コウテイペンギン）
Emperor Penguin

Aptenodytes forsteri
ペンギン目ペンギン科
全長：112〜115cm

- 一腹卵数：1卵
- 抱卵日数：62〜66日
- 卵のサイズ：121×81mm

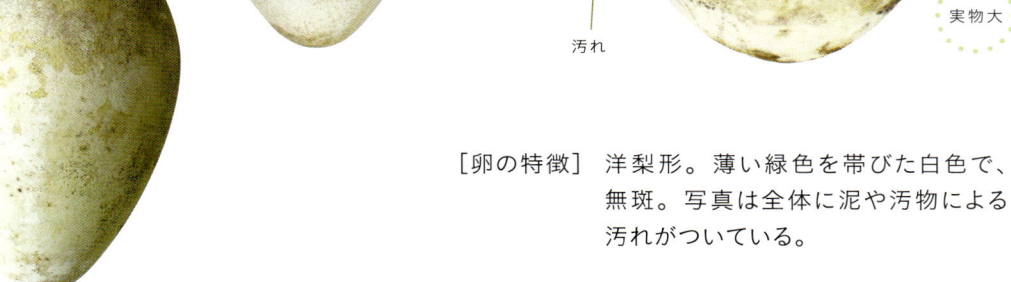

汚れ

実物大

[卵の特徴] 洋梨形。薄い緑色を帯びた白色で、無斑。写真は全体に泥や汚物による汚れがついている。

[巣・繁殖] 初冬に、コロニーに集まってつがいをつくり、1卵を産む。卵は、親鳥が直立姿勢で足元に置き、抱卵斑と羽毛で覆って温める。はじめは雌雄で交代して抱卵するが、産卵して数日後に雌は採食のため海に出る。雄は、60日間氷点下の厳寒の地で食物をいっさい摂らずに体重の40％以上を落として、抱卵し続ける。雛がかえる頃、雌は十分に脂肪を蓄え、前胃に魚を詰め込んで雄のもとに戻り、卵からかえった子を育てる。

鳥メモ
現生のペンギンのなかで最大の種。和名と英名は、大きな体と落ち着いた行動が皇帝（エンペラー）を思わせるところから名づけられた。

＜抱卵の様子＞

[生息場所] 南極海に生息。同じ属のキングペンギンよりも寒い南極大陸沿岸の氷山や近くの島々で、集団繁殖する。非繁殖期には南アメリカ大陸南端付近まで北上するものもいる。氷点下60℃まで下がる過酷な条件に耐える。

ジェンツーペンギン
Gentoo Penguin

Pygoscelis papua
ペンギン目ペンギン科
全長：76〜81cm

● 一腹卵数：2卵
● 抱卵日数：31〜39日
● 卵のサイズ：91×75mm

[卵の特徴] 球形。淡い緑色を帯びた白色で、無斑。

[巣・繁殖] コロニーで、小石や木の枝、海草、土を集め、皿形の巣を作る。1度に2卵を産卵し、雌と雄がそれぞれ1卵ずつ抱卵して温め、子育てをするが、2卵とも巣立つのはまれである。

[生息場所] 南極海、亜南極海に生息。周辺の島などで繁殖。集合性があるため、数百羽もの群れで海を移動する。

鳥メモ
ペンギンの仲間のなかで泳ぐ速度が最も速い。

汚れ

実物大

アデリーペンギン
Adelie Penguin

Pygoscelis adeliae
ペンギン目ペンギン科
全長：68〜74cm

● 一腹卵数：2卵
● 抱卵日数：30〜43日
● 卵のサイズ：71×55mm

[卵の特徴] 楕円形。つやのない白色で、無斑。

[巣・繁殖] 海岸に小石を集めて皿形の巣を作る。雌は営巣地で2卵を産むと、産卵直後に海に出て約20日間採食し、巣に戻る。この間、雄は絶食して体重の40％を失いながら、抱卵を続ける。

[生息場所] 南極海に生息。沿岸部で、ときには100万羽に達する集団で繁殖する。

実物大

イワトビペンギン
Rockhopper Penguin

Eudyptes chrysocome
ペンギン目ペンギン科
全長：55〜62cm

- 一腹卵数：2卵
- 抱卵日数：32〜34日
- 卵のサイズ：70×52mm

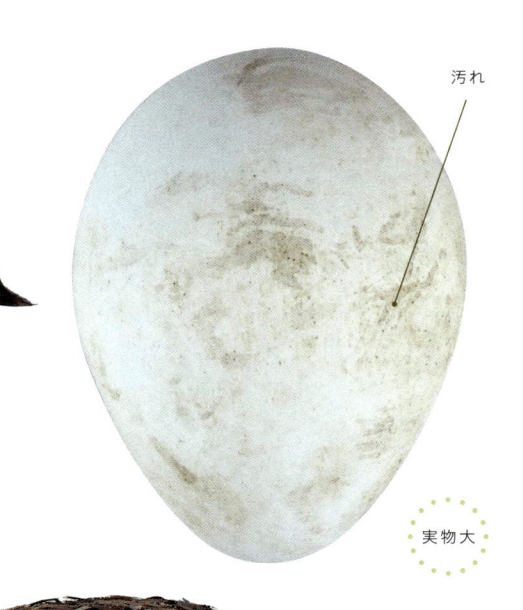

［卵の特徴］淡い緑色を帯びた白色で、無斑。

［巣・繁殖］土や草、小石、骨などを集めて盛り上げ、皿形の巣を作る。雌雄で抱卵。

［生息場所］亜南極海に生息。南米のホーン岬周辺やフォークランド諸島などの島々で繁殖する。

鳥メモ　マカロニペンギンと同種とする説もある。

汚れ

実物大

コビトペンギン（コガタペンギン）
Little Penguin

Eudyptula minor
ペンギン目ペンギン科
全長：40〜45cm

- 一腹卵数：2卵（まれに3卵）
- 抱卵日数：33〜37日（まれに43日）
- 卵のサイズ：54×40mm

鳥メモ　ペンギン類で最小の種。

実物大

［卵の特徴］淡い緑色を帯びた白色で、無斑。

［巣・繁殖］地中に横穴を掘ったり、ミズナギドリ類が営巣した古い巣穴を利用し、集めた枯草などを敷いて巣にする。一夫一婦で、通常は毎年同じ相手とつがう。雌雄で抱卵。1年で2度繁殖することもある。

［生息場所］オーストラリア南部からタスマニア島、ニュージーランドの海域に生息。沿岸で繁殖する。

ケープペンギン
African Penguin

Spheniscus demersus
ペンギン目ペンギン科
全長：68〜70cm

- 一腹卵数：2卵
- 抱卵日数：約38日
- 卵のサイズ：65×51mm

実物大

[卵の特徴]　淡い緑色を帯びた白色で、無斑。

[巣・繁殖]　強い日差しを避けるため、穴の中や岩の間に枯草を敷いて巣にする。枯木、枯草、石などを集め、外に巣を作ることもある。雌雄で抱卵。

[生息場所]　アフリカ南部の寒冷なベンゲラ海に生息し、沿岸で繁殖する。

鳥メモ
アフリカで繁殖する唯一のペンギンで、暑い日中を避けて夜間だけ行動する。

フンボルトペンギン
Humboldt Penguin

Spheniscus humboldti
ペンギン目ペンギン科
全長：65〜70cm

- 一腹卵数：2卵
- 抱卵日数：約40日
- 卵のサイズ：71×50mm

実物大

[卵の特徴]　淡い緑色を帯びた白色で、無斑。

[巣・繁殖]　島や岩の多い海岸で繁殖。グアノ（海鳥の糞などが堆積し、固化したもの）に穴を掘ったり、洞窟や岩の割れ目の中に枯草などを敷いて巣にする。営巣は通年行われ、産卵したばかりの卵と孵化直後の雛や幼鳥が、同じ巣穴の中で同居することがある。雌雄で抱卵。

[生息場所]　ペルーおよびチリの沿岸部、南緯40度に位置する岸や沖合の島々と海域に分布。おもにフンボルト海流の冷たい流れが洗う沿岸で繁殖。

マゼランペンギン
Magellanic Penguin

Spheniscus magellanicus
ペンギン目ペンギン科
全長：70〜76cm

- 一腹卵数：2卵
- 抱卵日数：38〜42日
- 卵のサイズ：70×52mm

実物大

汚れ

[卵の特徴]　淡い緑色を帯びた白色で、無斑。

[巣・繁殖]　水面より高い所にある草の生えた斜面や木の下に、足を使って大きな横穴を掘り、巣にする。枯草などがあれば敷き、なければそのまま卵を産む。夜のすみかのためにも使う。一夫一婦。雌雄で抱卵。

[生息場所]　南緯43度以南の南米とフォークランド諸島の海域に通年生息。

● アビ目／アビ科　大型の鳥。足が後方についているため、水に潜るのが得意で、陸を歩くのが苦手。全4種。

アビ
Red-throated Loon

Gavia stellata
アビ目アビ科
全長：53〜69cm

- 一腹卵数：1〜3卵（通常2卵）
- 抱卵日数：約27日
- 卵のサイズ：70×44mm

実物大

鳥メモ
アビ類のなかで最小の種。
広島県の県鳥。

[卵の特徴]　長卵形。地色は濃いオリーブ色を帯びた褐色で、黒褐色の目立ったまだら模様がある。つやはあるが、ざらざらしていて、ほかの鳥の卵とは異なる独特の色味をしている。

[巣・繁殖]　川辺や湖畔で、枯草などを集めて中央をくぼませ、皿形の巣を作る。雌雄で抱卵。

[生息場所]　北半球の亜寒帯と寒帯の湖沼で繁殖し、沿岸部で越冬する。日本では、冬鳥として北海道から九州の沿岸で見られる。

オオハム
Arctic Loon

Gavia arctica
アビ目アビ科
全長：58〜73cm

- 一腹卵数：2卵
- 抱卵日数：約28日
- 卵のサイズ：84×47mm

[卵の特徴] 長卵形。地色はこげ茶色で、黒色の大小の斑が全体に広がる。

[巣・繁殖] 大きな湖の岸を好み、水辺に水生植物を積み上げて皿形の巣を作る。雌雄で抱卵。

[生息場所] ユーラシア、北米の亜寒帯の湖沼で繁殖し、冬季は温帯の沿岸部に渡る。日本では冬鳥として北海道から九州の沿岸部で見られる。

実物大

ハシグロアビ
Common Loon

Gavia immer
アビ目アビ科
全長：69〜91cm

- 一腹卵数：1〜3卵（通常2卵）
- 抱卵日数：24〜25日
- 卵のサイズ：93×54mm

[卵の特徴] 長卵形。地色は淡いオリーブ色を帯びた褐色で、黒褐色、褐色の斑が散らばる。

[巣・繁殖] 川や湖の岸辺で営巣。水辺の少し隆起したところに、枯草を集めて皿形の巣を作る。雌雄で抱卵。

[生息場所] 北アメリカの亜寒帯、寒帯のグリーンランドなどで繁殖し、冬季は北アメリカとヨーロッパの沿岸部で過ごす。

実物大

鳥メモ
アメリカ合衆国ミネソタ州の州鳥。

ハシジロアビ
Yellow-billed Loon

Gavia adamsii
アビ目アビ科
全長：76〜91cm

- 一腹卵数：2卵
- 抱卵日数：27〜28日
- 卵のサイズ：95×58mm

実物大

[卵の特徴] 長卵形。地色は赤茶色で、黒色の大小の斑が全体に散らばる。

[巣・繁殖] 島や海岸の水辺で、泥や植物を積み上げ、皿形の巣を作る。雌雄で抱卵。

[生息場所] 北極海沿岸に生息。

● カイツブリ目／カイツブリ科
中〜大型の鳥。足が後方についているため、水に潜るのが得意。全22種。

カイツブリ
Little Grebe

Tachybaptus ruficollis
カイツブリ目カイツブリ科
全長：25〜29cm

- 一腹卵数：3〜7卵
- 抱卵日数：20〜25日
- 卵のサイズ：32×23mm

実物大

[卵の特徴] 産卵直後は白色か淡い黄色で、無斑。抱卵中に親鳥が巣を離れる際、外敵から守るために卵を巣材の水草などで覆うため、水草の液などが付着して茶褐色になる。

[巣・繁殖] 平地にある水草、ヨシなどが密集する野池に水草を積み上げて浮き巣を作る。雌雄で抱卵。

[生息場所] ユーラシア大陸の中緯度以南、サハラ砂漠を除くアフリカやマダガスカル、日本、台湾、フィリピンからニューギニアにかけて分布。

ハジロカイツブリ
Black-necked Grebe

Podiceps nigricollis
カイツブリ目カイツブリ科
全長：28〜34cm

- 一腹卵数：3〜4卵
- 抱卵日数：20〜22日
- 卵のサイズ：43×31mm

[卵の特徴] 産卵直後は、白亜質の表面が滑らかな白色で、無斑。親鳥が卵を隠す際、巣内に持ち込んだ植物の腐食染やアクが殻に付着し濁ってくる。

[巣・繁殖] 繁殖地の池や沼などの岸辺や、水草が茂った所で集団営巣する傾向がある。葦原などで集めた多量の植物を積み上げて浮き巣を作り、水面上に浮いた部分の中央に卵を産む。雌雄で抱卵。

[生息場所] アフリカ南部、中国南東部、ヨーロッパ、北アメリカ西部に分布。北半球のものは冬季に南下し、海上に出る。日本には冬鳥として飛来する。

汚れ

実物大

● ネッタイチョウ目／ネッタイチョウ科　　中型の海鳥。尾羽が長く、足が小さい。全3種。

アカハシネッタイチョウ
Red-billed Tropicbird

Phaethon aethereus
ネッタイチョウ目ネッタイチョウ科
全長：46〜56cm

- 一腹卵数：1卵
- 抱卵日数：42〜44日
- 卵のサイズ：63×46mm

[卵の特徴] 地色は淡い黄褐色や暗い赤褐色で、黒紫色のシミ斑が全体を覆う。

[巣・繁殖] 日差しが強いので、海辺の断崖の棚やくぼみ、岩の割れ目、樹木や藪の中などの日陰を好む。体を押しつけてくぼみを作り、巣にする。巣材はほとんど使わない。繁殖期間が長いために隔年で繁殖。雌雄で抱卵。

[生息場所] 太平洋の熱帯、東大西洋、インド洋北西部の海域で生息し、離島などで繁殖する。

実物大

アカオネッタイチョウ
Red-tailed Tropicbird

Phaethon rubricauda
ネッタイチョウ目ネッタイチョウ科
全長：78〜81cm

- 一腹卵数：1卵
- 抱卵日数：42〜46日
- 卵のサイズ：64×45mm

巣内での親鳥の爪のあと

実物大

[卵の特徴] 地色は淡い黄茶色で、鈍端部に黒褐色のシミ斑がある。

[巣・繁殖] 熱帯や亜熱帯の島や海岸の崖の岩棚や穴の中など、日陰の地面を巣にする。雌雄で抱卵。

[生息場所] 熱帯および亜熱帯の太平洋、インド洋に生息。繁殖期に陸地に飛来する。

シラオネッタイチョウ
White-tailed Tropicbird

Phaethon lepturus
ネッタイチョウ目ネッタイチョウ科
全長：70〜82cm

- 一腹卵数：1卵
- 抱卵日数：40〜42日
- 卵のサイズ：47×36mm

実物大

[卵の特徴] 地色はクリーム色や淡い黄褐色で、褐色や紫褐色の薄いシミ斑が全体を覆う。

[巣・繁殖] 日差しが強いので、岩の割れ目や張り出した岩棚の下など、直射日光の当たらない場所を巣にする。雌雄で抱卵。

[生息場所] 熱帯および亜熱帯の全海洋に分布。離島などで繁殖。

● ミズナギドリ目／アホウドリ科
大型の海鳥。全14種。

ワタリアホウドリ
Wandering Albatross

Diomedea exulans
ミズナギドリ目アホウドリ科
全長：107〜135cm

● 一腹卵数：1卵
● 抱卵日数：78日
● 卵のサイズ：132×83mm

［卵の特徴］ 長卵形。地色は白色で、鈍端部に淡褐色の細かい斑が集まっている。

［巣・繁殖］ 離島で集団繁殖する。裸地に草や枯枝、苔、土などを積み上げて巣にする。雪が積もる地域のため、雪に埋もれないよう、土を盛り上げて高くしている。2〜3週間ごとに雌雄で交互に抱卵。

［生息場所］ 南半球の海洋に広く分布。南緯30〜60度の南半球の離島で繁殖。2〜10月は南緯20度以南の洋上全域で生息、ときには北太平洋にも迷行して日本の沖縄で確認されたことがある。

実物大

シロアホウドリ
Royal Albatross

Diomedea epomophora
ミズナギドリ目アホウドリ科
全長：107〜122cm

- 一腹卵数：1卵
- 抱卵日数：約79日
- 卵のサイズ：114×69mm

[卵の特徴] 長卵形。つやのないくすんだ白色で、無斑。表面はザラザラしている。鈍端部に模様がつくこともある。

[巣・繁殖] 地面に土と草を積み上げ、皿形の巣を作る。雌雄で2〜3週間ごとに交互に抱卵。

[生息場所] オーストラリア南部から南米南部までの海域に生息。

汚れ
実物大

クロアシアホウドリ
Black-footed Albatross

Phoebastria nigripes
ミズナギドリ目アホウドリ科
全長：68〜74cm

- 一腹卵数：1卵
- 抱卵日数：約65日
- 卵のサイズ：103×66mm

[卵の特徴] 長卵形。地色は淡い灰色がかったクリーム色で、全体に褐色の斑が広がり、鈍端部には暗褐色のシミ斑が密集する。

[巣・繁殖] 地面に枯草などを集めて皿形の巣を作る。11〜12月に産卵する。雌雄で抱卵。

[生息場所] 伊豆諸島の鳥島、小笠原諸島、硫黄列島、ハワイ諸島、マーシャル諸島で冬期に繁殖し、5月頃に島を離れて北緯25度以北の太平洋一帯で生息。10月頃に繁殖地に戻る。

汚れ
実物大

アホウドリ
Short-tailed Albatross

Phoebastria albatrus
ミズナギドリ目アホウドリ科
全長：84〜94cm

- 一腹卵数：1卵
- 抱卵日数：約65日
- 卵のサイズ：107×69mm

鳥メモ
日本の特別天然記念物。国際保護鳥。以前は数百万羽ほどいたと言われるが、羽毛布団の材料として乱獲され、一時は絶滅したと報告された。その後、わずかに生存が確認され、保護活動により現在は3000羽までその数を増やしている。

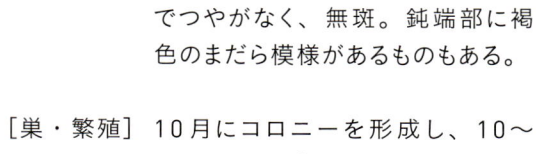

汚れ

実物大

[卵の特徴] 長卵形。地色は白色か淡い黄褐色でつやがなく、無斑。鈍端部に褐色のまだら模様があるものもある。

[巣・繁殖] 10月にコロニーを形成し、10〜11月に、八丈ススキなどの枯れた茎や枯草、土を積み上げて皿形の巣を作る。草のないところでは、砂地をわずかにくぼませて巣にする。雌雄で抱卵。

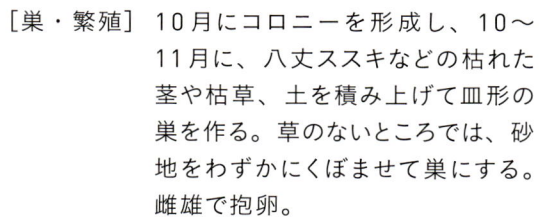

[生息場所] 伊豆諸島の鳥島と尖閣諸島のみに少数が繁殖。非繁殖期には北緯20度以北の太平洋上で生息する。

コアホウドリ
Laysan Albatross

Phoebastria immutabilis
ミズナギドリ目アホウドリ科
全長：79〜81cm

- 一腹卵数：1卵
- 抱卵日数：約65日
- 卵のサイズ：110×68mm

［卵の特徴］長卵形。地色は淡い黄褐色で、鈍端部に薄い褐色のシミ模様と褐色の斑がキャップ状に集まる。

［巣・繁殖］10月頃に繁殖地のハワイ諸島で集団でコロニーを形成。11〜12月に火山砂が堆積した傾斜地に浅いくぼみを作り、枯草や砂で皿形の巣を作る。雌雄で抱卵。

［生息場所］伊豆諸島の鳥島、小笠原諸島、マーシャル諸島で冬期に繁殖し、夏期には北太平洋一帯で生息。

産卵時の汚れ / 実物大

● ミズナギドリ目／ミズナギドリ科
中型の海鳥。繁殖期以外のほとんどを洋上で暮らす。全70種。

フルマカモメ
Northern Fulmar

Fulmarus glacialis
ミズナギドリ目ミズナギドリ科
全長：45〜50cm

- 一腹卵数：1卵
- 抱卵日数：47〜53日
- 卵のサイズ：75×51mm

［卵の特徴］白色で無斑。表面はつやがなく、ざらざらとしている。採集から時間が経つと淡褐色化する。

［巣・繁殖］海岸のそばの崖や草地などで、地面を少しくぼませて巣にする。枯草などをわずかに敷くこともある。

［生息場所］北太平洋、北大西洋、北極海で生息。

実物大

マダラフルマカモメ
Cape Petrel

Daption capense
ミズナギドリ目ミズナギドリ科
全長：38～40cm

- 一腹卵数：1卵
- 抱卵日数：41～50日
- 卵のサイズ：63×42mm

［卵の特徴］　白色で、無斑。つやがなく、ざらざらしている。

［巣・繁殖］　南半球洋上の島々で繁殖。断崖の高所にコロニーを形成し、開けた岩棚の上に小石などを集めて皿形の巣を作る。雄が岩棚の雪を払って営巣場所を守っている間、雌は海で2～3週間ほど採食をして、産卵の1日前に帰巣する。雌雄で抱卵。

［生息場所］　南極大陸とその周辺の島々で集団繁殖。冬季には広範囲に分散し、フンボルト海流に乗って南アメリカ西岸を赤道近くまで北上するものもいる。

実物大

シロハラミズナギドリ
Bonin Petrel

Pterodroma hypoleuca
ミズナギドリ目ミズナギドリ科
全長：約30cm

- 一腹卵数：1卵
- 抱卵日数：約49日
- 卵のサイズ：46×34mm

実物大

［卵の特徴］　産卵直後は淡い青色だが、日が経つにつれ白色になる。無斑。

［巣・繁殖］　傾斜した地面に穴を掘り、その奥に少量の枯草などを敷いて巣にする。雌雄で抱卵。

［生息場所］　日本の沖合から小笠原諸島、ミッドウェー諸島の海域に生息し、離島などで繁殖。

アナドリ
Bulwer's Petrel

Bulweria bulwerii
ミズナギドリ目ミズナギドリ科
全長：26〜28cm

- 一腹卵数：1卵
- 抱卵日数：約44日
- 卵のサイズ：38×27mm

［卵の特徴］　つやのない白色で、無斑。

［巣・繁殖］　海に面した断崖や丘陵地に穴を横向きに掘ったり、岩のすき間などの奥に枯草、羽毛、小枝などを少量敷いて巣にする。雌雄で抱卵。

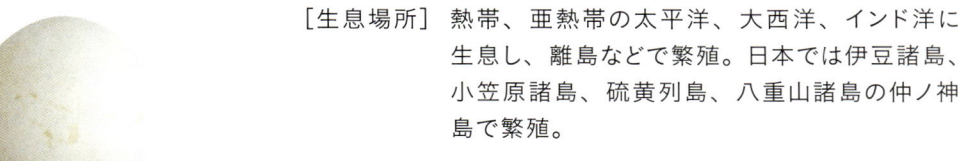

［生息場所］　熱帯、亜熱帯の太平洋、大西洋、インド洋に生息し、離島などで繁殖。日本では伊豆諸島、小笠原諸島、硫黄列島、八重山諸島の仲ノ神島で繁殖。

実物大

ノドジロクロミズナギドリ
White-chinned Petrel

Procellaria aequinoctialis
ミズナギドリ目ミズナギドリ科
全長：51〜58cm

- 一腹卵数：1卵
- 抱卵日数：57〜62日
- 卵のサイズ：79×48mm

［卵の特徴］　長卵形。産卵時は淡い青色を帯びた白色で、時間が経つと白色になる。無斑。

［巣・繁殖］　海に近い島の崖付近で横穴を掘り、奥に枯草を敷いて巣にする。雌雄で抱卵。

［生息場所］　亜南極海域に生息し、離島などで繁殖する。

汚れ

実物大

汚れ

クロミズナギドリ
Black Petrel

Procellaria parkinsoni
ミズナギドリ目ミズナギドリ科
全長：44〜48cm

- 一腹卵数：1卵
- 抱卵日数：約56日
- 卵のサイズ：32×24mm

[卵の特徴] 白色で、無斑。

[巣・繁殖] 木の根元などに横穴を掘り、奥に枯草などを敷いて巣にする。雌雄で抱卵。

[生息場所] ニュージーランド北部から太平洋東部の海域に生息。離島などで繁殖。

実物大

オオハイイロミズナギドリ
Grey Petrel

Procellaria cinerea
ミズナギドリ目ミズナギドリ科
全長：48〜50cm

- 一腹卵数：1卵
- 抱卵日数：52〜61日
- 卵のサイズ：69×44mm

[卵の特徴] 長卵形。白色で、無斑。

[巣・繁殖] 草地の斜面などに、50〜60cmの横穴を掘り、枯草を敷いて巣にする。雌雄で抱卵。

[生息場所] 太平洋、インド洋、大西洋の南部から亜南極海の海域に生息。離島などで繁殖。

実物大

オオミズナギドリ
Streaked Shearwater

鳥メモ
京都府の府鳥。

Calonectris leucomelas
ミズナギドリ目ミズナギドリ科
全長：46〜50cm

- 一腹卵数：1卵
- 抱卵日数：64日
- 卵のサイズ：77×46mm

[卵の特徴]　長卵形。白色か淡い灰色で、無斑。

[巣・繁殖]　集団繁殖する。離島の樹木が茂った場所で、地面に深さ1.5mほどの横穴を掘り、枯草などを敷いて巣にする。ほかの鳥が使った古い巣穴を利用することもある。雌雄で抱卵。

[生息場所]　南半球で繁殖する種が多いミズナギドリ科の中で、西太平洋の温帯域で繁殖する唯一の種。日本、黄海、台湾沿岸の離島で繁殖。冬季には東シナ海から日本の南方海域、南シナ海からオーストラリア、ニュージーランド沿岸へ渡る。

実物大

オナガミズナギドリ
Wedge-tailed Shearwater

Puffinus pacificus
ミズナギドリ目ミズナギドリ科
全長：38〜46cm

- 一腹卵数：1卵
- 抱卵日数：50〜54日
- 卵のサイズ：58×36mm

汚れ

[卵の特徴]　長卵形。淡い黄白色で、無斑。

[巣・繁殖]　岩の隙間や地中に掘った横穴の奥に枯草などを敷いて巣にする。おもに雌が抱卵。

[生息場所]　太平洋、インド洋の熱帯域に生息し、離島などで繁殖。小笠原諸島、硫黄列島でも集団で繁殖する。小笠原諸島での繁殖は6〜7月に行われる。

実物大

ハイイロミズナギドリ
Sooty Shearwater

Puffinus griseus
ミズナギドリ目ミズナギドリ科
全長：40〜51cm

- 一腹卵数：1卵
- 抱卵日数：53〜56日
- 卵のサイズ：76×51mm

[卵の特徴] 長卵形。白色で、無斑。

[巣・繁殖] 地中にトンネルを掘ったり、岩の割れ目を利用し、奥に枯草などを敷いて巣にする。天敵のカモメを避けるため、夜間しか出入りしない。雌雄で抱卵。

[生息場所] ニュージーランド周辺の小島、フォークランド諸島などで大群で集団繁殖。夏季は北太平洋と北大西洋を大群で回遊し、日本には本州太平洋沿岸の沖合に4〜5月頃に飛来する。

汚れ

実物大

● ミズナギドリ目／ウミツバメ科

中型の海鳥。繁殖期以外のほとんどを海洋で暮らす。全20種。

ヒメウミツバメ
European Storm Petrel

Hydrobates pelagicus
ミズナギドリ目ウミツバメ科
全長：約15cm

- 一腹卵数：1卵
- 抱卵日数：約41日
- 卵のサイズ：28×21mm

[卵の特徴] 地色は濁った白色で、褐色の微小斑が鈍端部に散らばる。

[巣・繁殖] 海岸の穴や岩の割れ目の中に枯草を敷いて巣にする。集団繁殖する。

[生息場所] イギリスの沿岸、スウェーデン沖の小島、地中海のシチリア島などで繁殖し、大西洋東部一帯に広がり生息する。冬はアフリカ南端へ渡る。

実物大

[鳥メモ] ヨーロッパに生息する海鳥のなかで最小の種。カモメなどの天敵を避けるため、夜間しか地面に下りない。コアシウミツバメとも呼ばれる。

ヒメクロウミツバメ
Swinhoe's Storm Petrel

Oceanodroma monorhis
ミズナギドリ目ウミツバメ科
全長：19〜20cm

実物大

- 一腹卵数：1卵
- 抱卵日数：約40日
- 卵のサイズ：33×25mm

[卵の特徴]　産卵直後は淡い青緑色だが、日が経つにつれ淡い茶黄色へと変色していく。無斑。

[巣・繁殖]　孤島で、地面に横穴を掘って枯草をわずかに敷いた巣を作る。オオミズナギドリの古巣を利用することもある。雌雄で抱卵。

[生息場所]　日本と朝鮮半島の島で繁殖し、フィリピンからインド洋にかけて分散して越冬する。

コシジロウミツバメ
Leach's Storm Petrel

Oceanodroma leucorhoa
ミズナギドリ目ウミツバメ科
全長：19〜22cm

汚れ　実物大

- 一腹卵数：1卵
- 抱卵日数：約42日
- 卵のサイズ：30×20mm

[卵の特徴]　淡い青黄色で、無斑。

[巣・繁殖]　集団繁殖地の草地の土中に深さ60〜70cmの穴を掘り、枯草などを敷いて巣にする。雌雄で抱卵。

[生息場所]　北半球の亜寒帯から温帯の離島で集団繁殖する。日本では北海道の大黒島などで繁殖し、冬は中部太平洋、中部大西洋へ移動する。

オーストンウミツバメ
Tristram's Storm Petrel

Oceanodroma tristrami
ミズナギドリ目ウミツバメ科
全長：24〜25cm

- 一腹卵数：1卵
- 抱卵日数：38〜40日
- 卵のサイズ：35×26mm

汚れ

実物大

[卵の特徴]　淡い黄茶色を帯びた白色で、無斑。

[巣・繁殖]　傾斜した草原に穴を掘り、枯草を敷いて巣にする。北硫黄島では南方系のクロウミツバメと時期をずらして共有する。雌雄で抱卵。

[生息場所]　伊豆諸島の祇苗島、恩馳島、鳥島で春に繁殖し、やや北上した海域で夏を過ごす。

クロウミツバメ
Matsudaira's Storm Petrel

Oceanodroma matsudairae
ミズナギドリ目ウミツバメ科
全長：24〜25cm

- 一腹卵数：1卵
- 抱卵日数：42〜48日
- 卵のサイズ：35×27mm

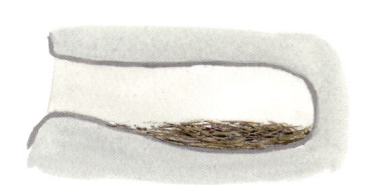

実物大

[卵の特徴]　淡い黄青色で、無斑。

[巣・繁殖]　傾斜地に横穴を掘り、その奥にわずかな枯草を敷いて巣を作る。産卵、子育てを終えて移動したオーストンウミツバメの古巣を利用することもある。雌雄で抱卵。

[生息場所]　北硫黄島が唯一の繁殖地で、インド洋沿岸へ渡って越冬する。

● ペリカン目／ペリカン科　　大型の海鳥。伸縮する喉袋を持つ。全7種。

モモイロペリカン
Great White Pelican

Pelecanus onocrotalus
ペリカン目ペリカン科
全長：約175cm

● 一腹卵数：1〜3卵
● 抱卵日数：29〜36日
● 卵のサイズ：91×58mm

実物大

[卵の特徴]　長卵形。つやのない白色で、無斑。

[巣・繁殖]　水辺のそばの地上に枯枝、枯草、羽、小石などを集めた皿形の巣を作る。集団で繁殖する。雌雄で抱卵。

[生息場所]　インドシナ、インド北西部、黒海とカスピ海の周辺、アフリカのセネガル川、ニジェール川、オレンジ川の流域やビクトリア湖などで繁殖。非繁殖期には周辺地域に分散し、ナイル川、紅海沿岸に渡来するものもいる。

コシベニペリカン
Pink-backed Pelican

Pelecanus rufescens
ペリカン目ペリカン科
全長：125〜136cm

● 一腹卵数：1〜4卵
● 抱卵日数：28〜30日
● 卵のサイズ：79×55mm

汚れ

[卵の特徴]　長卵形。淡い青白色で、無斑。写真のスジ状の汚れは、親鳥が足で動かす際についたもの。

[巣・繁殖]　集団で繁殖し、樹上に枝で皿形の巣を作る。まれに地上に作ることもある。雌雄で抱卵。

[生息場所]　サハラ砂漠以南のアフリカとアラビア半島に生息。

実物大

アメリカシロペリカン
American White Pelican

Pelecanus erythrorhynchos
ペリカン目ペリカン科
全長：127〜178cm

- 一腹卵数：1〜6卵
- 抱卵日数：28〜31日
- 卵のサイズ：84×54mm

実物大

［卵の特徴］　長卵形。淡い灰色で、無斑。つやがなく、ざらざらしている。

［巣・繁殖］　地面に石や小枝、海草などを集めて皿形の巣を作る。巣材のあるところとないところに差があるため、場所によって巣の大きさはずいぶん違う。ときには堅固な塚を築くこともある。雌雄で抱卵。

［生息場所］　北アメリカの淡水湖や沿岸の浅い水域に生息する。

カッショクペリカン
Brown Pelican

Pelecanus occidentalis
ペリカン目ペリカン科
全長：105〜152cm

- 一腹卵数：2〜3卵
- 抱卵日数：28〜30日
- 卵のサイズ：76×52mm

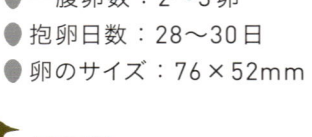

汚れ　実物大

鳥メモ
ほかのペリカンと異なり、空中から海面近くの獲物に向かっていく特性があることからダイビングの名手といわれている。

［卵の特徴］　長卵形。白色で、無斑。写真のスジ状の汚れは、親鳥が足で動かす際についたもの。

［巣・繁殖］　雄が地面の上や低木の上を営巣場所に選び、誇示行動を行って雌の気を引く。つがいに成功した雄は、相手の雌のもとに枝や枯草、木切れなどを運んで皿形の巣を作る。巣はおもに地面に作るが、崖の岩棚、樹木の上や藪の中に作ることもある。雌雄で抱卵。

［生息場所］　北アメリカの北緯30度から南アメリカ北西部の太平洋岸、ガラパゴス諸島、メキシコ湾上の諸島と沿岸一帯に分布する。

ハイイロペリカン
Dalmatian Pelican

Pelecanus crispus
ペリカン目ペリカン科
全長：160〜180cm

- 一腹卵数：1〜6卵
- 抱卵日数：30〜34日
- 卵のサイズ：83×53mm

[卵の特徴] 長卵形。白色で、無斑。

[巣・繁殖] 水辺近くの地上に、枯枝や枯草を積み上げて皿形の巣を作る。雌雄で抱卵。

[生息場所] 小アジア、イラン高原、バルハシ湖周辺などで繁殖し、冬季は繁殖地より少し南方に生息。

鳥メモ
ペリカンのなかで最大の種で、雄の体重が最大13kgにもなる。

汚れ
実物大

●カツオドリ目／カツオドリ科　　大型の海鳥。海中に飛び込んで魚やイカを捕食する。全9種。

シロカツオドリ
Northern Gannet

Morus bassanus
カツオドリ目カツオドリ科
全長：87〜100cm

- 一腹卵数：1卵（まれに2卵）
- 抱卵日数：約44日
- 卵のサイズ：85×52mm

[卵の特徴] 長卵形。淡い青色で、白亜質の白い層に覆われつやがなく、ざらざらしている。無斑。親鳥の足で引っかかれて傷がついているものもある。

[巣・繁殖] 島か海岸の崖地や岩礁などに、多いときは数千羽の群れでコロニーを形成する。地面に海草や植物片を積み上げて皿形の巣を作る。雌雄で抱卵。

[生息場所] 北大西洋、カリブ海、地中海の沿岸で繁殖。冬期は南下して海上で過ごす。

付着物
実物大

カツオドリ
Brown Booby

Sula leucogaster
カツオドリ目カツオドリ科
全長：67～74cm

- 一腹卵数：1卵
- 抱卵日数：約43日
- 卵のサイズ：55×35mm

［卵の特徴］　長卵形。淡い青白色で、無斑。

［巣・繁殖］　島の平坦地や断崖の岩棚に、枯草や乾いた海草などを敷いて皿形の巣を作る。おもに雌が抱卵。

［生息場所］　熱帯から亜熱帯の海洋に広く分布。日本では伊豆諸島南部、小笠原諸島、硫黄列島、尖閣諸島、吐噶喇列島、琉球諸島南部で繁殖。

実物大

●カツオドリ目／ウ科　中～大型の海鳥。水に潜るのが得意。全39種。

カワウ
Great Cormorant

Phalacrocorax carbo
カツオドリ目ウ科
全長：80～100cm

- 一腹卵数：3～4卵
- 抱卵日数：27～31日
- 卵のサイズ：60×38mm

実物大

［卵の特徴］　長卵形。地色は淡い青色で、白亜質の白い層で覆われている。楕円形。

［巣・繁殖］　岩肌のむき出した沿岸の島や、内陸の川、湖近くの森で繁殖。岩棚や樹上に営巣し、岩の上では海草や木の枝などを積み上げ、椀形の巣を作る。樹上では、枝を組んで草を入れたしっかりとした椀形の巣を作る。雌雄で抱卵。

［生息場所］　アフリカ、ユーラシア、日本、オーストラリア、ニュージーランド、北アメリカ北東部、グリーンランドに分布し、内陸の湖沼、河川や波の静かな内湾に集団で生息。

ガラパゴスコバネウ
Flightless Cormorant

Phalacrocorax harrisi
カツオドリ目ウ科
全長：89〜100cm

- 一腹卵数：2〜3卵
- 抱卵日数：23〜25日
- 卵のサイズ：64×39mm

[卵の特徴] 長卵形。淡い青色で、無斑。

[巣・繁殖] 一年を通して繁殖。海岸の岩場などに海草を積み上げ、高さ30cmほどの椀形の巣を作る。雌雄で抱卵。交尾前に、つがいの絆を維持するため、ヘビのように首を動かしながら相手に海草を贈る儀式をする。

[生息場所] ガラパゴス諸島にのみ分布し、フェルナンディナ島とイサベラ島で生息する。

汚れ
実物大
汚れ

ナンベイヒメウ
Neotropic Cormorant

Phalacrocorax brasilianus
カツオドリ目ウ科
全長：58〜73cm

- 一腹卵数：3〜4卵
- 抱卵日数：30日
- 卵のサイズ：53×36mm

[卵の特徴] 長卵形。つやのない淡い青色で、無斑。

[巣・繁殖] 断崖の岩棚や樹上や茂みに、小枝や海草などを使って椀形の巣を作り、産座には枯草、海草を敷く。大小のコロニーを形成して繁殖する。雌雄で抱卵。

[生息場所] 南アメリカの熱帯と亜熱帯に生息する。

汚れ
実物大

ヒメウ
Pelagic Cormorant

Phalacrocorax pelagicus
カツオドリ目ウ科
全長：63〜76cm

- 一腹卵数：3〜4卵
- 抱卵日数：約31日
- 卵のサイズ：61×38mm

［卵の特徴］ 長卵形。淡い青色で、無斑。

［巣・繁殖］ 海岸に面した切り立った崖の棚の上などで、枯草や海草を集め、中央を椀形にくぼませた巣を作る。雌雄で抱卵。

［生息場所］ ベーリング海を含む北太平洋の沿岸に広く分布する。ウ科の鳥は沿岸から離れることは少ないが、ヒメウはしばしば外洋に出る特性がある。

実物大

コビトウ
Pygmy Cormorant

Phalacrocorax pygmeus
カツオドリ目ウ科
全長：45〜55cm

- 一腹卵数：3〜6卵
- 抱卵日数：27〜30日
- 卵のサイズ：26×16mm

［卵の特徴］ 長卵形。淡い青色で、無斑。

［巣・繁殖］ 水辺の木や葦原などで、サギやトキ類と混じって繁殖する。低木や葦原に、茎や小枝を使って皿形の巣を作る。簡単なつくりで壊れそうだが、糞で固まり、壊れにくくなる。雌雄で抱卵。

［生息場所］ 黒海からトルコ、カスピ海一帯に生息する。

実物大

鳥メモ
ウ科のなかで最小の種。

● カツオドリ目／ヘビウ科　　大型の鳥。体はほっそりしている。くちばしで魚を刺して食べる。全2種。

アジアヘビウ
Oriental Darter

Anhinga melanogaster
カツオドリ目ヘビウ科
全長：85〜97cm

● 一腹卵数：2〜6卵
● 抱卵日数：28〜30日
● 卵のサイズ：52×32mm

実物大

［卵の特徴］長卵形。地色は淡い青灰色で、淡い青色や淡い灰色の小斑が散らばっている。

［巣・繁殖］湿地を繁殖場所とし、水辺付近の葦原の茂みの上や樹上に、枝を集めて皿形の巣を作る。樹上にあるアオサギやシラサギの古巣を利用することもある。雌雄で抱卵。

［生息場所］アフリカ、インド、東南アジア、オーストラリアの熱帯と亜熱帯地域に生息する。

● カツオドリ目／グンカンドリ科　　大型の海鳥。陸を歩いたり、水を泳ぐのが苦手。全5種。

オオグンカンドリ
Great Frigatebird

Fregata minor
カツオドリ目グンカンドリ科
全長：85〜105cm

● 一腹卵数：1卵
● 抱卵日数：約55日
● 卵のサイズ：64×45mm

実物大

［卵の特徴］白色で、無斑。

［巣・繁殖］樹上に枝を集めて皿形の巣を作るが、まれに地上に営巣することもある。地上で歩き回るのが苦手なため、ほかの鳥が巣材を運んで飛んでいるところから横取りする。雌雄で抱卵。

［生息場所］熱帯の沿岸海域、全世界の熱帯および亜熱帯地域に分布。おもに大洋の孤島で、コロニーを形成して繁殖。

鳥メモ
雄は、赤い喉袋を肺に連なる気嚢(きのう)で人頭大に膨らませ、求愛のディスプレイをする。

● ペリカン目／サギ科

中〜大型の鳥。くちばし、首、足が長い。おもに雄が巣材を運び、雌が巣を作る。全60種。

アオサギ
Grey Heron

Ardea cinerea
ペリカン目サギ科
全長：90〜98cm

- 一腹卵数：4〜5卵（2日おきに産卵）
- 抱卵日数：25〜26日
- 卵のサイズ：60×43mm

実物大

[卵の特徴] 青緑色で、無斑。

[巣・繁殖] マツや広葉樹林の樹頂部に集団で繁殖し、枯枝や枯草の太い茎などを組み合わせて直径60〜70cmほどの大きな皿形の巣を作る。産座には細い枯草などを使う。雌雄で巣作り、抱卵を行う。

[生息場所] ヨーロッパ、アフリカ、アジアの広い範囲に分布。日本ではほぼ全国に留鳥または漂鳥として生息。

ムラサキサギ
Purple Heron

Ardea purpurea
ペリカン目サギ科
全長：78〜90cm

- 一腹卵数：2〜8卵
- 抱卵日数：25〜27日
- 卵のサイズ：53×40mm

[卵の特徴] 淡い青緑色で、無斑。

[巣・繁殖] 水辺近くの葦原の中や低木の樹上で、植物の茎、特にガマの茎や小枝などを集めて浅い皿形の巣を作る。雌雄で抱卵。

[生息場所] 南ヨーロッパ、アフリカ、インド、中国、ウスリー川流域、東南アジア、スンダ列島、ボルネオ島に分布。日本には、おもに冬鳥または旅鳥として飛来する。

実物大

66

ダイサギ
Great Egret

Ardea alba
ペリカン目サギ科
全長：80〜104cm

- 一腹卵数：3〜5卵
- 抱卵日数：25〜26日
- 卵のサイズ：59×41mm

［卵の特徴］　淡い青色で、無斑。

［巣・繁殖］　樹上に枯枝を組んで、直径1mほどの皿形の巣を作る。雄が枝を運び、雌が作る。雄雌で抱卵、子育てを行う。

［生息場所］　ユーラシア大陸、アフリカ、オーストラリア、南北アメリカにダイサギを含む5亜種が分布。日本には4〜5月にフィリピンなどから飛来し、本州、九州で繁殖する。

汚れ
親鳥が足でひっかいたあと
実物大

クロコサギ
Black Heron

Egretta ardesiaca
ペリカン目サギ科
全長：42.5〜66cm

- 一腹卵数：2〜4卵
- 抱卵日数：24〜26日
- 卵のサイズ：41×30mm

［卵の特徴］　淡い青色で、無斑。

［巣・繁殖］　葦の茎や小枝を用いて浅い皿形の巣を作る。おもに樹上に営巣するが、葦原など生えている茎を折って、積み重ねるようにして巣にすることもある。集団営巣性があり、ほかのサギ類の大コロニーの中で分散して巣を作る。雌雄で抱卵。

［生息場所］　サハラ以南のアフリカ、マダガスカルに生息。

実物大

チュウサギ
Intermediate Egret

Egretta intermedia
ペリカン目サギ科
全長：56〜72cm

- 一腹卵数：2〜6卵
- 抱卵日数：24〜27日
- 卵のサイズ：48×31mm

［卵の特徴］　青緑色で、無斑。

［巣・繁殖］　集団で繁殖し、樹上で草の茎や小枝を使って皿形の巣を作る。雌雄で抱卵。

［生息場所］　アフリカ東部および南部、インド、東南アジア、フィリピン、スンダ列島、日本、マルク諸島、ニューギニア、オーストラリアに分布。日本には夏鳥として飛来する。

汚れ

実物大

アマサギ
Cattle Egret

Bubulcus ibis
ペリカン目サギ科
全長：46〜56cm

- 一腹卵数：2〜5卵
- 抱卵日数：22〜26日
- 卵のサイズ：45×30mm

実物大

［卵の特徴］　白色や淡黄青色で、無斑。

［巣・繁殖］　平地の水辺にある各地の鷺山で、他種のサギ類に混じってコロニーで営巣する。木の横枝上に枯枝を集め、皿形の巣を作る。雌雄で抱卵。

［生息場所］　アジアとアフリカの温帯、亜熱帯域に分布。近年、ヨーロッパ南部、北・南アメリカまで分布を広げている。日本では5月中旬〜7月上旬頃、夏鳥として飛来し、本州、四国、九州で繁殖する。

コサギ
Little Egret

Egretta garzetta
ペリカン目サギ科
全長：55〜65cm

- 一腹卵数：2〜6卵
- 抱卵日数：21〜25日
- 卵のサイズ：44×33mm

実物大

[卵の特徴] 淡い青緑色で、無斑。

[巣・繁殖] 水辺に生える樹の枝上に集団で巣を作る。雄が運んできた枝や蔓などの巣材を雌が受け取り、雌雄が共同して樹上に皿形の巣を作る。雌雄で抱卵。

[生息場所] ヨーロッパ南部、南アジア、ジャワ島、ニューギニア、フィリピン、オーストラリア、ニュージーランド、西アフリカ、ケニアおよびタンザニアなどの東アフリカ沿岸、ペルシャ湾沿岸、マダガスカル、アルダブラ諸島に分布。

カンムリサギ
Squacco Heron

Ardeola ralloides
ペリカン目サギ科
全長：42〜47cm

- 一腹卵数：2〜6卵
- 抱卵日数：22〜25日
- 卵のサイズ：49×35mm

実物大

[卵の特徴] 地色は黄土色で、赤褐色の小斑が散らばる。

[巣・繁殖] 近縁種と共に集団繁殖する。低木の上や葦原の中で営巣し、小枝や葦などを用いて皿形の巣を作る。雌雄で抱卵。

[生息場所] ヨーロッパ南部、アジア南西部で繁殖。サハラ以南のアフリカで越冬。

マダガスカルカンムリサギ
Madagascar Pond Heron

Ardeola idea
ペリカン目サギ科
全長：45〜48cm

● 一腹卵数：2〜4卵
● 抱卵日数：約20日
● 卵のサイズ：38×26mm

実物大

[卵の特徴] 白色や淡い緑色で、無斑。

[巣・繁殖] 水辺のそばの林の中や藪地の地上約5mまでのところに、小枝を主材とした皿形の巣を作る。カンムリサギなどと混じって営巣する。雌雄で抱卵。

[生息場所] マダガスカルとアルダブラ島で、10〜3月まで繁殖し（盛りは11〜12月）、アフリカ大陸の中央および東部へ渡る。

ゴイサギ
Black-crowned Night Heron

Nycticorax nycticorax
ペリカン目サギ科
全長：56〜65cm

● 一腹卵数：3〜6卵
● 抱卵日数：21〜22日
● 卵のサイズ：47×32mm

実物大

[卵の特徴] おもに淡い青緑色だが、灰白色のものもある。無斑。

[巣・繁殖] スギやマツの林、竹藪などで、シラサギなどと集団で繁殖。樹上約1.5〜4mの枝に、枯枝などで皿形の巣を作る。雌雄で抱卵。夜行性で、繁殖期以外はおもに群れで行動する。

[生息場所] ヨーロッパ、アフリカ、アジア、北および中央アメリカ、チリ、アルゼンチンからフエゴ島までの南アメリカ南部、フォークランド諸島に分布。日本では留鳥として本州、佐渡島、四国、九州で繁殖する。

ササゴイ
Striated Heron

Butorides striata
ペリカン目サギ科
全長：35〜48cm

- 一腹卵数：2〜5卵（2日おきに産卵）
- 抱卵日数：19〜24日
- 卵のサイズ：36×27mm

実物大

［卵の特徴］　淡い青緑色で、無斑。

［巣・繁殖］　水辺近くの高木の枝に、小枝や枯草などを用いて直径30cmほどの浅い皿形の巣を作る。雌雄で巣作り、抱卵を行う。

［生息場所］　北はアムール川流域、日本から南はオーストラリア、西はインドまでのアジア、オセアニアの温帯、熱帯およびインド洋の島々、アフリカ、南アメリカに分布。日本には夏鳥として4月中旬に飛来する。

ヨシゴイ
Yellow Bittern

Ixobrychus sinensis
ペリカン目サギ科
全長：30〜40cm

- 一腹卵数：4卵
- 抱卵日数：約22日
- 卵のサイズ：33×24mm

実物大

［卵の特徴］　淡い青色で、無斑。

［巣・繁殖］　葦原の水面から1m弱のところに、葦の茎や葉を折ったり重ねて直径20cmほどの皿形の巣を作る。雌雄で抱卵。

［生息場所］　シベリア南東部、中国、日本、インドシナ半島、インド、フィリピン、ニューギニア、ミクロネシアなどに分布。日本には夏鳥として飛来し、九州以北で繁殖する。

オオヨシゴイ
Schrenck's Bittern

Ixobrychus eurhythmus
ペリカン目サギ科
全長：33〜39cm

- 一腹卵数：3〜6卵
- 抱卵日数：16〜18日
- 卵のサイズ：33×26mm

実物大

［卵の特徴］淡い青緑色で、無斑。

［巣・繁殖］藪の中や葦原で、茎や葉などを用いて皿形の巣を作る。巣作りは雌が、抱卵は雌雄で行う。

［生息場所］インドシナ半島、スマトラ島、ジャワ島などに生息。シベリア南東部、日本、中国などで繁殖。

サンカノゴイ
Great Bittern

Botaurus stellaris
ペリカン目サギ科
全長：64〜80cm

- 一腹卵数：4〜6卵
- 抱卵日数：25〜26日
- 卵のサイズ：52×40mm

実物大

［卵の特徴］地色はオリーブ褐色で、鈍端部には薄い褐色斑がある。

［巣・繁殖］水辺の葦原などに周囲の草を折って積み上げ、中央をくぼませて巣を作る。巣作り、抱卵は雌が行う。

［生息場所］ヨーロッパ東部から中国東部で繁殖。アフリカ、東南アジアで越冬。日本でも繁殖する。

● コウノトリ目／シュモクドリ科

中型の鳥。ハンマーのような形の頭と太いくちばしが特徴。1種のみ。

シュモクドリ
Hamerkop

Scopus umbretta
コウノトリ目シュモクドリ科
全長：50〜56cm

- 一腹卵数：3〜6卵
- 抱卵日数：28〜32日
- 卵のサイズ：41×31mm

実物大

<断面図>

[卵の特徴] つやのない白色で、無斑。

[巣・繁殖] 水辺に近い巨木の上や断崖の岩の割れ目などに、およそ6週間かけて雌雄共同で巨大な巣を作る。小枝や木の葉、茎などを組んで壁や屋根などを作り、外装は泥や藻類で塗り固める。餌の食べ残しや糞、死んだ動物の骨なども使う。壁の厚さ約30cm、屋根の厚さ約90cm、総重量約60kgほどもある。産座には枯草などを敷く。雌雄で抱卵。

[生息場所] サハラ砂漠以南のアフリカやマダガスカル、アラビア半島西端に分布。

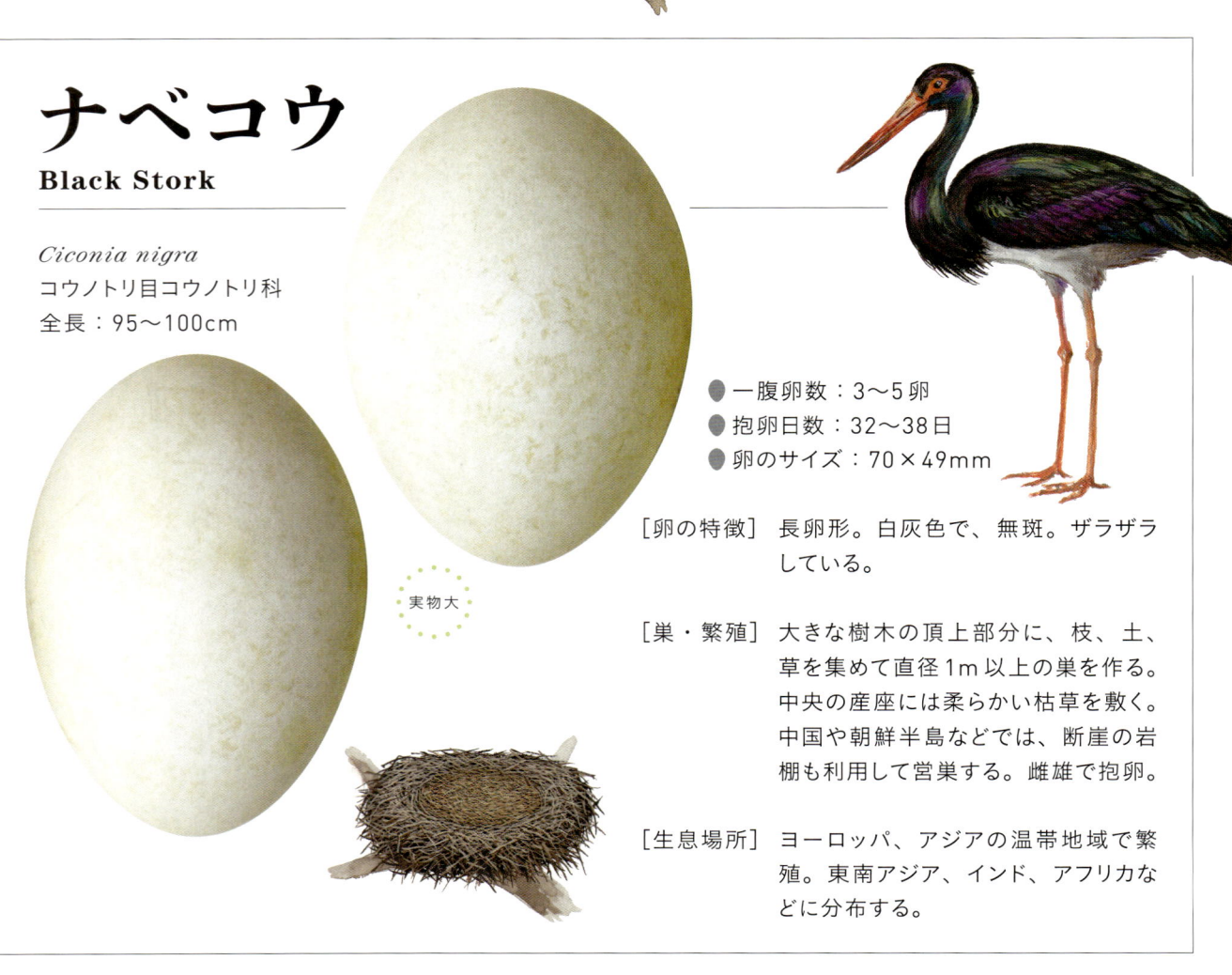

● コウノトリ目／コウノトリ科　大型の鳥。全19種。

アフリカトキコウ
Yellow-billed Stork

Mycteria ibis
コウノトリ目コウノトリ科
全長：95〜105cm

汚れ

● 一腹卵数：2〜3卵
● 抱卵日数：約30日
● 卵のサイズ：68×45mm

実物大

[卵の特徴]　長卵形。白色で、無斑。

[巣・繁殖]　樹上で集団営巣する。小枝を用いて皿形の巣を作り、産座には若葉を敷く。雌雄で抱卵。

[生息場所]　アフリカのサハラ砂漠以南の全域、マダガスカル島の西部に分布。

ナベコウ
Black Stork

Ciconia nigra
コウノトリ目コウノトリ科
全長：95〜100cm

実物大

● 一腹卵数：3〜5卵
● 抱卵日数：32〜38日
● 卵のサイズ：70×49mm

[卵の特徴]　長卵形。白灰色で、無斑。ザラザラしている。

[巣・繁殖]　大きな樹木の頂上部分に、枝、土、草を集めて直径1m以上の巣を作る。中央の産座には柔らかい枯草を敷く。中国や朝鮮半島などでは、断崖の岩棚も利用して営巣する。雌雄で抱卵。

[生息場所]　ヨーロッパ、アジアの温帯地域で繁殖。東南アジア、インド、アフリカなどに分布する。

コウノトリ
Oriental Stork

Ciconia boyciana
コウノトリ目コウノトリ科
全長：110～115cm

- 一腹卵数：2～6卵
- 抱卵日数：32～35日
- 卵のサイズ：78×57mm

[卵の特徴] 長卵形。ややつやのある白色で、無斑。

[巣・繁殖] 高い樹や住居の屋根の上、煙突の上などに、木の枝や草、土を使って直径1mほどの皿形の巣を作る。産座には植物片や羽毛などを敷く。雄が抱卵。

[生息場所] アムール地方、ウスリー地方、中国の東北地区、朝鮮半島、日本に分布。

実物大

アフリカハゲコウ
Marabou Stork

Leptoptilos crumeniferus
コウノトリ目コウノトリ科
全長：115～152cm

- 一腹卵数：2～4卵
- 抱卵日数：29～31日
- 卵のサイズ：79×56mm

実物大

[卵の特徴] おもに長卵形。白色で、無斑。

[巣・繁殖] 繁殖期に生息域のサバンナ、湖沼などの水辺、湿地にコロニーを形成する。コロニーの高木や岩棚に、小枝を用いて直径約1m、厚さ約30cmの皿形の巣を作る。産座には緑の葉を敷く。雌雄で抱卵。

[生息場所] アフリカのサハラ砂漠以南に分布。

● ペリカン目／トキ科
中〜大型の鳥。くちばしが下に曲がっている。全32種。

ショウジョウトキ
Scarlet Ibis

Eudocimus ruber
ペリカン目トキ科
全長：55〜63cm

- 一腹卵数：1〜3卵
- 抱卵日数：21〜23日
- 卵のサイズ：59×36mm

[卵の特徴] 長卵形。淡い緑色を帯びた白色で、無斑。褐色の大小の斑が覆うものもある。

[巣・繁殖] 河口や潟近くの樹木やマングローブ、灌木などに枝を積み上げて皿形の巣を作る。雌雄で抱卵。

[生息場所] 南米東部と一部中部の熱帯のマングローブ湿地や沿岸の干潟、河口などに多く生息。

親鳥が着地したときについた傷

実物大

鳥メモ
トリニダードトバゴの国鳥。同属のシロトキと習性や体形が似ていることから、一部では同種とする考えもある。ただし、両種が混在するベネズエラのコロニーでも、自然な交雑は確認できていない。

サカツラトキ
Whispering Ibis

Phimosus infuscatus
ペリカン目トキ科
全長：46〜54cm

- 一腹卵数：3〜4卵
- 抱卵日数：21〜23日
- 卵のサイズ：42×32mm

実物大

[卵の特徴] 淡い青色で、無斑。

[巣・繁殖] 湿地などの低木に集団で繁殖し、小枝などに皿形の巣を作る。雌雄で抱卵。

[生息場所] 南アメリカ北部および東部、コロンビア、ギアナ、ブラジル、ボリビア、パラグアイ、アルゼンチン、ウルグアイ、ベネズエラに分布。水辺の林、湿地、沼、小川を好み、牧草地や開けた野原などで生息する。

鳥メモ
お酒を飲んだような赤ら顔から、この名がついた。

クロトキ
Black-headed Ibis

Threskiornis melanocephalus
ペリカン目トキ科
全長：65〜76cm

- 一腹卵数：2〜3卵
- 抱卵日数：23〜25日
- 卵のサイズ：62×43mm

［卵の特徴］淡い緑色を帯びた白色で、無斑。褐色の斑やまだら模様が覆うものもある。

［巣・繁殖］コウノトリ、サギ、ウなどのコロニーに混じって、200〜300組のつがいで集団繁殖する。河川や湖の岸辺、中州の樹木、島の岩場、樹上などで枯枝を組み、産座に細かい枝や木の葉、羽毛を敷いた皿形の巣を作る。雌雄で抱卵。

［生息場所］インド、スリランカ、東南アジア、ジャワ島、ボルネオ島、スマトラ島、中国南部に分布。

ホオアカトキ
Northern Bald Ibis

Geronticus eremita
ペリカン目トキ科
全長：70〜80cm

- 一腹卵数：2〜4卵
- 抱卵日数：24〜28日
- 卵のサイズ：62×46mm

［卵の特徴］地色は白色か淡青色で、褐色のシミ斑やまだらの模様がある。

［巣・繁殖］乾燥地の高い崖の岩棚などに木の枝を集め、簡単な皿形の巣を作る。産座には枯草などを敷く。コロニーを形成し、30〜40のつがいで集団繁殖する。雄が抱卵。

［生息場所］トルコに少数と、モロッコに約650羽生息。

トキ
Crested Ibis

Nipponia nippon
ペリカン目トキ科
全長：55〜79cm

- 一腹卵数：3〜4卵
- 抱卵日数：40〜45日
- 卵のサイズ：61×41mm

実物大

［卵の特徴］　長卵形。地色は淡い青緑色で、褐色のシミ状斑がある。

［巣・繁殖］　広葉樹の大木の枝上で、小枝や枯蔓を用いて椀形の巣を作る。雌雄で抱卵、子育てを行う。

［生息場所］　ウスリー川流域、中国、朝鮮半島、日本などに分布。日本では中国から移入したトキが放鳥されている。

鳥メモ
1952年に国の特別天然記念物に指定。かつては日本全国にいたが、乱獲や開発により激減。2003年に最後の日本産トキ「キン」が死亡し、国産種は絶滅した。その後、中国産トキを人工繁殖し、放鳥されている。新潟県の県鳥。

ヘラサギ
Eurasian Spoonbill

Platalea leucorodia
ペリカン目トキ科
全長70〜95cm

- 一腹卵数：3〜4卵
- 抱卵日数：24〜25日
- 卵のサイズ：69×44mm

[卵の特徴] 長卵形。地色は淡い灰色で、褐色の小斑が散らばっている。

[巣・繁殖] 水辺近くの樹上で、葦、葉、茎、小枝、蔓などを集めて皿形の巣を作る。集団繁殖する。巣作り、抱卵は雌雄で行う。

[生息場所] ヨーロッパ南部、アフリカ北部、トルコ、インド、モンゴル、ウスリー川流域で繁殖。冬は中国南部、インド、アフリカ北東部へ渡る。インドでは留鳥として周年見られる。日本には冬鳥として少数が渡来する。

実物大

鳥メモ
オランダの国鳥。

● フラミンゴ目／フラミンゴ科　　大型の鳥。首、足が長く、くちばしは太く曲がっている。全5種。

オオフラミンゴ
Greater Flamingo

Phoenicopterus ruber
フラミンゴ目フラミンゴ科
全長：120〜145cm

- 一腹卵数：1卵（まれに2卵）
- 抱卵日数：27〜31日
- 卵のサイズ：82×50mm

[卵の特徴] 長卵形。薄い緑色を帯びた白亜質の白墨のような外層が殻を覆っている。無斑。

[巣・繁殖] 湖や潟の水際や島の周りなどの浅瀬で、卵が濡れないよう泥をくちばしで集め、踏み固めて高さ30cmほどの山のような巣を作る。集団で繁殖。雌雄で抱卵。

[生息場所] 南ヨーロッパ、アフリカ沿岸部とビクトリア湖周辺、紅海沿岸部、ペルシャ湾北岸からインド、南米北部に分布。潟湖や塩水湿地、強いアルカリ性の内陸湿地に生息。

実物大

チリーフラミンゴ
Chilean Flamingo

Phoenicopterus chilensis
フラミンゴ目フラミンゴ科
全長：約105cm

- 一腹卵数：1卵
- 抱卵日数：27〜31日
- 卵のサイズ：82×53mm

実物大

[卵の特徴] 長卵形。淡い灰青色を帯びた白色で、無斑。

[巣・繁殖] 泥で作った塚を巣にする。アンデス地域では、アンデスフラミンゴやコバシフラミンゴとコロニーを形成。雌雄で抱卵。

[生息場所] 南アメリカ中南部、中部ペルー南部からアンデス山脈を越えてチリ南端、東はブラジル南部、ウルグアイまで分布。

アンデスフラミンゴ
Andean Flamingo

Phoenicoparrus andinus
フラミンゴ目フラミンゴ科
全長：102〜110cm

- 一腹卵数：1卵
- 抱卵日数：約28日
- 卵のサイズ：82×50mm

[卵の特徴] 長卵形。淡い灰白色で、無斑。縦長の楕円形。

[巣・繁殖] 塩水湖で、泥を積み上げて塚を作り、巣にする。巣作り、抱卵は雌雄で行う。

[生息場所] 南アメリカのペルー南部からボリビア、チリ北部、アルゼンチン北西部に分布し、おもにアンデス山脈の標高約3500〜4500mの高地に生息する。

実物大
汚れ

● カモ目／カモ科

中〜大型の鳥。水かきのある大きな足と平たいくちばしが特徴。雌が巣を作り、子育てをする。水辺にすむが営巣は地上で行うため、雌には目立たない茶色い模様がある。全147種。

オオハクチョウ
Whooper Swan

Cygnus cygnus
カモ目カモ科
全長：140〜165cm

- 一腹卵数：4〜5卵
- 抱卵日数：約35日
- 卵のサイズ：109×72mm

実物大

汚れ

[卵の特徴] 長卵形。地色は淡い黄灰色で、淡い黄茶色の小斑がある。表面はザラザラしている。

[巣・繁殖] 葦などの植物が生い茂る湖の岸や中州など、水辺近くの小高い場所に、草やスゲを山のように集め、直径1m以上、高さ約50cmの巣を作る。雌が抱卵。

[生息場所] アイスランド、スカンジナビア半島からシベリアまでの亜寒帯で繁殖し、西ヨーロッパから北海、バルト海、黒海、カスピ海、アラル海などのヨーロッパ、中国、韓国、アジアの温帯域の周辺で越冬する。

> 鳥メモ
> 白鳥類のなかで最大の種。約8〜13kgの体重で、5000kmにも及ぶ渡りをする。フィンランドの国鳥。青森県、島根県の県鳥。

〈くわえてきた巣材を放り投げるように積んでいく〉

コブハクチョウ
Mute Swan

Cygnus olor
カモ目カモ科
全長：125〜160cm

- 一腹卵数：4〜7卵（まれに10卵前後まで）
- 抱卵日数：35〜36日
- 卵のサイズ：115×75mm

実物大

[卵の特徴]　長卵形。おもに青灰色だが、まれに白色のものもある。無斑。

[巣・繁殖]　川や湖などの水辺の陸地に、木の枝や草の茎、水草の根などを山のように積み上げて、大きな皿形の巣を作る。抱卵は雌が、子育ては雌雄で行う。

[生息場所]　ヨーロッパ北部、小アジア、中央アジア、モンゴル、シベリア南東部で繁殖し、ヨーロッパ南東部およびアジア南西部へ渡って越冬する。シベリア南西部のものは黄海沿岸まで渡り、毎冬20〜30羽が韓国に渡来する。

コクチョウ
Black Swan

Cygnus atratus
カモ目カモ科
全長：110〜140cm

- 一腹卵数：5〜6卵
- 抱卵日数：35〜48日
- 卵のサイズ：108×63mm

[卵の特徴] 長卵形。淡い青色を帯びた白色で、無斑。

[巣・繁殖] 集団で営巣する。オーストラリアでは南部で6〜9月、北部で2〜5月に、葦原など湿地の浅い水中に小枝や葦などの植物を積み上げ、直径1mほどの山のような巣を作る。雌雄で抱卵。

[生息場所] 中部砂漠地帯を除くオーストラリアとタスマニア島に分布。ニュージーランドでは1860年に人為移入が行われ定着した。

実物大

コハクチョウ
Tundra Swan

Cygnus columbianus
カモ目カモ科
全長：120〜150cm

- 一腹卵数：3〜5卵
- 抱卵日数：29〜30日
- 卵のサイズ：91×59mm

[卵の特徴] 長卵形。白色で、無斑。

[巣・繁殖] 湖の浅瀬や水辺の地面に、スゲやイネ科の植物、苔などを積み上げ、直径約1m、高さ約60cmの山のような巣を作る。雌雄で巣作りをし、抱卵は雌のみが行う。

[生息場所] ユーラシア大陸、北米大陸の極北部で繁殖し、ヨーロッパ北西部、北米西部、中国、日本などで越冬する。

鳥メモ
青森県、島根県の県鳥。日本のおもな飛来地は「白鳥渡来地」として国の天然記念物に指定されている。

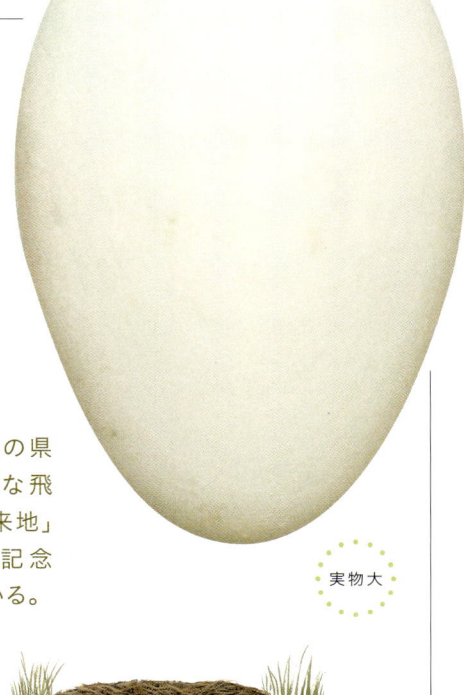

実物大

シナガチョウ（原種：サカツラガン）
Swan Goose (Domestic type)

Anser cygnoides var. domesticus
カモ目カモ科
全長：81〜94cm

- 一腹卵数：2〜5卵
- 抱卵日数：約28日
- 卵のサイズ：75×52mm

[卵の特徴] 楕円形に近い長卵形。つやの少ない白色かクリーム色で、無斑。

[巣・繁殖] 地面に枯草などを集め、皿形の巣を作る。雌が抱卵。

実物大

ヒシクイ
Bean Goose

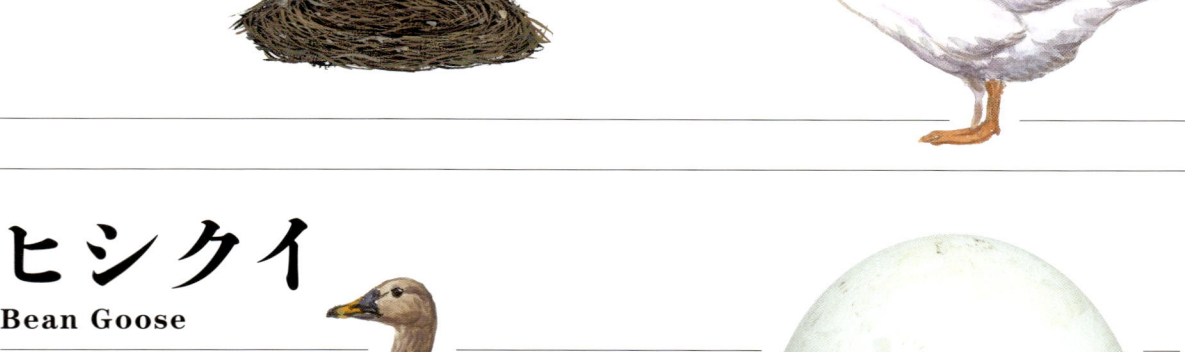

Anser fabalis
カモ目カモ科
全長：66〜89cm

- 一腹卵数：4〜8卵（通常5卵）
- 抱卵日数：27〜29日
- 卵のサイズ：79×53mm

[卵の特徴] 楕円形に近い長卵形。白色か淡い青を帯びた白色で、無斑。

[巣・繁殖] 水辺の草地のくぼみに、小枝や草、葦、苔を用いて皿形の巣を作る。産座には自分の綿羽を敷く。まれに樹上や崖の岩棚上に営巣することもある。巣作り、子育ては雌雄で行う。抱卵は雌が行い、その間、雄は周囲の安全を守る。

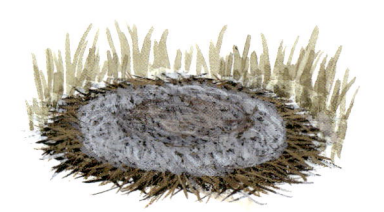

[生息場所] ユーラシア北部で繁殖し、日本、朝鮮半島、中国東部、バルハシ湖南部、アラル海南部、アドリア海東部、北海沿岸などで越冬する。

実物大

マガン
Greater White-fronted Goose

Anser albifrons
カモ目カモ科
全長：65～86cm

- 一腹卵数：4～7卵
- 抱卵日数：22～28日
- 卵のサイズ：88×57mm

薄い汚れが付着している

実物大

[卵の特徴] 楕円形に近い長卵形。淡い緑色で、無斑。

[巣・繁殖] 水辺に近い草原の地面にくぼみを作り、枯草、自分の羽毛を集めて皿形の巣を作る。雌が抱卵。

[生息場所] 北緯70度以北のツンドラ地帯で繁殖。アジアから黒海、北アメリカなど広範囲の地域で越冬する。

ハイイロガン
Greylag Goose

Anser anser
カモ目カモ科
全長：76～89cm

薄い汚れが付着している

- 一腹卵数：4～7卵（まれに8卵）
- 抱卵日数：27～28日
- 卵のサイズ：85×55mm

実物大

[卵の特徴] 楕円形に近い長卵形。淡緑色で、無斑。表面はざらざらとしていてつやがない。

[巣・繁殖] 湖の島、河川の中州、湿原や沼沢地、泥炭湿原などで、地面を引っ掻いてくぼみを作り、草などの植物を敷いて皿形の巣を作る。産座には自分の綿羽を敷く。巣作り、抱卵は雌が行う。

[生息場所] ヨーロッパやアジアに広く生息。

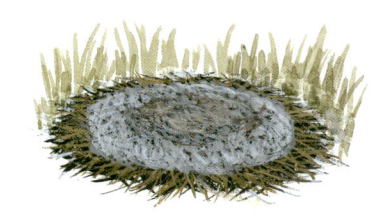

ハワイガン
Nene

Branta sandvicensis
カモ目カモ科
全長：56〜71cm

鳥メモ
アメリカ合衆国ハワイ州の州鳥。

- 一腹卵数：3〜5卵
- 抱卵日数：約29日
- 卵のサイズ：88×63mm

［卵の特徴］　楕円形に近い長卵形。白色で、無斑。

［巣・繁殖］　古い溶岩のくぼみに枯草や葉、綿毛を敷いて皿形の巣を作る。雌が抱卵。

［生息場所］　ハワイ島の固有種で、標高1500〜2500mに位置する水がほとんどない溶岩地帯に生息する。

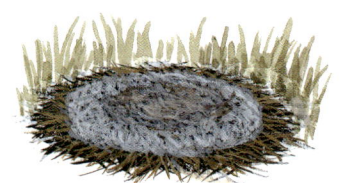

実物大

オニカナダガン
Giant Canada Goose

Branta canadensis maxima
カモ目カモ科
全長：100〜110cm

- 一腹卵数：4〜6卵
- 抱卵日数：26〜30日
- 卵のサイズ：92×61mm

［卵の特徴］　楕円形に近い長卵形。白色で、無斑。

［巣・繁殖］　雌雄で水辺の草地のくぼみに枯草を集めて皿形の巣を作り、産座には自分の腹の羽毛を敷く。雌雄で抱卵。つがいごとに産卵場所を求めるために争いが起こる。

［生息場所］　カナダと北アメリカ、かつてはマニトバとミネソタ州からアーカンソー州までの地域に広く分布していたが、現在では生息数が減少している。

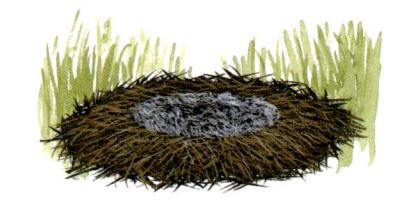

実物大

カナダガン
Canada Goose

Branta canadensis
カモ目カモ科
全長：55〜110cm

- 一腹卵数：4〜7卵（通常5卵）
- 抱卵日数：27〜30日
- 卵のサイズ：87×60mm

［卵の特徴］楕円形に近い長卵形。白色で、無斑。

［巣・繁殖］4月上旬から雌雄が共同で巣作りをする。砂利採掘場や水辺の草地のくぼみに、小枝や草、葦、苔などで皿形の巣を作り、産座には自分の胸や腹の羽毛を敷く。まれにミサゴやハクトウワシの巣を利用することもある。雌雄で抱卵。

［生息場所］カナダ、アメリカ、アリューシャン列島、イギリス、スカンジナビア半島南部、デンマークの干潟、湖沼、海沼、広い水田などに分布。

実物大

鳥メモ
日本では、飼育されていた鳥が野生化して繁殖している。日本に飛来するカナダガンの亜種B.C.leucoparelaは、シジュウカラガンと呼ばれる。

アカツクシガモ
Ruddy Shelduck

Tadorna ferruginea
カモ目カモ科
全長：63〜66cm

- 一腹卵数：8〜9卵
- 抱卵日数：28〜29日
- 卵のサイズ：60×43mm

実物大

［卵の特徴］淡い黄白色で、無斑。

［巣・繁殖］地域によってさまざまで、水辺のそばの地中の穴や岩の間、ウサギの巣穴の中に羽毛を敷いて巣を作る。樹上にあるワシなどの古巣に自分の羽、綿毛、枯草を敷いて巣にすることもある。雌が抱卵。

［生息場所］アフリカではナイル川流域の高原とモロッコ、ユーラシアでは地中海沿岸からバイカル湖周辺までのアジア温帯地に分布。ユーラシアの北部で繁殖したものは南部へ渡る。

ノバリケン
Muscovy Duck

Cairina moschata
カモ目カモ科
全長：66〜84cm

- 一腹卵数：8〜15卵
- 抱卵日数：約35日
- 卵のサイズ：60×46mm

［卵の特徴］　楕円形に近い卵形。淡いクリーム色や深い青色で、無斑。

［巣・繁殖］　繁殖期は、おもに雨季。樹洞の中に羽毛を敷き、皿形の巣を作る。雌は抱卵。

［生息場所］　メキシコからペルー東部、ブラジル、ウルグアイに分布。

アメリカオシ
Wood Duck

Aix sponsa
カモ目カモ科
全長：43〜51cm

- 一腹卵数：9〜15卵
- 抱卵日数：約30日
- 卵のサイズ：51×38mm

［卵の特徴］　淡い黄色で、無斑。

［巣・繁殖］　樹洞の中に羽毛を敷いた巣を作る。雌が抱卵。

［生息場所］　北アメリカ中部から、南はフロリダ州、テキサス州からキューバにかけて分布し、北方のものは冬季に南へ移動する。

オシドリ
Mandarin Duck

Aix galericulata
カモ目カモ科
全長：41〜51cm

- 一腹卵数：9〜12卵
- 抱卵日数：28〜30日
- 卵のサイズ：48×35mm

実物大

［卵の特徴］　淡い黄白色で、無斑。

［巣・繁殖］　おもに樹洞の中に自分の羽毛を敷き詰めて巣を作る（A）。地上の場合は枯草と羽毛で皿形の巣を作る（B）。倒木の下の隙間で営巣することもある。営巣に適した樹洞などの選択は、雌が主導権を握り、雄は随伴する。抱卵はほとんど雌が行う。樹洞に営巣した場合、雛は巣立つとき地上に飛びおりる。

［生息場所］　アムール川およびウスリー川流域からサハリン、日本に分布。日本では北海道、本州、九州で繁殖する。

(A)
(B)

鳥メモ
山形県、鳥取県、長崎県の県鳥。

ヒドリガモ
Eurasian Wigeon

Anas penelope
カモ目カモ科
全長：45〜51cm

- 一腹卵数：6〜12卵
- 抱卵日数：24〜25日
- 卵のサイズ：54×38mm

実物大

［卵の特徴］　クリーム色で、無斑。

［巣・繁殖］　樹木がまばらに生えている淡水湿地や、湖沼の岸辺近くのくぼみに、草や羽毛を敷いて皿形の巣を作る。雌が抱卵。

［生息場所］　ユーラシア大陸北部で繁殖し、冬季は南へ渡って越冬する。日本には冬鳥として各地に飛来。

ヨシガモ
Falcated Duck

Anas falcata
カモ目カモ科
全長：46〜54cm

実物大

- 一腹卵数：6〜9卵
- 抱卵日数：24〜26日
- 卵のサイズ：51×35mm

[卵の特徴] 産卵直後は淡い青緑色だが、日が経つにつれ淡い黄茶色へと変色していく。無斑。

[巣・繁殖] 水辺付近の草陰に、枯草、羽毛を集めて皿形の巣を作る。雌が巣作り、抱卵、子育てを行う。

[生息場所] 東シベリアからサハリン、千島列島、北海道で繁殖し、中国東部、朝鮮半島、日本の本州以南で越冬する。

オカヨシガモ
Gadwall

Anas strepera
カモ目カモ科
全長：46〜58cm

- 一腹卵数：8〜12卵
- 抱卵日数：24〜26日
- 卵のサイズ：50×38mm

実物大

[卵の特徴] 淡い灰黄色で、無斑。

[巣・繁殖] おもに水域からやや離れた場所で、草のよく茂った地面に草や乾いた葦を使って皿形の巣を作る。産座には羽毛を敷く。雌が抱卵。

[生息場所] アイスランド、イギリス、ヨーロッパからシベリア、カムチャツカ半島、北アメリカの亜寒帯で繁殖し、地中海沿岸、アフリカ北部、中近東からアジア南部や北アメリカ南部で越冬する。

コガモ
Common Teal

Anas crecca
カモ目カモ科
全長：34～43cm

● 一腹卵数：8～11卵
● 抱卵日数：21～23日
● 卵のサイズ：49×34mm

実物大

[卵の特徴] 黄色みを帯びた白色で、無斑。

[巣・繁殖] 水辺の草むらなどに浅いくぼみを作り、枯草や葉、羽毛を集めて皿形の巣を作る。地面の深い穴の中を巣にすることもある。雌が抱卵、子育てを行う。

[生息場所] 北半球北部で繁殖し、冬期は南方へ渡り越冬する。日本には冬鳥として飛来し、北海道および本州の山地の湖沼で少数が繁殖。

マガモ
Mallard

Anas platyrhynchos
カモ目カモ科
全長：50～65cm

● 一腹卵数：9～13卵
● 抱卵日数：27～28日
● 卵のサイズ：60×43mm

実物大

[卵の特徴] なめらかな表面で、淡黄褐色がかった淡青色や淡緑色、乳白色など。無斑。

[巣・繁殖] 雌が枯草などを集め、水辺の草地のくぼみに皿形の巣を作る。産座には枯草や羽毛を敷く。

[生息場所] アイスランド、イギリス、ユーラシア、サハリン、地中海沿岸のアフリカ、ハワイ、北アメリカ、グリーンランド、オーストラリア、ニュージーランドなどの寒帯から温帯に分布。北方で繁殖する個体群ほど南へ渡るが、ヨーロッパや北アメリカなどの温帯で繁殖する個体群は渡りをしない。日本では北海道などに繁殖地があり、近年は本州から九州の低地に繁殖分布を広げている。

カルガモ
Eastern Spot-billed Duck

Anas zonorthyncha
カモ目カモ科
全長：58〜63cm

- 一腹卵数：7〜12卵
- 抱卵日数：約24日
- 卵のサイズ：54×39mm

汚れ

実物大

［卵の特徴］ 淡い黄白色やクリーム色がかった白色で、無斑。

［巣・繁殖］ 水辺近くの葦、ススキ、マコモなどの茂った地上で、枯草や自分の羽毛を敷いた皿形の巣を作る。雌が抱卵。

［生息場所］ アッサム地方以西のインド、日本、サハリン、中国、朝鮮半島で生息し、北海道の個体は冬期に南下する。日本各地で繁殖。

オナガガモ
Northern Pintail

Anas acuta
カモ目カモ科
全長：50〜65cm

- 一腹卵数：7〜9卵
- 抱卵日数：22〜24日
- 卵のサイズ：55×39mm

［卵の特徴］ 淡いクリーム色で、無斑。

［巣・繁殖］ 水辺の近くで、地面を少しくぼませたところに草や葉、羽毛などを産座に敷いて皿形の巣を作る。雌が抱卵。雄は、雌が抱卵を始めるとつがいを解消し、換羽に適した場所に移動する。

［生息場所］ グリーンランドとカナダの北極圏の島々を除く北半球に広く分布。ユーラシア北部、北アメリカ北部および中部で繁殖し、アフリカ、地中海沿岸からインド、東アジア、北アメリカ南部から中央アジアで越冬する。日本には冬鳥として全国各地に飛来する。

実物大

シマアジ
Garganey

Anas querquedula
カモ目カモ科
全長：37〜41cm

- 一腹卵数：8〜9卵
- 抱卵日数：21〜23日
- 卵のサイズ：41×29mm

［卵の特徴］ 淡い茶黄色で、無斑。

［巣・繁殖］ 池や川など水辺付近の草地や葦が茂る湿地、氾濫原に、枯草と羽毛を敷いて皿形の巣を作る。雌が巣作り、抱卵、子育てを行う。

［生息場所］ ユーラシア北部から中部で繁殖し、アフリカ、ユーラシア南部へ渡って越冬する。

実物大

ケワタガモ
King Eider

Somateria spectabilis
カモ目カモ科
全長：43〜63cm

- 一腹卵数：4〜5卵
- 抱卵日数：22〜24日
- 卵のサイズ：66×46mm

［卵の特徴］ 長卵形。淡い青緑色で、無斑。

［巣・繁殖］ ツンドラ地帯の淡水池で、乾燥した小高い地面を引っ掻いて浅いくぼみを作り、草などの植物と自分の綿羽を大量に敷き詰めて皿形の巣を作る。雌が巣作りと抱卵を行う。

［生息場所］ アイスランドとスカンジナビア半島を除く北極圏沿岸一帯で繁殖し、大部分が北極圏北部の海上で越冬する。

実物大

クロガモ
Common Scoter

Melanitta americana
カモ目カモ科
全長：43〜54cm

- 一腹卵数：6〜8卵
- 抱卵日数：30〜31日
- 卵のサイズ：51×37mm

[卵の特徴] 淡い黄灰色で、無斑。

[巣・繁殖] 草むらや海岸近くの湖沼など、岸辺に近い広い草原で、地面の草陰に草や羽毛を敷いた皿形の巣を作る。

[生息場所] アイスランド、ヨーロッパ西岸、スカンジナビア半島北部からシベリア中部、シベリア東部からカムチャツカ半島、千島列島、日本海沿岸からアリューシャン列島、アラスカ、カナダ東部からニューファンドランド島に分布。ユーラシア大陸の北極圏、北アメリカ大陸のアラスカ沿岸、ラブラドル半島で繁殖し、冬季は南下する。

ウミアイサ
Red-breasted Merganser

Mergus serrator
カモ目カモ科
全長：52〜58cm

- 一腹卵数：8〜10卵
- 抱卵日数：31〜32日
- 卵のサイズ：67.5×46mm

[卵の特徴] 長卵形。灰黄色みを帯びた白色で、無斑。

[巣・繁殖] 繁殖期になると換羽し、色鮮やかな姿になる。湖や小川近くの地面に草を積んで、産座に羽毛を敷いた皿形の巣を作る（A）。岩の間や地上の陥没、樹洞の中などに羽毛を敷いて巣にすることもある（B）。雌が抱卵。

[生息場所] アイスランド、ユーラシアおよび北アメリカの北部、グリーンランド南部で繁殖し、多くは温帯沿岸部を南下して越冬。日本には冬鳥として飛来する。

● タカ目／コンドル科

大型の鳥。死んだ動物の肉を食べるため、血液等がついて不衛生にならないよう、頭部に毛がない。全7種。

コンドル
Andean Condor

Vultur gryphus
タカ目コンドル科
全長：100〜130cm

● 一腹卵数：1卵
● 抱卵日数：約59日
● 卵のサイズ：112×68mm

［卵の特徴］長卵形。地色はつやのある淡灰白色で、褐色の小斑が点在する。

［巣・繁殖］外敵が近づけない岩壁や岩棚の岩の上、穴の床などを巣にする。巣材は集めない。雌雄で抱卵。繁殖は隔年で少ない。

［生息場所］南米のアンデス山脈一帯に広く生息する。

実物大

鳥メモ
チリー、エクアドル、コロンビアの国鳥。

トキイロコンドル
King Vulture

Sarcoramphus papa
タカ目コンドル科
全長：71〜81cm

● 一腹卵数：1卵
● 抱卵日数：53〜58日
● 卵のサイズ：94×67mm

[卵の特徴] 地色は白色か淡灰白色で、全体に小斑が覆う。

[巣・繁殖] 熱帯雨林の立ち枯れた木の切り株のくぼみ、または崖の割れ目などを巣にして卵を産む。巣材は集めない。動物園や飼育施設での繁殖は成功しているが、自然界での繁殖は記録数が少なく、1965年、パナマの熱帯雨林で折れた樹の切り株の空洞に1卵発見された例など数例のみ。雌雄で抱卵。

[生息場所] メキシコからアルゼンチン北部におよぶ中南米のサバンナ、開けた地域や森林に生息。霜や雪に弱いため、山岳地帯を避ける。

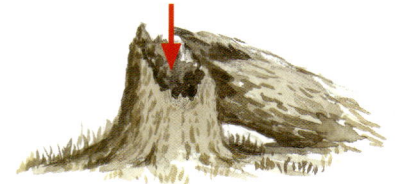

実物大

クロコンドル
Black Vulture

Coragyps atratus
タカ目コンドル科
全長：56〜68cm

- 一腹卵数：2卵
- 抱卵日数：38〜45日
- 卵のサイズ：82×54mm

[卵の特徴]　長卵形。地色は淡い灰色で、紫褐色の斑が鈍端部に集中する。

[巣・繁殖]　崖の岩棚などに、木片や枯葉を集めて皿形の巣を作る。まれに樹洞の中、空き家になった家屋などに作ることもある。おもに雌が抱卵。

[生息場所]　アメリカのワシントン州、オハイオ州南部、アリゾナ州南部、南アメリカのパタゴニア中央部などに分布。

実物大

鳥メモ
嗅覚がとてもするどい。

カリフォルニアコンドル
California Condor

Gymnogyps californianus
タカ目コンドル科
全長：117〜134cm

- 一腹卵数：1卵
- 抱卵日数：55〜60日
- 卵のサイズ：110×64mm

[卵の特徴]　長楕円形。淡緑色がかった白色で、無斑。

[巣・繁殖]　巣材は集めず、岩壁の岩棚などを巣にして卵を産む。

[生息場所]　アメリカのカリフォルニア州の南部シエラネバダ山脈の開けた地域、樹木の多い場所や低木林、岩場などに生息。

鳥メモ
一時は2羽ほどまでに減少していたが、現在は飼育繁殖が成功し、野生復帰個体を含めて400羽近く回復している。

実物大

ヒメコンドル
Turkey Vulture

Cathartes aura
タカ目コンドル科
全長：64〜81cm

- 一腹卵数：2卵
- 抱卵日数：38〜41日
- 卵のサイズ：72×52mm

[卵の特徴] 地色はくすんだクリーム色で、赤褐色や褐色の斑やシミ模様が全体に広がっている。

[巣・繁殖] 崖上の浅い洞窟の入口や崖の岩棚のくぼみを巣にして、そのまま産卵する。雌雄で抱卵。

[生息場所] カナダ南部から南米の南端にあるフエゴ島までの、アメリカ大陸の熱帯から温帯の平原、砂漠、森林に生息。

実物大

● タカ目／ミサゴ科　大型の鳥。上空から水面につっこみ、魚を捕食する。1種のみ。

ミサゴ
Osprey

Pandion haliaetus
タカ目ミサゴ科
全長：55〜58cm

- 一腹卵数：2〜4卵（通常3卵）
- 抱卵日数：35〜43日
- 卵のサイズ：58×46mm

実物大

[卵の特徴] 地色は淡青色で、紫がかった灰色、赤褐色のシミ模様や小斑が覆う。模様の量や濃さには個体差がある。

[巣・繁殖] 魚を食べる鳥なので、海岸や水辺の崖の上、木の上に枯枝などを集め、直径1.5mほどの皿形の巣を作る。産座には枯草などをたくさん敷く。雌雄で抱卵。

[生息場所] 灌木林や泥炭湿地のある世界中の沿岸に生息する。南半球では生息数が少ない。

● タカ目／タカ科　　大型の鳥。上空を旋回し、獲物に襲いかかる。全237種。

サンショクウミワシ
African Fish Eagle

Haliaeetus vocifer
タカ目タカ科
全長：63〜73cm

- 一腹卵数：1〜3卵
- 抱卵日数：42〜45日
- 卵のサイズ：75×58mm

[卵の特徴]　短卵形。つやのない淡い灰色で、おもに無斑。褐色や灰色の斑点が散らばるものもある。

[巣・繁殖]　木の枝を集め、直径1m以上の皿形の巣を作る。産座には柔らかい枯草を集める。アカシアの大木に営巣することが多いが、薮地に作ることもある。雌が抱卵。

[生息場所]　アフリカのセネガル、ガンビア、スーダン南部、エチオピアなどの大きな湖や川、湿地、海岸などに生息する。

実物大

鳥メモ
ザンビア、ジンバブエの国鳥。

トビ
Black Kite

Milvus migrans
タカ目タカ科
全長：55〜60cm

- 一腹卵数：2〜3卵
- 抱卵日数：26〜38日
- 卵のサイズ：59×44mm

[卵の特徴]　地色は灰白色や白色で、赤褐色や黒褐色、灰色の不定形の斑が鋭端部を中心に広がる。模様の量や濃さには個体差がある。

[巣・繁殖]　海、湖、池、川に近い山地や丘陵地にある大木の樹上15m付近で、太い枯枝や樹皮、枯草などを組み合わせ、大きな皿形の巣を作る。人が捨てた布、ロープ、ゴミなどを巣材としてよく使う。雌が抱卵。

[生息場所]　アフリカ、ユーラシア、オーストラリアに分布。日本では平地や市街地近郊に多く生息。

実物大

オジロワシ
White-tailed Eagle

Haliaeetus albicilla
タカ目タカ科
全長：69〜92cm

- 一腹卵数：2卵
- 抱卵日数：35〜40日
- 卵のサイズ：72×58mm

細かい汚れが付着している

実物大

[卵の特徴]　短卵形。淡い青色で、無斑。

[巣・繁殖]　餌場となる川や湖沼、海の近くの、原生林が茂る比較的見晴らしのいい小高い場所に営巣する。樹上16〜20m以上の木の股や崖で、枝、枯草、木片、海草、苔などを集めて直径1m以上の皿形の巣を作る。毎年、巣材を積み重ねるので厚さ2mになるものもある。抱卵はおもに雌が行うが、雌雄で交代して行う場合もある。

[生息場所]　ユーラシアに分布。日本では北海道の知床半島、根室付近、道北部などで少数が繁殖し、冬季には南千島やサハリン、カムチャツカ半島から南下して、本州中部、佐渡島、四国、九州、琉球諸島まで飛来した記録がある。

ヒゲワシ
Lammergeier

Gypaetus barbatus
タカ目タカ科
全長：100〜115cm

- 一腹卵数：1〜2卵
- 抱卵日数：53〜58日
- 卵のサイズ：86×70mm

実物大

[卵の特徴]　短卵形。地色は薄い黄褐色か赤黄褐色で、褐色の斑やシミ模様が全体に広がる。

[巣・繁殖]　山岳地の険しい崖の洞窟やくぼみに木の枝などを集め、皿形の巣を作る。以前食べた動物の骨や、人が捨てたロープ、ゴミなども使う。雌雄で抱卵。

[生息場所]　イベリア半島、シチリア島、コルシカ島、ピレネー山脈、ギリシャ、トルコ、中東、中央アジアやアフリカ北部、東部、南部などに分布。山岳地帯に生息する。

ヤシハゲワシ
Palm-nut Vulture

Gypohierax angolensis
タカ目タカ科
全長：約60cm

- 一腹卵数：1卵
- 抱卵日数：約44日
- 卵のサイズ：69×51mm

[卵の特徴] 地色は白色で、鈍端部にチョコレート色のシミ斑と褐色の斑がある。

[巣・繁殖] ヤシの木やバオバブの樹上に、枝や蔓、葉などで、直径60～90cmの皿形の巣を作る。

[生息場所] アフリカ中部および南部に生息。

実物大

ハクトウワシ
Bald Eagle

Haliaeetus leucocephalus
タカ目タカ科
全長：71～96cm

- 一腹卵数：2～4卵
- 抱卵日数：約35日
- 卵のサイズ：69×54mm

実物大

[卵の特徴] 短卵形。白色で無斑。

[巣・繁殖] 大木の枝上に小枝などを集め、厚さ1m、幅1.5mほどの皿形の巣を作る。産座には枯草などを敷く。毎年、巣材を新たに積み重ねるので、フロリダ州セントピータースバーブには厚さ約6m、幅3mもある巣があったといわれる。いったんつがいが形成されると、絆は維持される。

[生息場所] アメリカのフロリダ半島とアラスカ以外の地域では、少数しか生息していない。

鳥メモ　アメリカ合衆国の国鳥。

エジプトハゲワシ
Egyptian Vulture

Neophron percnopterus
タカ目タカ科
全長：58〜70cm

- 一腹卵数：2卵
- 抱卵日数：約42日
- 卵のサイズ：67×54mm

[卵の特徴] 短卵形。地色は淡い黄褐色か薄い赤色、茶色がかった白色などで、赤褐色斑があり、鋭端部か鈍端部に褐色の模様がキャップ状につく。

[巣・繁殖] 岩壁のくぼみなどに木の枝を積み上げ、獣毛や布きれなどいろいろな物を集めて皿形の巣を作る。まれに樹上にも営巣する。雌雄で抱卵。

[生息場所] 南ヨーロッパ、トルコ、中近東、中央アジア、インド、熱帯雨林地帯と南アフリカを除くアフリカに分布。

鳥メモ
石を使ってダチョウの卵などを割って食べるなど、道具を使う鳥として知られている。

実物大

コシジロハゲワシ
White-backed Vulture

Gyps africanus
タカ目タカ科
全長：90〜100cm

- 一腹卵数：1卵
- 抱卵日数：約56日
- 卵のサイズ：88×66mm

[卵の特徴] 淡い灰色で、おもに無斑。赤褐色の小斑があるものもある。

[巣・繁殖] アカシアなどの林にある巨木の樹上や崖の岩棚の上に、枝を集めて皿形の巣を作る。産座には若葉を敷く。雌雄で抱卵。

[生息場所] セネガルからスーダンおよびアフリカ南部のサバンナや熱帯雨林に生息。

実物大

マダラハゲワシ
Ruppell's Griffon

Gyps rueppellii
タカ目タカ科
全長：95〜105cm

● 一腹卵数：1卵
● 抱卵日数：約55日
● 卵のサイズ：87×67mm

[卵の特徴] つやのない白色で、無斑。

[巣・繁殖] 崖の岩棚に枝を積み上げ、厚みのある皿形の巣を作る。雌が近くの巣から枝を盗み、雄がそれを巣に加える。産座には草や葉を敷く。多いところでは1000羽もの大集団になる。北カメルーンなど一部では樹上に営巣する。おもに雌が抱卵。

[生息場所] セネガルからナイジェリア北部、スーダン、エチオピア西部、ウガンダ、ケニア、タンザニア北部に分布。

実物大

シロエリハゲワシ
Eurasian Griffon

Gyps fulvus
タカ目タカ科
全長：95〜110cm

● 一腹卵数：1卵
● 抱卵日数：50〜58日
● 卵のサイズ：97×63mm

[卵の特徴] 白色で、無斑。巣の中でシミがつくなどして薄い褐色の斑模様の汚れが付着している。表面は滑らかだが、つやがない。

[巣・繁殖] 崖の岩棚や洞窟などに、枝と草を平たく積み上げた皿形の巣を作る。また、ほかのワシなどが作った樹上にある巣を奪うこともある。雌雄で抱卵。

[生息場所] ヨーロッパ南部、北アフリカから東のヒマラヤ地方までの山地のみに生息。

実物大

クロハゲワシ
Cinereous Vulture

Aegypius monachus
タカ目タカ科
全長：98〜107cm

- 一腹卵数：1卵
- 抱卵日数：54〜56日
- 卵のサイズ：85×70mm

［卵の特徴］　地色は白色で、赤褐色や灰褐色の斑が全体を覆う。

［巣・繁殖］　巨大な樹木の上や断崖の棚に、木の枝を集めて直径1m以上の皿形の巣を作る。中央の産座には枯草を敷き、その上に若葉などを加える。雌が抱卵。

［生息場所］　地中海沿岸からアジア東部に分布し、まれにチベット東部、モンゴル、中国北東部などから偏西風に乗って日本まで飛来することがある。

実物大

ミミヒダハゲワシ
Lappet-faced Vulture

Torgos tracheliotus
タカ目タカ科
全長：約115cm

- 一腹卵数：1卵
- 抱卵日数：54〜56日
- 卵のサイズ：89×69mm

親鳥の爪の傷

［卵の特徴］　地色は淡黄灰色で、褐色の小斑が点在し、鈍端部にシミ斑がキャップ状につく。

［巣・繁殖］　アカシアなどの木の頂に枝を集め、直径1mほどの皿形の巣を作る。中央の産座部分には獣毛や木の葉などを敷く。適当な木がないときは、崖の岩棚の上に木の枝を積み上げて作ることもある。雌雄で抱卵。

［生息場所］　イスラエル南部からアラビア半島、アフリカのサハラ砂漠の南西部、エチオピアや南アフリカのケープ州に分布。

実物大

ダルマワシ
Bateleur

Terathopius ecaudatus
タカ目タカ科
全長：約60cm

- 一腹卵数：1卵
- 抱卵日数：52〜59日
- 卵のサイズ：77×64mm

[卵の特徴]　球形に近い卵形。地色は淡いクリーム色がかった白色で、黄灰色の薄い小さなシミ斑がある。

[巣・繁殖]　高い木の上に枝を集め、直径約1m、厚さ約1mほどの皿形の巣を作る。産座には若葉をたくさん敷く。おもに雌が抱卵。

[生息場所]　アフリカのサハラ砂漠以南で、西部の森林地帯を除いた地域に分布。

細かい汚れが付着している

実物大

カンムリワシ
Crested Serpent Eagle

Spilornis cheela
タカ目タカ科
全長：41〜76cm

- 一腹卵数：1卵
- 抱卵日数：約35日
- 卵のサイズ：67×51mm

[卵の特徴]　地色はクリーム色または緑白色で、全体に赤褐色の粗い斑がある。

[巣・繁殖]　伐採地に近い密林の大木の枝の分かれ目などに、小枝を集めて皿形の巣を作る。

[生息場所]　インド、スリランカ、ミャンマー、インドネシア、フィリピン、中国南部、台湾。沖縄の琉球諸島では、石垣島、西表島。山地から平地までの密林に生息。

実物大

鳥メモ
1977年、日本の特別天然記念物に指定。

ハイイロチュウヒ
Northern Harrier

Circus cyaneus
タカ目タカ科
全長：43〜52cm

- 一腹卵数：3〜5卵
- 抱卵日数：29〜31日
- 卵のサイズ：40×31mm

実物大

[卵の特徴] 地色は青白色で、赤褐色の斑が散らばる。

[巣・繁殖] 原野や畑地の地面に、枯枝、草の茎、葉と細かい巣材を積み上げ、外径80cmほどの皿形の巣を作る。雌が抱卵。

[生息場所] ユーラシア、北アメリカに分布。ヨーロッパでは北はノルウェー北部、南はピレネー山脈、イタリア本土とシチリア島の間、アジアでは北極圏のやや南からトルコ、チベットに至る間で繁殖するほか、中国北東部やアムール地方でも繁殖する。

ヨーロッパチュウヒ
Western Marsh Harrier

Circus aeruginosus
タカ目タカ科
全長：48〜56cm

- 一腹卵数：3〜6卵
- 抱卵日数：31〜38日
- 卵のサイズ：51×36mm

実物大

[卵の特徴] 地色は淡い青灰色で、淡い黄茶色の小さなシミ斑がある。

[巣・繁殖] 葦原の中で、葦やガマなどの水生植物や、湿地に生えるイグサなどを積み重ねて、直径60〜90cmほどの皿形の巣を作る。雌が抱卵。

[生息場所] アフリカ北西部、ヨーロッパから中央アジア、モンゴルにかけて繁殖し、冬はヨーロッパ南部および西部、アフリカのサハラ以南、インド、スリランカへ渡る。

アカハラダカ
Chinese Goshawk

Accipiter soloensis
タカ目タカ科
全長：27〜35cm

● 一腹卵数：3〜4卵
● 抱卵日数：約22日
● 卵のサイズ：37×29mm

実物大

[卵の特徴] 地色は淡い青白色で、不鮮明な黄褐色の小斑がある。

[巣・繁殖] 丘陵の明るい松林の中にある比較的低い樹上に、小枝、蔓などを使って皿形の巣を作る。産座には若葉を敷く。カササギの古巣を土台に利用することもある。雌が抱卵。

[生息場所] おもに中国北東部、朝鮮半島などで繁殖し、冬季は中国南部、フィリピン、ミャンマー、マレーシア、スンダ列島、マルク諸島などへ渡る。

ツミ
Japanese Sparrowhawk

Accipiter gularis
タカ目タカ科
全長：29〜34cm

● 一腹卵数：2〜5卵
● 抱卵日数：25〜28日
● 卵のサイズ：33×26mm

実物大

[卵の特徴] 地色は灰白色で、淡褐色や黄茶色の大小の斑が全体に散らばるが、鈍端部に斑が集中するものや無斑のものもある。

[巣・繁殖] 営巣地は平地から亜高山帯まで幅広く、急峻な谷に生える針葉樹の樹上5〜15mにある梢に、たくさんの枯枝を使って皿形の巣を作る。殺菌性のある若葉を毎年新しく使う。おもに雌が抱卵。

[生息場所] アジア東部の中緯度地帯で繁殖し、中国南部、ミャンマー、インドシナ半島、マレーシア、スラウェシ島などで越冬する。日本には4〜5月に飛来し、北海道から琉球諸島で繁殖。

107

アシボソハイタカ
Sharp-shinned Hawk

Accipiter striatus
タカ目タカ科
全長：25〜34cm

- 一腹卵数：4〜5卵
- 抱卵日数：30〜32日
- 卵のサイズ：38×30mm

実物大

[卵の特徴] 地色は青灰色で、紫褐色の大きな斑が密集したり、帯状になったりしている。

[巣・繁殖] 茂った針葉樹の幹に近い枝の上などに、枝、葉、羽などで皿形の巣を作る。雌が抱卵。

[生息場所] 北・中央・南アメリカ、カリブ海に面した国々に分布し、北アメリカ北部で繁殖するものは、アメリカ合衆国中部からコスタリカへ渡って越冬する。

マダガスカルオオタカ
Henst's Goshawk

Accipiter henstii
タカ目タカ科
全長：52〜62cm

- 一腹卵数：約2卵
- 抱卵日数：不明
- 卵のサイズ：49×41mm

実物大

[卵の特徴] 地色は淡い灰色で、薄い灰色の小さなシミ斑がある。

[巣・繁殖] 大木の太い枝に、大小の枝を集めて大きな皿形の巣を作る。

[生息場所] マダガスカル島に生息。

オオタカ
Northern Goshawk

Accipiter gentilis
タカ目タカ科
全長：48〜69cm

● 一腹卵数：2〜5卵
● 抱卵日数：35〜38日
● 卵のサイズ：55×43mm

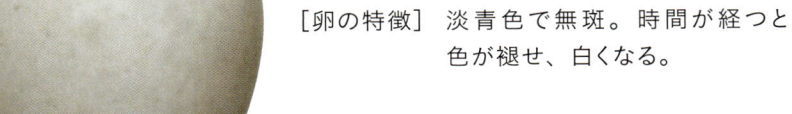

実物大

［卵の特徴］淡青色で無斑。時間が経つと色が褪せ、白くなる。

［巣・繁殖］森林の高い木の枝の分かれ目などに、枯枝や草を集めて直径1.5mほどの皿形の巣を作る。雌が抱卵。

［生息場所］ユーラシアと北アメリカに分布。

鳥メモ
日本では昔から鷹狩り用として使用されてきた。

サシバ
Grey-faced Buzzard

Butastur indicus
タカ目タカ科
全長：46cm

● 一腹卵数：2〜4卵
● 抱卵日数：28〜30日
● 卵のサイズ：45×36mm

実物大

［卵の特徴］白色か薄い青白色で、無斑。

［巣・繁殖］低山帯の森林で繁殖。アカマツやモミの高い枝に、小枝を組んで厚い皿形の巣を作り、巣材を足しながら毎年同じ巣を使う。産座には殺菌とカムフラージュを兼ねて若葉を置く。おもに雌が抱卵。

［生息場所］10月初旬に大きな群れをなして、愛知県の伊良湖岬、紀伊半島、四国を横切り、鹿児島県の佐多岬で集結して南西諸島、宮古島を経て南下し、フィリピン、ボルネオ島、スマトラ島、ニューギニアで越冬する。

ノスリ
Common Buzzard

Buteo buteo
タカ目タカ科
全長：50〜57cm

- 一腹卵数：2〜4卵
- 抱卵日数：33〜38日
- 卵のサイズ：59×40mm

[卵の特徴]　長卵形や楕円形。地色は淡い青白色や淡い灰白色で、灰色、淡褐色の小斑が全体に散らばり、鈍端部に黒褐色のシミ模様が集中する。無斑のものもある。

[巣・繁殖]　アカマツ、カラマツなどの針葉樹の樹上7〜9mの枝に、直径50〜60cmの皿形の巣を作り、産座には針葉樹の緑葉を敷く。おもに雌が抱卵。

[生息場所]　ユーラシアに分布し、北方のものは移動するが、温暖な地方のものは留鳥として生息する。日本では北海道から四国の低山や山麓で生息、冬季は全国的に見られる。

実物大

アカアシノスリ
Ferruginous Hawk

Buteo regalis
タカ目タカ科
全長：56〜69cm

- 一腹卵数：3〜4卵
- 抱卵日数：32〜33日
- 卵のサイズ：65×47mm

🐦鳥メモ
北米に生息するタカ類のなかで最大の種。

[卵の特徴]　地色は淡い灰色、淡い青白色で、濃褐色の大小の斑や淡褐色の斑がある。

[巣・繁殖]　丘陵地や谷間の高い樹木、岩棚などに、枝木、牛や鳥の糞を用いて厚みのある皿形の巣を作る。産座には青葉を敷く。雌雄で抱卵。

[生息場所]　カナダ南西部、アメリカ中西部に分布。

実物大

ケアシノスリ
Rough-legged Buzzard

Buteo lagopus
タカ目タカ科
全長：50〜60cm

- 一腹卵数：3〜5卵（まれに6卵まで）
- 抱卵日数：28〜31日
- 卵のサイズ：57×45mm

[卵の特徴]　地色は緑白色や淡青灰色で、褐色のシミ斑が覆う。模様が少ないものもある。

[巣・繁殖]　ツンドラや泥炭湿地の露出した岩の上に、木の枝を集めて皿形の巣を作る。木の上に作ることもある。産座には枯草を集める。雌が抱卵。

[生息場所]　デンマーク、スカンジナビア半島、北シベリア、カムチャツカ半島、アリューシャン列島、アラスカ、北アメリカ北部などで繁殖し、冬期はヨーロッパ中部、トルコ、中国北東部、ウスリー地方、アメリカ南部や日本（北日本や日本海側に比較的多く飛来）などで越冬。

実物大

オウギワシ
Harpy Eagle

Harpia harpyja
タカ目タカ科
全長：89〜105cm

- 一腹卵数：2卵
- 抱卵日数：約56日
- 卵のサイズ：78×63mm

[卵の特徴]　楕円形に近い卵形。地色は淡い黄色で、無斑か、淡褐色の小斑があるものもある。

[巣・繁殖]　密林の中の巨大な高木に、太い枝を用いて直径1.5mほどの厚い皿形の巣を作る。つがい相手は生涯変わらず、2〜3年おきに繁殖する。雌雄で抱卵。

[生息場所]　メキシコからアルゼンチン北西部にかけ、特にアマゾン川流域の密林地帯に多く生息する。

鳥メモ　パナマ共和国の国鳥。

実物大

カラフトワシ
Greater Spotted Eagle

Aquila clanga
タカ目タカ科
全長：60〜70cm

- 一腹卵数：1〜2卵
- 抱卵日数：42〜44日
- 卵のサイズ：68×55mm

[卵の特徴]　短卵形。地色は濁った白色で、灰色を帯びた紫色や褐色の斑点がある。

[巣・繁殖]　森の中の高い樹木の上に枝を集め、直径1m、厚さ1mほどの皿形の巣を作り、産座には若葉を敷く。同じ巣を毎年補強して使う例が確認されている。雌が抱卵。

[生息場所]　ヨーロッパ東部からアジア東部に分布。アジアではシベリア、インド北西部、中国北部やアムール地方で繁殖し、冬季には日本にも飛来する。

実物大

カタシロワシ
Imperial Eagle

Aquila heliaca
タカ目タカ科
全長：72〜84cm

- 一腹卵数：2〜3卵
- 抱卵日数：約43日
- 卵のサイズ：72×56mm

[卵の特徴]　地色は濁った白色で、赤褐色や灰色の斑がある。

[巣・繁殖]　草原付近に位置する山林の大木に、枝、枯草、蔓などで直径1m以上の大きな皿形の巣を作る。産座には若葉を敷く。おもに雌が抱卵。

[生息場所]　原産はエジプトで、ハンガリー、ギリシャ、ロシア南部からキプロス島、トルコなどで繁殖し、アフリカ、インド北部、中国で越冬する。

実物大

イヌワシ
Golden Eagle

Aquila chrysaetos
タカ目タカ科
全長：75〜90cm

- 一腹卵数：1〜3卵（通常2卵）
- 抱卵日数：41〜45日
- 卵のサイズ：80×58mm

[卵の特徴]　地色はつやのないざらざらとした淡青褐色で、褐色と赤褐色など、さまざまな色合いの斑やシミ模様が点在する。鈍端部に褐色斑があるものもある。

[巣・繁殖]　断崖の岩棚や大木の高い枝に木の枝を積み重ね、直径1.5mほどの皿形の巣を作る。産座には殺菌性のある松葉などを敷く。毎年新たに巣材を積み重ねて使うので、大きなものは直径2m以上に及ぶものもある。抱卵は雌が行う。

[生息場所]　ヨーロッパ、アフリカ北部、中近東、シベリア、ヒマラヤ、中国、カムチャツカ半島、朝鮮半島、日本、アラスカ、カナダ東部、アメリカなどに分布。

実物大

鳥メモ
石川県の県鳥。1965年、日本の天然記念物に指定。

モモジロクマタカ
African Hawk Eagle

Hieraaetus spilogaster
タカ目タカ科
全長：60〜70cm

- 一腹卵数：2卵
- 抱卵日数：42〜44日
- 卵のサイズ：66×53mm

実物大

[卵の特徴]　地色はクリーム色を帯びた白色で、紫褐色や灰色の大小のシミ斑がある。

[巣・繁殖]　大木の上に、小枝を用いてしっかりした大きな巣を作る。産座には若葉を敷く。おもに雌が抱卵。

[生息場所]　アフリカのエチオピア、ソマリアから南アフリカにかけて生息。

オナガイヌワシ
Wedge-tailed Eagle

Aquila audax
タカ目タカ科
全長：81〜104cm

- 一腹卵数：1〜3卵（通常2卵）
- 抱卵日数：42〜48日
- 卵のサイズ：77×61mm

[卵の特徴] 地色は灰色を帯びた淡い青色、淡い黄灰色で、暗褐色や赤褐色、灰色、灰青色の微小斑やシミ状斑が広がる。

[巣・繁殖] 高い木の上や崖の岩棚、孤島の地面などに枯木を積み重ね、若葉を敷いて皿形の巣を作る。毎年、巣材を足して使うので、直径2m以上、重さ400kgになることもある。巣作りは雌雄で行う。雌が抱卵する間、雄が巣とテリトリーを守るとともに給餌をする。

[生息場所] オーストラリア、タスマニア島に分布。

実物大

ヒメクマタカ
Booted Eagle

Hieraaetus pennatus
タカ目タカ科
全長：45〜55cm

- 一腹卵数：1〜3卵（通常2卵）
- 抱卵日数：37〜40日
- 卵のサイズ：58×44mm

[卵の特徴] 淡い灰色で、無斑。

[巣・繁殖] 森林や林地、隣接の丘陵部などの樹木や崖の高所で、枝を積み重ねた大きな皿形の巣を作る。産座には若葉を敷き詰める。雌が抱卵。

[生息場所] アフリカ北西部、ヨーロッパ南西部および南東部、東はアジアに入り込んで繁殖。ヨーロッパのものは、ほとんどがサハラ以南のアフリカで、アジアのものは大半がインドで越冬する。

実物大

エボシクマタカ
Long-crested Eagle

Lophaetus occipitalis
タカ目タカ科
全長：53〜58cm

- 一腹卵数：1〜2卵
- 抱卵日数：約42日
- 卵のサイズ：58×46mm

[卵の特徴] 短卵形。地色は灰白色で、灰褐色の斑や細かいシミ斑が散らばる。

[巣・繁殖] 葉の茂った高木の落葉樹の枝の股に、木の枝で直径60〜80cmほどの厚い皿形の巣を作る。産座部分には若葉を敷く。ほかの猛禽類の古巣を利用することもある。雌が抱卵。

[生息場所] アフリカのサハラ南部、エチオピア、セネガル、南アフリカのケープ州などに分布。

実物大

ゴマバラワシ
Martial Eagle

Polemaetus bellicosus
タカ目タカ科
全長：78〜86cm

- 一腹卵数：1卵
- 抱卵日数：47〜51日
- 卵のサイズ：79×63mm

[卵の特徴] 地色は淡い黄色がかったクリーム色で、淡褐色の小斑が全体に広がる。

[巣・繁殖] 木の枝を積み上げ、若葉を産座に敷いた大きな皿形の巣を作る。樹木の枝にかけたり、崖の岩棚の上、鉄塔上などにも営巣する。おもに雌が抱卵。繁殖が成功する確率は不安定で、つがいによっては3年間で1羽の雛しか育てない。

[生息場所] サハラ砂漠以南のアフリカ大陸に生息。

鳥メモ
アフリカに生息するワシのなかで最大の種。

実物大

● タカ目／ヘビクイワシ科　大型の鳥。足と尾が長い。1種のみ。

ヘビクイワシ
Secretarybird

Sagittarius serpentarius
タカ目ヘビクイワシ科
全長：125～150cm

- 一腹卵数：2卵（まれに3卵）
- 抱卵日数：42～46日
- 卵のサイズ：80×59mm

鳥メモ
歩いて狩りをする鳥。長い竹馬のような脚で蛇を踏みつけて捕食することから名前がついた。

[卵の特徴]　地色は淡緑色か青色を帯びた白色で、薄い褐色の小さなシミ模様がある。表面は白亜質の層に覆われ、つやはなくざらざらしている。

[巣・繁殖]　棘のある高木に枝を集めて皿形の巣を作る。産座には草や糞などを敷く。巣の周辺に糞をまき散らし、縄張り行動を行う。雌が抱卵。

[生息場所]　アフリカのサハラ以南の開けた草地に分布。

実物大

● ハヤブサ目／ハヤブサ科　中～大型の鳥。長く先のとがった翼で高速で飛ぶ。全61種。

カラカラ
Crested Caracara

Caracara plancus
ハヤブサ目ハヤブサ科
全長：49～59cm

- 一腹卵数：2～3卵
- 抱卵日数：28～32日
- 卵のサイズ：49×42mm

実物大

[卵の特徴]　球形に近い短卵形。地色は白色または淡い桃色がかった白色で、赤褐色、黄褐色のまだら模様が密に覆う。

鳥メモ
メキシコの国鳥。

[巣・繁殖]　開けた田園地帯や草原の木の上、地面などに、木の枝、骨、皮、毛、糞などいろいろなものを集めて皿形の巣を作る。雌雄で抱卵。

[生息場所]　アメリカ南部からパナマ諸島、キューバ、南アメリカ南部、フォークランド諸島に分布。

チョウゲンボウ
Common Kestrel

Falco tinnunculus
ハヤブサ目ハヤブサ科
全長：32〜39cm

実物大

- 一腹卵数：3〜6卵
- 抱卵日数：27〜31日
- 卵のサイズ：36×32mm

[卵の特徴]　球形に近い短卵形。地色は淡い灰色、淡い黄褐色で、暗褐色、茶黄色、淡い灰色の大小の斑がところどころにあり、鈍端部に斑が集中しているものもある。

[巣・繁殖]　川沿いや海岸、山地の断崖の岩棚や壁面の穴を巣にする。巣材は集めない。雌雄で抱卵。

[生息場所]　ヨーロッパ、アフリカ、カナリア諸島、アジアに分布。

モーリシャスチョウゲンボウ
Mauritius Kestrel

Falco punctatus
ハヤブサ目ハヤブサ科
全長：20〜26cm

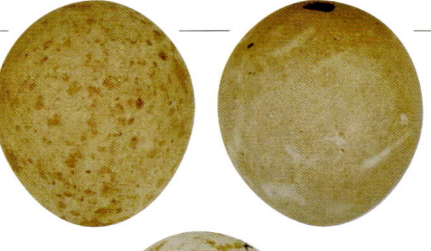

実物大

- 一腹卵数：2〜5卵（通常3卵）
- 抱卵日数：38〜39日
- 卵のサイズ：31×27mm

[卵の特徴]　球形に近い短卵形。地色は白灰色や淡い黄褐色で、黒色や褐色の斑がある。形は球形に近い。

[巣・繁殖]　ほかの鳥の古巣や、崖地の洞穴などを巣にする。雌が抱卵。

[生息場所]　モーリシャス島。

> 鳥メモ
> 1974年に個体数がわずか4羽となり、世界で最も希少な種として保護され、国をあげた繁殖計画がなされた。現在は800羽以上にまで増えている。

アカアシチョウゲンボウ
Amur Falcon

Falco amurensis
ハヤブサ目ハヤブサ科
全長：28〜30cm

- 一腹卵数：3〜4卵
- 抱卵日数：28〜30日
- 卵のサイズ：34×27mm

実物大

[卵の特徴]　短卵形。地色は淡い黄褐色で、赤褐色や紫褐色の細かい斑点やシミ状の模様がある。まれに白色で無斑のものもある。

[巣・繁殖]　繁殖期には比較的密集して生活し、1本の樹木に2〜3のつがいが巣を作ることもある。ヨーロッパのものはカササギやミヤマガラスなどの古巣を巣にし、アジアのものはカササギの古巣を巣にすることが多い（A）。樹洞の中を巣にすることもある（B）。おもに雌が抱卵。

[生息場所]　シベリア東部、中国北東部で繁殖し、アフリカ南部で越冬する。

(A)　(B)

ハヤブサ
Peregrine Falcon

実物大

Falco peregrinus
ハヤブサ目ハヤブサ科
全長：34〜50cm

- 一腹卵数：3〜5卵
- 抱卵日数：29〜32日
- 卵のサイズ：46×37mm

[卵の特徴]　地色はクリーム色か淡黄褐色で、赤さび色の密なまだら模様が覆う。鈍端部や鋭端部にまとまった黒褐色の斑やシミ状の模様が覆うものもある。まれに無斑のものも見られる。

[巣・繁殖]　断崖の棚状のところの地面を引っ掻いてくぼみを作り、巣にする。まれに樹上に営巣したり、タカやカラスなどの古巣を使うこともある。

[生息場所]　18亜種が南極を除くほとんど全世界に分布する。日本では北海道の利尻島、天売島、岩手県、宮城県、新潟県、鳥取県、対馬などで繁殖。四国、伊豆諸島、沖縄南部などに冬鳥として渡来。温暖地方では山岳地にも住んでいるが、北方のものは原野、ツンドラ地帯や海岸などの比較的開けたところを好む。

● キジ目／ツカツクリ科
中型の鳥。しっかりした足で地上を蹴り、大きな塚の巣を作る。全19種。

ツカツクリ
Dusky Scrubfowl

Megapodius freycinet
キジ目ツカツクリ科
全長：約35cm

- 一巣卵数：10〜15卵（ひとつの塚から見つかった数）
- 孵化までの日数：56〜63日
- 卵のサイズ：85×50mm

[卵の特徴] 長楕円形。黄色か赤色を帯びた黄褐色の外層に覆われている。表面はつやがなく、ざらざらしている。

[巣・繁殖] 林の中に直径2m、深さ1mほどの穴を掘り、周囲から枯草、枯枝などを集め、その上に土をかけて直径4.5m、高さ1.5mほどの山（塚）にする。ひとつの塚に複数の雌が卵を産む。集められた枯草は発酵して熱を発し、卵はその熱を利用して温められる。くちばしをさして温度を確かめ、土をよけたりかぶせたりして32〜35℃に保つ。雌は卵を産むとどこかへ行ってしまうため、温度管理は雄が行う。

[生息場所] パプア諸島とマルク諸島北部、ニューギニア北部のサレア湾内の島々に、2亜種が分布。海岸の砂浜から内陸の森林や山地などに生息。

汚れ

実物大

＜温度調節の様子＞

マリアナツカツクリ
Micronesian Scrubfowl

Megapodius laperouse
キジ目ツカツクリ科
全長：28〜30cm

- 一巣卵数：不明
- 孵化までの日数：不明
- 卵のサイズ：72×42mm

[卵の特徴] 長楕円形。茶褐色で、無斑。

[巣・繁殖] 石灰岩の森や丘、ココナツ林で営巣。巣の形状は住む地域によって異なり、地面に穴を掘って地熱を利用したり（A）、枯草を集めて塚を作り、発酵熱を利用する（B）。どちらも抱卵はしない。

[生息場所] マリアナ諸島に生息。

実物大

(A)

(B)

トンガツカツクリ
Niaufoou Scrubfowl

Megapodius pritchardii
キジ目ツカツクリ科
全長：30〜35cm

- 一巣卵数：12卵以上
- 孵化までの日数：47〜51日
- 卵のサイズ：68×38mm

[卵の特徴] 長楕円形。つやのない白色で、無斑。巣内でついた植物の樹液で着色したものもある。

[巣・繁殖] 火山で地熱が温まっている場所（29〜38℃）に、90〜150cmの穴を掘り、卵を埋めて温める。抱卵はしない。

[生息場所] トンガに生息。

汚れ

実物大

ニコバルツカツクリ
Dusky Scrubfowl(Nicobar Scrubfowl)

Megapodius freycinet(Megapodius micobariensis)
キジ目ツカツクリ科
全長：41〜45cm

- 一巣卵数：15〜20卵（まれに20卵以上）
- 孵化までの日数：63日
- 卵のサイズ：75×50mm

[卵の特徴]　長楕円形。地色は白色で、黄色か桃色を帯びた黄褐色の外層が覆う。

[巣・繁殖]　雄が砂や葉、草などを集め、高さ150cm、幅10mほどの塚を作って巣にする。そこに複数の雌が計20個ほどの卵を産む。その後、雄が塚の温度を調節しながら発酵熱で孵化させる。

[生息場所]　東南アジアのニコバル島に生息。

実物大
<温度調節の様子>

メラネシアツカツクリ
Melanesian Scrubfowl

Megapodius eremita
キジ目ツカツクリ科
全長：32〜36cm

- 一巣卵数：不明
- 孵化までの日数：不明
- 卵のサイズ：77×43mm

[卵の特徴]　長楕円形。地色は濁った白色で、褐色の小斑がある。

[巣・繁殖]　それぞれの生息環境により、穴を掘って地熱を利用したり、砂漠で太陽熱を利用したり、倒木の腐った部分に穴を掘って発酵熱を利用するもの、枯草や土を混ぜて発酵熱を利用するものなどがいる。ひとつの塚に4〜11個の卵が観察されるが、塚を共有する雌の数や、1羽の雌が産む卵数はそれぞれ異なる。

[生息場所]　ニューギニア島の低地の熱帯雨林に生息。

実物大
<温度調節の様子>

パラワンツカツクリ（フィリピンツカツクリ）
Philippine Scrubfowl

Megapodius cumingii
キジ目ツカツクリ科
全長：32〜38cm

● 一巣卵数：不明
● 孵化までの日数：不明
● 卵のサイズ：82×51mm

［卵の特徴］ 長楕円形。産卵時は茶褐色で、無斑。巣内の汚れが付着し、変色する。

［巣・繁殖］ 腐った木の根や切り株、太陽熱で暖まった海岸の砂などで塚を作り、ひとつの塚を複数のつがいが共有する。50cmほどの穴を掘って産卵し、抱卵はせず、地熱や太陽熱を利用して孵化させる。

［生息場所］ フィリピン諸島、ボルネオ島北部、スラウェシ島に生息。

実物大

＜温度調節の様子＞

● キジ目／ホウカンチョウ科　中〜大型の鳥。体はまるまるとし、頭が小さい。全50種。

チャバネシャクケイ
Rusty-margined Guan

Penelope superciliaris
キジ目ホウカンチョウ科
全長：55〜73cm

- 一腹卵数：3卵
- 抱卵日数：28日
- 卵のサイズ：66×45mm

[卵の特徴]　長卵形。淡い緑黄色で、無斑。

[巣・繁殖]　樹上の横枝などに、小枝、蔓、葉を集めて皿形の巣を作る。

[生息場所]　南米のブラジル、ボリビア、パラグアイ、アルゼンチンに生息。

実物大

ナキシャクケイ
Common Piping Guan

Pipile pipile
キジ目ホウカンチョウ科
全長：67〜71cm

- 一腹卵数：2卵
- 抱卵日数：24〜26日
- 卵のサイズ：68×43mm

[卵の特徴]　楕円形に近い長卵形。クリーム色で、無斑。

[巣・繁殖]　樹上や藪の中などに、小枝や葉を用いて皿形の巣を作る。雌が抱卵。

[生息場所]　西インド諸島のトリニダード島の森林に生息。

実物大

汚れ

クロヒメシャクケイ
Highland Guan

Penelopina nigra
キジ目ホウカンチョウ科
全長：59〜65cm

- 一腹卵数：2卵
- 抱卵日数：約24日
- 卵のサイズ：66×47mm

[卵の特徴] 楕円形に近い長卵形。クリーム色で、無斑。

[巣・繁殖] 樹上2.5〜13mほどのところで、小枝、蔓、葉などを集めて簡単な皿形の巣を作る。雌が抱卵。

[生息場所] 中南米（おもにメキシコ）に生息。

実物大

アカハラヒメシャクケイ
Rufous-bellied Chachalaca

Ortalis wagleri
キジ目ホウカンチョウ科
全長：62〜67cm

- 一腹卵数：3卵
- 抱卵日数：不明
- 卵のサイズ：69×44mm

[卵の特徴] 長卵形。淡灰色で、無斑。

[巣・繁殖] 熱帯の落葉樹林や、高さ1mほどの棘のある低木の枝と枝の間に、枝、葉、蔓などで皿形の巣を作る。

[生息場所] 北アメリカ南部およびメキシコの太平洋側に生息。

実物大

カブトホウカンチョウ
Helmeted Curassow

Pauxi pauxi
キジ目ホウカンチョウ科
全長：85～92cm

- 一腹卵数：2卵
- 抱卵日数：30～34日
- 卵のサイズ：91×59mm

実物大

[卵の特徴] 長卵形。つやのない白色で、無斑。

[巣・繁殖] 熱帯雨林のそれほど高くない横枝などに、小枝や腐葉、木片、枯葉などで皿形の巣を作る。雌が抱卵。

[生息場所] 南アメリカのベネズエラ北部とコロンビア北東部の森林に生息。

チャバラホウカンチョウ
Alagoas Curassow

親鳥が巣内で破損

Mitu mitu
キジ目ホウカンチョウ科
全長：80～86cm

- 一腹卵数：2～3卵
- 抱卵日数：約30日
- 卵のサイズ：91×64mm

[卵の特徴] クリーム色で無斑。つやはなく、やすりのようにざらざらしている。

[巣・繁殖] 樹上や藪の中に、枝、蔓、葉を集めて簡単な皿形の巣を作る。雌が抱卵。

[生息場所] ブラジル東部沿岸に分布。

実物大

メスグロホウカンチョウ
Black Curassow

Crax alector
キジ目ホウカンチョウ科
全長：85～95cm

- 一腹卵数：2卵
- 抱卵日数：33～34日
- 卵のサイズ：85×58mm

汚れ

実物大

[卵の特徴]　クリーム色で、無斑。つやはない。

[巣・繁殖]　あまり高くない樹上で、小枝や木の葉などを用いて簡単な皿形の巣を作る。雌が抱卵。

[生息場所]　ギアナ、ブラジルに分布。

オオホウカンチョウ
Great Curassow

Crax rubra
キジ目ホウカンチョウ科
全長：87～92cm

- 一腹卵数：2卵
- 抱卵日数：32日
- 卵のサイズ：88×69mm

[卵の特徴]　つやのない白色で、無斑。

[巣・繁殖]　熱帯林の低い樹上や地上に、木の枝や葉を集めて簡単な皿形の巣を作る。雌が抱卵。

[生息場所]　メキシコから中米、南米北部のコロンビア、エクアドルまで。湿性から半乾燥性までの原生林や、低木林にも生息。

実物大

● キジ目／シチメンチョウ科　　大型の鳥。頭と首は皮膚が露出している。全2種。

シチメンチョウ
Wild Turkey

Meleagris gallopavo
キジ目シチメンチョウ科
全長：約110cm

- 一腹卵数：10〜13卵
- 抱卵日数：26〜28日
- 卵のサイズ：65×45mm

実物大

[卵の特徴]　地色はくすんだクリーム色で、赤褐色の斑やまだら模様が覆い、つやがない。

[巣・繁殖]　林の中で地面に浅いくぼみを掘り、枯草などを集めて皿形の巣を作る。一夫多妻で、春になると雌が単独で巣を作り、抱卵と子育ても雌が行う。

[生息場所]　北米に分布。もとはカナダの南部からメキシコ南部に分布していたが、開墾や狩猟のために減少し、アメリカ東部と南部の限られた地域に残るのみとなった。保護区の増設や放鳥により、今は数を増やしている。夏は山地の森林、林、草原に生息し、秋は低地に下る。

● キジ目／キジ科　　中〜大型の鳥。体はまるまるとしている。地上生活性。全172種。

カラフトライチョウ
Willow Ptarmigan

Lagopus lagopus
キジ目キジ科
全長：36〜43cm

- 一腹卵数：8〜11卵（まれに12卵まで）
- 抱卵日数：約22日
- 卵のサイズ：43×30mm

実物大

[卵の特徴]　地色は黄色みを帯びたクリーム色で、黒みを帯びた栗色の斑やシミ模様が混在する。

[巣・繁殖]　荒涼としたツンドラ地帯の牧草地のくぼみや地面に、苔、枝、葉、羽などを敷いて皿形の巣を作る。抱卵は雌が、子育ては雌雄で行う。

[生息場所]　北米の極地からヨーロッパやアジアの北部、東はロシアのサハリン州に及ぶ地域に生息。

鳥メモ
アメリカ合衆国アラスカ州の州鳥。

ライチョウ
Rock Ptarmigan

Lagopus muta
キジ目キジ科
全長：33〜38cm

- 一腹卵数：5〜10卵（通常6〜7卵。隔日または2日おきに1卵ずつ産卵）
- 抱卵日数：21〜24日
- 卵のサイズ：48×33mm

[卵の特徴] 地色はクリーム色や淡い黄灰色などで、密接した暗褐色の細かい斑が全体を覆う。

[巣・繁殖] ハイマツの根元などに作ったくぼみに、高山植物の葉やハイマツの枯葉を主材とし、羽毛などを敷いた皿形の巣を作る。雌が抱卵。

[生息場所] グリーンランド、アイスランド、スカンジナビア半島、イギリス北部、北アメリカ北部、アジア北部、ピレネー山脈、日本アルプスなどに分布。日本では、本州中部の高山帯である南および北アルプス、御嶽山、新潟県の火打山と焼山で留鳥として森林や開けた地域に生息。

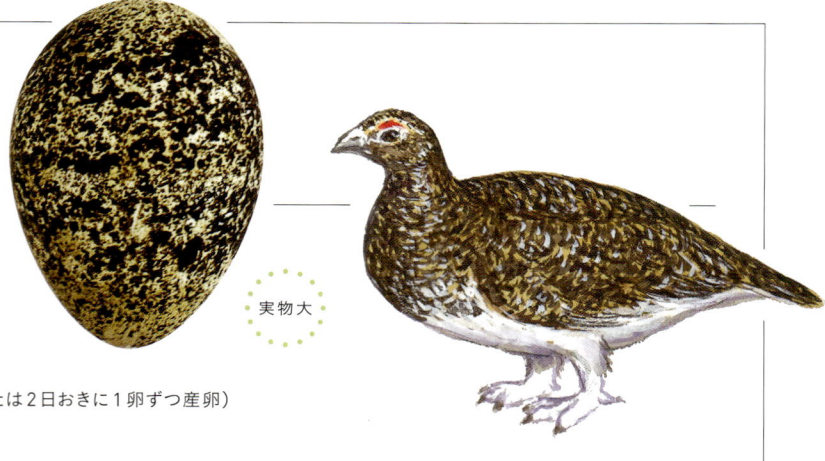

実物大

鳥メモ
氷河期の残存鳥類と言われる種。1955年に国の特別天然記念物に指定。富山県、長野県、岐阜県の県鳥。

オジロライチョウ
White-tailed Ptarmigan

Lagopus leucura
キジ目キジ科
全長：31〜34cm

- 一腹卵数：5〜6卵
- 抱卵日数：22〜23日
- 卵のサイズ：35×25mm

実物大

[卵の特徴] 地色は黄緑色やクリーム色で、暗褐色の大小の斑が均一に散らばる。

[巣・繁殖] ナナカンバなどの丈の低い植物が密集する茂みの中で、地面を削ったり、体を押しつけたりしてくぼみを作り、小枝や葉を敷いて皿形の巣を作る。雌が抱卵。

[生息場所] 北アメリカのロッキー山脈北部の山岳地帯と、コロラド州、ニューメキシコ州の高地に分かれて分布する。

クロライチョウ
Black Grouse

Tetrao tetrix
キジ目キジ科
全長：約60cm

- 一腹卵数：6〜11卵
- 抱卵日数：25〜27日
- 卵のサイズ：46×35mm

［卵の特徴］　地色は淡いオリーブ色か淡い黄褐色で、淡褐色や褐色の斑が全体に散らばる。

［巣・繁殖］　林の中の枯葉が散った地面に浅いくぼみを作り、枯葉などを集めて体を押しつけ、皿形の巣を作る。雌が抱卵。

［生息場所］　イギリス、スカンジナビア半島から朝鮮半島北西部に至るユーラシア中北部に分布する。

実物大

ヨーロッパオオライチョウ
Capercaillie

Tetrao urogallus
キジ目キジ科
全長：80〜115cm

鳥メモ
ライチョウ科のなかで最大の種。

- 一腹卵数：6〜9卵
- 抱卵日数：約26日
- 卵のサイズ：57×38mm

［卵の特徴］　地色は淡黄色で、褐色の中斑や小斑が全体を覆う。

［巣・繁殖］　樹木の根元の茂みの下に、地面を浅く掘り、枯草などを集めて体を押しつけ、皿形の巣を作る。雌が抱卵。

［生息場所］　ヨーロッパ北部からシベリアにかけてのユーラシア亜寒帯地域に分布。モミやトウヒなどの深い針葉樹林に生息する。

実物大

エゾライチョウ
Hazel Grouse

Tetrastes bonasia
キジ目キジ科
全長：35〜40cm

- 一腹卵数：7〜11卵
- 抱卵日数：約25日
- 卵のサイズ：35×25mm

[卵の特徴]　地色は淡褐色を帯びたクリーム色で、赤褐色や黒みを帯びた褐色の小さな斑が散らばる。

[巣・繁殖]　藪陰や木の根元近く、草地の地面に、枯葉などを集めて体を押しつけ、皿形の巣を作る。産座には枯草や自分の羽毛を敷く。雌が抱卵。

[生息場所]　北緯50〜65度に位置するヨーロッパからシベリア、中国東北部、ウスリー川流域、サハリン、北海道に留鳥として分布。北海道では森林で繁殖する。

実物大

エリマキライチョウ
Ruffed Grouse

Bonasa umbellus
キジ目キジ科
全長：43〜48cm

- 一腹卵数：10〜12卵
- 抱卵日数：22〜24日
- 卵のサイズ：32×25mm

実物大

[卵の特徴]　地色は淡褐色で、地色より若干濃い褐色の小斑がまばらに散らばる。なかには無斑のものもある。

[巣・繁殖]　丈の低い草の茂みで、地面に枯葉などを集めて体を押しつけ、皿形の巣を作る。雌が抱卵。

[生息場所]　北アメリカの温帯から亜寒帯にかけて位置する森林に分布する。

鳥メモ
アメリカ合衆国ペンシルベニア州の州鳥。

ソウゲンライチョウ
Greater Prairie-chicken

Tympanuchus cupido
キジ目キジ科
全長：41〜47cm

● 一腹卵数：8〜13卵
● 抱卵日数：23〜25日
● 卵のサイズ：37×27mm

実物大

[卵の特徴] 地色はクリーム色、黄白色、暗い黄緑色などで、暗褐色の細かい斑がついているが、少ないものもある。鈍端部に暗褐色の小さなシミ斑が集まっている。

[巣・繁殖] 背の高い草原や低木の薮、明るい疎林などで、地面を引っ掻いて掘ったくぼみに、枯草、羽、小枝などを集めて皿形の巣を作る。雌が抱卵。

[生息場所] アメリカ合衆国の中央部のプレーリー（大草原）に生息。

イワシャコ
Chukar

Alectoris chukar
キジ目キジ科
全長：32〜39cm

● 一腹卵数：7〜12卵
● 抱卵日数：22〜25日（平均24日）
● 卵のサイズ：40×29mm

実物大

[卵の特徴] 地色は淡い黄色を帯びた灰色で、褐色や灰色の小さなシミ状斑が全体に細かく広がっている。

[巣・繁殖] 岩や薮の隠れた地面に、体を押しつけたり足で蹴ってくぼみを作り、枯草と羽毛などを集めて巣にする。雌が抱卵。

鳥メモ
日本では1961年頃から放鳥が試みられたが、野生化は成功しなかった。

[生息場所] トルコからインド北部、チベット、モンゴル、中国北部に分布し、標高約1000〜5000mの乾燥した草地や岩石地の多い斜面、渓谷、開けた森林、山地で生息する。

アカアシイワシャコ
Red-legged Partridge

Alectoris rufa
キジ目キジ科
全長：34〜38cm

- 一腹卵数：10〜16卵
- 抱卵日数：23〜24日
- 卵のサイズ：39×30mm

[卵の特徴]　地色は淡い黄褐色で、赤褐色の斑や小さなシミ斑が覆う。

[巣・繁殖]　石だらけの丘や山地の岩陰に足で蹴ってくぼみを掘り、葉や草を敷いて皿形の巣を作る。雌雄で抱卵するが、短期間に2つの巣に産卵することがあるため、雌雄が別々に抱卵する場合もある。

[生息場所]　ポルトガル、スペイン、フランス南部からイタリア北西部およびコルシカ島に3亜種が分布する。

実物大

ウズラ
Japanese Quail

Coturnix japonica
キジ目キジ科
全長：17〜19cm

- 一腹卵数：9〜10卵
- 抱卵日数：約18日
- 卵のサイズ：30×23mm

[卵の特徴]　地色は淡黄灰色や暗褐色、淡灰色などで、黒褐色、灰茶色、赤茶色の大小のシミ斑が全体を覆う。

[巣・繁殖]　低木林や藪などの中で地面に浅いくぼみを掘り、その中に枯草を敷いた巣を作る。雌雄で抱卵。

[生息場所]　日本では漂鳥※または夏鳥として本州中部以北で繁殖し、以南で越冬するが数は少ない。ユーラシア東部にも生息。
※漂鳥…季節的に短距離の移動をする鳥のこと。繁殖地と越冬地が違う。

実物大

鳥メモ
日本で家禽化された唯一の鳥で、世界最小の家禽。

ヒメウズラ
Blue-breasted Quail

Coturnix chinensis
キジ目キジ科
全長：12〜15cm

- 一腹卵数：4〜7卵
- 抱卵日数：16〜18日
- 卵のサイズ：23×18mm

[卵の特徴]　短卵形。地色は淡い黄色か緑色を帯びた褐色で、暗褐色か黒の小さな斑がある。

[巣・繁殖]　湿原や氾濫原の牧草地、背の高い草地などに体を押しつけてくぼみを掘り、枯草を集めて敷いて巣にする。雌が抱卵。

[生息場所]　インド、スリランカ、中国南東部、海南（ハイナン）島、台湾、フィリピン、インドシナからインドネシア、ニューギニアおよびオーストラリア北部と東部の開けた草地や湿地に生息。

実物大

ヤブウズラ
Jungle Bush Quail

Perdicula asiatica
キジ目キジ科
全長：15〜18cm

- 一腹卵数：5〜6卵
- 抱卵日数：16〜18日
- 卵のサイズ：29×22mm

[卵の特徴]　短卵形。白色かクリーム色で、無斑。

[巣・繁殖]　乾燥した低木の疎林や密林、半砂漠の地面に、浅く掘ったり体を押しつけたりしてくぼみを作り、枯草を敷いて巣にする。イネ科などの草の根元に作るので、人目につきにくい。雌が抱卵。

[生息場所]　インドとスリランカに分布。

実物大

ミヤマテッケイ
Taiwan Partridge

Arborophila crudigularis
キジ目キジ科
全長：26〜30cm

● 一腹卵数：6〜8卵
● 抱卵日数：20〜24日
● 卵のサイズ：38×27mm

[卵の特徴]　淡い黄灰色で、無斑。

[巣・繁殖]　地面にくぼみを掘り、木の葉などを敷いて皿形の巣を作る。雌が抱卵。

[生息場所]　台湾の特産種で、標高約1500〜2000mの山地に位置する森林に生息する。

コジュケイ
Chinese Bamboo Partridge

Bambusicola thoracicus
キジ目キジ科
全長：29〜33cm

● 一腹卵数：3〜7卵
● 抱卵日数：17〜18日
● 卵のサイズ：30×23mm

[卵の特徴]　淡い黄褐色で、無斑。白色の地に褐色の小斑が広がるものもある。

[巣・繁殖]　林の草の生い茂る地面を浅く掘ってくぼませ、その中に茎や枯草などを敷いて巣にする。1年に2回繁殖することもある。つがいで生活する。雌が抱卵。

[生息場所]　中国南部と台湾に分布繁殖。日本では1918年に愛知県岡崎市、1919年に東京と神奈川県での放鳥をはじめ、その後も各地で放鳥され、現在では本州、佐渡島、四国、九州、伊豆諸島で繁殖している。

セキショクヤケイ
Red Junglefowl

Gallus gallus
キジ目キジ科
全長：65〜75cm

- 一腹卵数：5〜6卵
- 抱卵日数：18〜20日
- 卵のサイズ：45×33mm

[卵の特徴] クリーム色か淡褐色で、無斑。

[巣・繁殖] 繁殖は年に1回。地面に掘ったくぼみに、枯葉などの植物を集めて皿形の巣を作る。岩棚や竹藪の中など営巣することもある。雌が抱卵。

[生息場所] インド東部からインドシナ半島、中国南部、マレーシア、スマトラ島、ジャワ島に分布するほか、インドネシア、フィリピン、ミクロネシア、メラネシア、ポリネシアに分布。

実物大

鳥メモ
ニワトリの原種と考えられている。

オナガドリ（尾長鶏）
Long Tailed Fowl

Gallus gallus var. domesticus
キジ目キジ科
体の大きさ：約40cm（尾を含まない）

- 一腹卵数：6〜13卵
- 抱卵日数：21日
- 卵のサイズ：50×37mm

[卵の特徴] 白色かクリーム色を帯びた白色で、無斑。

[巣・繁殖] 地面に枯草などを集めて皿形の巣を作る。雌が抱卵、子育てを行う。

実物大

鶏舎内での傷

鳥メモ
高知県南国市が原産の日本鶏・小国（しょうこく）が突然変異して生じた。雌はほかのニワトリと同様に年1回換羽するが、雄は尾羽の一部が換羽することなく伸長するため、その長さがおよそ13mの世界一長い尾羽をもつ白藤種が出現した。1933年に国の天然記念物となり、1952年に土佐のオナガドリとして特別天然記念物に指定。

カンムリシャコ
Crested Partridge

Rollulus rouloul
キジ目キジ科
全長：24〜28cm

実物大

● 一腹卵数：5〜6卵
● 抱卵日数：18〜19日
● 卵のサイズ：36×30mm

[卵の特徴] 短卵形。淡い黄白色で、無斑。

[巣・繁殖] 地面を引っ掻いてくぼみをつけ、枯草などを敷いて皿形の巣を作る。キジ目の鳥にしては珍しく、雛は孵化後しばらく巣にとどまり、親鳥から口移しで餌をもらう。

[生息場所] タイ南部、マレーシア、スマトラ島、ボルネオ島に分布。

> 鳥メモ
> 熱帯雨林の密林に生息し、警戒心が強く、めったに姿を見せないため生態が不明の部分が多い。

ニジキジ
Himalayan Monal

親鳥の爪の傷

Lophophorus impejanus
キジ目キジ科
全長：63〜72cm

● 一腹卵数：3〜5卵
● 抱卵日数：約27日
● 卵のサイズ：61×41mm

実物大

[卵の特徴] 地色は黄色か赤みのある淡黄褐色で、赤褐色のまだら模様が密にある。

[巣・繁殖] 標高2400mを超える岩のむき出した山岳地帯で、岩や木の陰などの地面にくぼみを作り、枯草や苔を集めて巣を作る。雌が抱卵。

[生息場所] アフガニスタン東部からブータン、チベット南東部のヒマラヤに分布し、標高2100m〜4500mの山岳地帯に生息。冬期は1500mくらいまで降下する。

ヒオドシジュケイ
Satyr Tragopan

Tragopan satyra
キジ目キジ科
全長：67〜72cm

- 一腹卵数：4〜6卵
- 抱卵日数：約28日
- 卵のサイズ：56×43mm

[卵の特徴] 地色はクリーム色や淡褐色で、赤褐色、黒褐色の小斑が全体を覆う。

[巣・繁殖] 標高2000〜4000m付近の山岳地帯に生息。キジ科では珍しく、樹上に枝で巣を作ったのが観測されているが、少ないので詳しいことはわかっていない。おもに雌が抱卵。

[生息場所] インド、ネパール、シッキム、ブータン、チベットのヒマラヤ中西部に分布。

親鳥の爪の傷

実物大

鳥メモ
雄は繁殖期になると喉のところから青い肉垂れを出し、これを広げて派手なディスプレイを行う。

<ディスプレイ>

ハッカン
Silver Pheasant

Lophura nycthemera
キジ目キジ科
全長：120〜125cm

- 一腹卵数：6〜9卵
- 抱卵日数：25〜26日
- 卵のサイズ：52×37mm

［卵の特徴］淡い黄褐色で、無斑。

［巣・繁殖］森林に囲まれた広い草地に、足で蹴るなどして浅いくぼみを作り、少量の枯葉を敷いて皿形の巣を作る。雌が抱卵。

［生息場所］中国南部および海南島、ミャンマー、ラオス、インドネシアに分布。

実物大

ミミキジ
Brown Eared Pheasant

Crossoptilon mantchuricum
キジ目キジ科
全長：96〜100cm

- 一腹卵数：4〜14卵
- 抱卵日数：26〜27日
- 卵のサイズ：39×33mm

［卵の特徴］短卵形。オリーブ色がかった褐色で、無斑。

［巣・繁殖］木の根元や草地のくぼみに枯葉を敷き、皿形の巣を作る。雌が抱卵。

［生息場所］中国北東部の標高約1300〜2500mに位置する灌木林や岩の多い草地などで生息。

実物大

ビルマカラヤマドリ
Hume's Pheasant

Syrmaticus humiae
キジ目キジ科
全長：約90cm

● 一腹卵数：3〜12卵
● 抱卵日数：28日
● 卵のサイズ：42×31mm

実物大

［卵の特徴］　淡い黄白色で、無斑。

［巣・繁殖］　竹薮の地面や針葉樹林の下草が生える地面に、足で蹴ってくぼみを作り、枯草を敷いて皿形の巣を作る。雌が抱卵。

［生息場所］　中国、ミャンマーの標高約1200〜2500mの山地に生息する。

ミカドキジ
Mikado Pheasant

Syrmaticus mikado
キジ目キジ科
全長：85〜90cm

● 一腹卵数：5〜10卵
● 抱卵日数：約28日
● 卵のサイズ：47×36mm

実物大

［卵の特徴］　淡いクリーム色や淡い黄色で、無斑。

［巣・繁殖］　草地や木の根元に浅いくぼみを掘り、枯草、笹などを使って皿形の巣を作る。倒木の枝のくぼみに作ることもある。雌が抱卵。

［生息場所］　台湾の中部に位置する標高約1600〜3300mの高地に生息する。台湾政府は捕獲を禁止し、保護区を設けて保護を続けている。

ヤマドリ
Copper Pheasant

Syrmaticus soemmerringii
キジ目キジ科
全長：87〜136cm

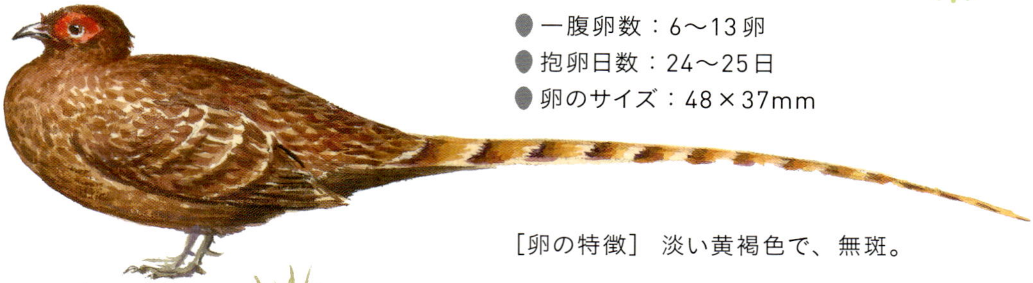

- 一腹卵数：6〜13卵
- 抱卵日数：24〜25日
- 卵のサイズ：48×37mm

実物大

[卵の特徴] 淡い黄褐色で、無斑。

[巣・繁殖] 林の中の木の根元や石の陰、草むらなどの地面に浅いくぼみを掘り、木の葉や枯草を敷いて皿形の巣を作る。雌が抱卵。

[生息場所] 日本の固有種で、九州中部以北の山地の斜面や沢沿いの深く茂った林などで生息。

コウライキジ
Ring-necked Pheasant

Phasianus colchicus karpowi
キジ目キジ科
全長：75〜89cm

- 一腹卵数：7〜14卵
- 抱卵日数：23〜25日
- 卵のサイズ：43×33.5mm

[卵の特徴] 灰色を帯びたオリーブ色で、無斑。淡褐色や淡緑灰色のものもある。

[巣・繁殖] 灌木林や開けた土地の地面にくぼみを掘り、枯草を集めて皿形の巣を作る。雌が抱卵。

[生息場所] 西ヨーロッパから中央アジア、朝鮮半島、台湾に生息するが、世界中のほかの地域にも移入され、増えている。

実物大

キジ
Green Pheasant

Phasianus colchicus
キジ目キジ科
全長：78〜84cm

● 一腹卵数：6〜12卵（通常7〜10卵）
● 抱卵日数：23〜25日
● 卵のサイズ：41×31mm

［卵の特徴］　褐色を帯びた緑灰色やオリーブ色を帯びた淡褐色、淡い緑褐色などで、無斑。

［巣・繁殖］　草むらの地面に体を押しつけてくぼみを作り、枯葉や草の茎などを集めて皿形の巣を作る。雌が抱卵。

［生息場所］　日本の固有種。本州以南で屋久島まで分布。平地から山地の林縁や草原、農耕地、河原など、おもに開けた場所で生息する。

実物大
親鳥の爪の傷

鳥メモ
日本の国鳥（1947年指定）。岩手県、岡山県の県鳥。

キンケイ
Golden Pheasant

Chrysolophus pictus
キジ目キジ科
全長：100〜115cm

● 一腹卵数：5〜12卵
● 抱卵日数：約22日
● 卵のサイズ：44×34mm

［卵の特徴］　アイボリー色、淡い黄褐色、白色などで、無斑。

［巣・繁殖］　藪の中や竹林などの地面にくぼみを作り、枯草や小枝を敷いて皿形の巣を作る。雌が抱卵。

［生息場所］　中国の甘粛省、四川省、陝西省、湖北省に分布。

親鳥の爪の傷
実物大

ギンケイ
Lady Amherst's Pheasant

Chrysolophus amherstiae
キジ目キジ科
全長：130〜173cm

- 一腹卵数：6〜7卵
- 抱卵日数：24日
- 卵のサイズ：40×31mm

[卵の特徴] 淡いオリーブ色や淡い黄色を帯びた灰色で、無斑。

[巣・繁殖] 密林の中に繁茂する下生えや倒木の下などを浅くくぼませ、枯葉などを集めて皿形の巣を作る。雌が抱卵。

[生息場所] チベット南東部、中国の四川省および雲南省、ミャンマーに分布。

実物大

セイラン
Great Argus

Argusianus argus
キジ目キジ科
全長：160〜200cm

- 一腹卵数：2卵（飼育下）
- 抱卵日数：24〜25日（飼育下）
- 卵のサイズ：66×46mm

[卵の特徴] 地色は淡黄褐色か淡い赤みのある黄褐色で、小さな褐色の斑がある。

[巣・繁殖] 薮や背の高い草が生い茂る地面に、引っ掻いてくぼみを掘り、そこに枯草を集めて皿形の巣を作る。野生の巣を見た人が少なく、記録は飼育下のものしかない。飼育下では雌が抱卵。

[生息場所] ボルネオ島、スマトラ島、タイ、マレーシアに分布。低地から標高900mの林や森林に生息。

親鳥の爪の傷

実物大

インドクジャク
Indian Peafowl

Pavo cristatus
キジ目キジ科
全長：180〜230cm

- 一腹卵数：3〜9卵
- 抱卵日数：28〜30日
- 卵のサイズ：67×50mm

実物大

鳥メモ
インドの国鳥。

[卵の特徴]　地色は淡い黄褐色か淡いクリーム色で、淡い灰褐色の小斑がある。

[巣・繁殖]　インドでは1〜4月、ヒマラヤ地方では3〜4月に、藪地の地面にくぼみを掘り、小枝や葉を敷いた皿形の巣を作る。雌が抱卵、子育てを行う。

[生息場所]　スリランカ、インド、パキスタン、ヒマラヤ山脈の低地から標高約2000mに位置する林内の伐採地や林縁などで生息。

マクジャク
Green Peafowl

Pavo muticus
キジ目キジ科
全長：180〜250cm

- 一腹卵数：3〜6卵
- 抱卵日数：26〜28日
- 卵のサイズ：69×50mm

[卵の特徴]　クリーム色で、無斑。

[巣・繁殖]　藪地の地面にくぼみを掘り、小枝や葉を敷いて皿形の巣を作る。雌が抱卵。

[生息場所]　インド、ヒマラヤ地方、ミャンマー、タイ、マレーシア、ジャワ島に分布。

実物大

鳥メモ
ミャンマーの国鳥。

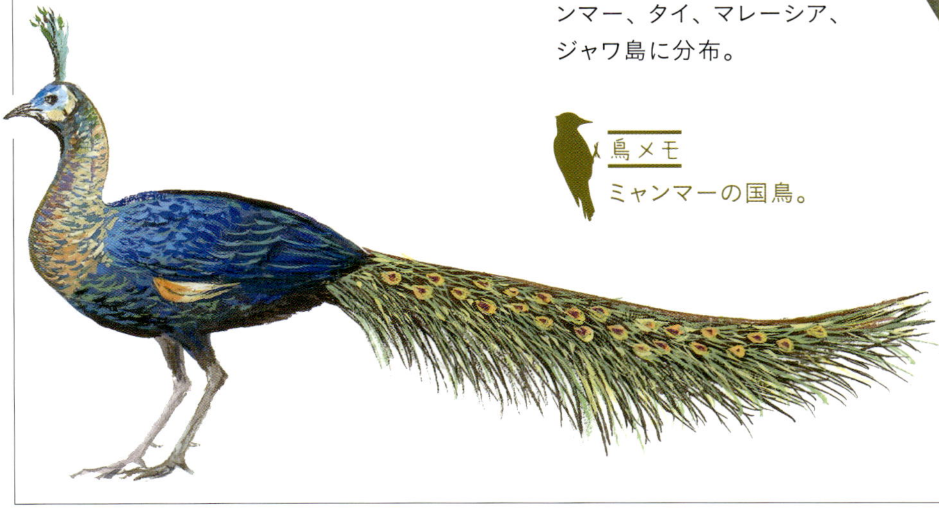

● キジ目／ナンベイウズラ科　　小〜中型の鳥。体はまるまるとしている。地上生活性。全32種。

カンムリウズラ
California Quail

Callipepla californica
キジ目ナンベイウズラ科
全長：23〜27cm

● 一腹卵数：8〜17卵
● 抱卵日数：22〜23日
● 卵のサイズ：28×22mm

実物大

🐦鳥メモ
アメリカ合衆国カリフォルニア州の州鳥。

[卵の特徴]　短卵形。地色は淡いクリーム色で、黄茶色、淡い青色、灰色の斑がある。

[巣・繁殖]　草地や藪地、開けた林、農園などで、地面にくぼみを掘り、枯草などを敷いて皿形の巣を作る。抱卵は雌が行うが、雛の世話を雄に任せて次の産卵をすることもある。

[生息場所]　アメリカ合衆国オレゴン州南部およびネバダ州西部、カリフォルニア州からメキシコにかけてのカリフォルニア半島に分布。

コリンウズラ
Northern Bobwhite

Colinus virginianus
キジ目ナンベイウズラ科
全長：20〜25cm

● 一腹卵数：8〜15卵
● 抱卵日数：23日
● 卵のサイズ：29×22mm

実物大

[卵の特徴]　短卵形。白色で、無斑。

[巣・繁殖]　林の中や、藪地に生える丈の長い草、低木の陰などに浅いくぼみを掘り、草を集めて皿形の巣を作る。まわりの草で上を覆うこともある。雌が抱卵。

[生息場所]　アメリカ南部、アメリカ東部からメキシコ、キューバ、グアテマラに留鳥として分布。開けた土地を好み、温帯から熱帯の湿地や乾燥した地に生息する。

カンムリコリン
Crested Bobwhite

Colinus cristatus
キジ目ナンベイウズラ科
全長：18〜22cm

- 一腹卵数：8〜16卵
- 抱卵日数：22〜23日
- 卵のサイズ：28×23mm

実物大

[卵の特徴]　短卵形。おもに白色無斑だが、淡いクリーム色のものや、斑のあるものもある。

[巣・繁殖]　やや乾燥した開けた場所を好み、草陰や平地に体を押しつけてくぼみをつけ、葉などを集めた皿形の巣を作る。雌が抱卵。

[生息場所]　グアテマラからコロンビア、ベネズエラ、ブラジル北部に留鳥として分布。

マダラウズラ
Spotted Wood Quail

Odontophorus guttatus
キジ目ナンベイウズラ科
全長23〜27cm

- 一腹卵数：不明
- 抱卵日数：不明
- 卵のサイズ：28×21mm

実物大

[卵の特徴]　やや短卵形。地色は淡い黄白色や白色で、無斑か褐色の小斑があるものがある。

[巣・繁殖]　地面にくぼみをつけ、葉などを集めた皿形の巣を作る。抱卵はおもに雌が行うが、雄も加わることがある。

[生息場所]　メキシコ南東部からグアテマラ、ホンジュラス、コスタリカ、ニカラグア、パナマ諸島西部の森林に留鳥として生息。

シロマダラウズラ
Montezuma Quail

Cyrtonyx montezumae
キジ目ナンベイウズラ科
全長：20〜22cm

- 一腹卵数：6〜14卵
- 抱卵日数：25〜26日
- 卵のサイズ：29×23mm

実物大

[卵の特徴] 白色か淡い青白色で、無斑。

[巣・繁殖] 高地の林や草地、藪地に小さなくぼみを作り、内部に草や葉を敷いて皿形の巣を作る。おもに雌が抱卵。

[生息場所] 米国のアリゾナ、ニューメキシコ、テキサス州およびメキシコに分布。おもに標高約1000〜3000mに位置する疎林や草地で生息する。

● キジ目／ホロホロチョウ科

大型の鳥。体はまるまるとしていて、足がしっかりしている。地上生活性。全6種。

ホロホロチョウ
Helmeted Guineafowl

Numida meleagris
キジ目ホロホロチョウ科
全長：53〜63cm

- 一腹卵数：6〜12卵（まれに20卵まで）
- 抱卵日数：24〜28日
- 卵のサイズ：47×37mm

実物大

[卵の特徴] おもに卵形だが、鋭端部のとがったものもある。クリーム色や明るい茶色で、無斑。

[巣・繁殖] 繁殖は雨季に行われる。地面を蹴ってくぼませ、枯草を敷いて皿形の巣を作る。ふだんは群れで生活するが、繁殖期になると雄がテリトリーを持ち、つがいごとに別れる。雌が抱卵。

[生息場所] サハラ砂漠以南のアフリカに9亜種が分布。

フサホロホロチョウ
Vulturine Guineafowl

Acryllium vulturinum
キジ目ホロホロチョウ科
全長：60〜72cm

- 一腹卵数：12〜15卵
- 抱卵日数：23〜25日
- 卵のサイズ：50×38mm

実物大

[卵の特徴] 地色はクリーム白色か淡褐色で、小さく細かい赤褐色の斑やまだら模様があるものもある。殻の表面はわずかにあばた状。

[巣・繁殖] 密生した草地や、低木に隠れた地面に、足で蹴ったり体を押しつけたりしてくぼみを作り、枯草を集めて皿形の巣を作る。雌が抱卵。

[生息場所] アフリカのエチオピア南部、ソマリア、ケニア、タンザニア北東部に分布。草原や荒地に生息。

● チドリ目／ミフウズラ科

小〜中型の鳥。地上生活性。雌のほうが目立つ色や模様をし、求愛行動も積極的に行う。抱卵、子育ては雄が行う。全16種。

フィリピンヒメミフウズラ
Worcester's Buttonquail

Turnix worcesteri
チドリ目ミフウズラ科
全長：13〜15cm

- 一腹卵数：2〜4卵
- 抱卵日数：13〜16日
- 卵のサイズ：22×17mm

実物大

[卵の特徴] 地色は淡い灰色を帯びたクリーム色で、褐色や黒色、灰色の斑が全体を覆う。

[巣・繁殖] 群れはつくらず、ほとんどが単独かつがいで行動する。草陰などの地上で、枯草を集めて皿形の巣を作る。場所によりドーム形にすることもある。雄が抱卵、子育てを行う。

[生息場所] フィリピンに生息。

チョウセンミフウズラ
Yellow-legged Buttonquail

Turnix tanki
チドリ目ミフウズラ科
全長：15〜20cm

- 一腹卵数：2〜4卵
- 抱卵日数：12日
- 卵のサイズ：30×22mm

親鳥の爪の傷

実物大

[卵の特徴] 地色は薄い黄褐色で、黒褐色の小斑が全体を覆う。

[巣・繁殖] 草地や丈の低い竹藪などの地面に浅いくぼみを作り、枯草などを敷いて巣を作る。場所により、上を草で覆ってドーム形にすることもある。雄が抱卵、子育てを行う。

[生息場所] インド、ニコバル諸島、アンダマン諸島、ミャンマー、インドシナ半島、中国東部、朝鮮半島中部に分布。

ミフウズラ
Barred Buttonquail

Turnix suscitator
チドリ目ミフウズラ科
全長：15〜17cm

- 一腹卵数：3〜6卵
- 抱卵日数：12〜14日
- 卵のサイズ：28×23mm

[卵の特徴] 地色は淡い黄褐色で、黒褐色や黄茶色、灰色の小斑が全体を覆う。

[巣・繁殖] 平地の牧草地、サトウキビ畑などで地面を掘ってくぼませ、枯草などを敷いて皿形の巣を作る。開けた場所などでは上部を屋根のように覆うこともある。雌は産卵を終えると巣を離れる。抱卵、子育ては雄が行う。

[生息場所] 中国南部、台湾、フィリピン、インドシナ半島、スマトラ島、ジャワ島、スラウェシ島、インド、スリランカに留鳥として分布。日本では沖縄の南西諸島に留鳥として生息する。

実物大

マダガスカルミフウズラ
Madagascar Buttonquail

Turnix nigricollis
チドリ目ミフウズラ科
全長：14〜16cm

- 一腹卵数：3〜5卵
- 抱卵日数：13〜16日
- 卵のサイズ：22×17mm

実物大

［卵の特徴］　地色は淡いピンク色がかった灰色で、褐色や灰色の斑が全体を覆う。

［巣・繁殖］　サトウキビ畑や草地などに作ったくぼみに、枯草などを敷いて皿形の巣を作る。周りの草などを集めてドーム形にすることもある。雌は産卵後に巣を離れるため、雄が抱卵、子育てを行う。

［生息場所］　マダガスカル。

鳥メモ　ツルに近縁の種。

ムナグロミフウズラ
Black-breasted Buttonquail

Turnix melanogaster
チドリ目ミフウズラ科
全長：17〜19cm

実物大

- 一腹卵数：3〜4卵
- 抱卵日数：15〜16日
- 卵のサイズ：28×21mm

［卵の特徴］　地色はつやのある灰白色または黄褐色で、薄茶の斑がある。

［巣・繁殖］　沿岸の湿った森林の草地に浅いくぼみを掘り、草の葉を敷いた皿形の巣を作る。開けた場所などでは、枯草で屋根を作る。

［生息場所］　オーストラリア東部に分布する。

〈雄〉　〈雌〉

● ツメバケイ目／ツメバケイ科　　大型の鳥。冠羽が長く、体の大きさに比べ頭が小さい。1種のみ。

ツメバケイ
Hoatzin

Opisthocomus hoazin
ツメバケイ目ツメバケイ科
全長：62〜70cm

● 一腹卵数：2〜4卵
● 抱卵日数：30〜31日
● 卵のサイズ：47×33mm

実物大

[卵の特徴]　地色は淡黄褐色で、赤褐色の斑がある。

[巣・繁殖]　水上に張り出た枝上に、小枝や枯枝を組み合わせて皿形の巣を作る。雌雄で抱卵。

[生息場所]　南米のギアナ、ブラジル、コロンビア、ボリビアのアマゾン川とオリノコ川流域のマングローブ林および湿生低木林に生息。

鳥メモ
雛の翼には3つの爪があり、その姿が始祖鳥と同じことから「生きた化石」と言われることもある。1属1種の鳥。

● ツル目／ツル科　　大型の鳥。足、首、くちばしが長い。全15種。

クロヅル
Common Crane

Grus grus
ツル目ツル科
全長：約115cm
● 一腹卵数：2卵（まれに3卵）
● 抱卵日数：28〜31日
● 卵のサイズ：95×60mm

[卵の特徴]　長卵形。地色は灰色がかったオリーブ緑色からオリーブ褐色で、褐色の大きなシミ模様と小さな斑が全体にあり、鈍端部にシミ状の模様が集まっている。

[巣・繁殖]　湿原の地上か浅い水の中に草や枝を積み上げ、直径1.5mほどの山のような巣を作る。雌雄で抱卵。

[生息場所]　スカンジナビア半島から南はドイツとバルカン半島、スペインやイタリアにもいくつか局地的に繁殖集団がある。越冬地は地中海、北アフリカ、インド南部や東南アジア。日本では鹿児島県の出水平野でも毎年数羽が越冬している。

実物大

オオヅル
Sarus Crane

Grus antigone
ツル目ツル科
全長：172〜180cm

- 一腹卵数：2卵
- 抱卵日数：31〜34日
- 卵のサイズ：105×80mm

[卵の特徴] 地色はピンク色か緑色を帯びた白色で、褐色の斑やシミ模様がある。ほかのツル類に比べて卵の色は薄い。

[巣・繁殖] 湿原の浅い場所に、木の枝や植物を積み上げて巣を作る。土台部分が水に浸かっていても、巣材は高く積まれ、何年も使われる丈夫な巣も存在する。つがいは生涯を共にし、営巣も抱卵も雌と雄が協力して行う。

[生息場所] インドからアッサム地方、ビルマ、タイ、ベトナム南部、オーストラリア北部に生息。

実物大

🐦 鳥メモ
ツル科のなかで最大の種であり、飛べる鳥のなかで最も背が高い。1960年代までオーストラリアヅル（P153）と混同されていた。

カナダヅル
Sandhill Crane

Grus canadensis
ツル目ツル科
全長：約120cm

- 一腹卵数：2卵
- 抱卵日数：29〜32日
- 卵のサイズ：93×56mm

[卵の特徴] 長卵形。地色は淡褐色で、褐色のシミ斑や集中斑がある。

[巣・繁殖] ツンドラ地帯の湖沼の岸や中州の岸などで、枝や草、苔などを集めた山のような巣を作る。雌が抱卵。

[生息場所] シベリア北東端および北アメリカのアラスカ、バフィン島からカリフォルニア州、ネバダ州北部、ウィスコンシン州、ミシガン州までで繁殖し、合衆国の南部からメキシコ中部にかけて越冬する。

実物大

タンチョウ
Red Crowned Crane

Grus japonensis
ツル目ツル科
全長：約150cm

- 一腹卵数：2卵
- 抱卵日数：29〜34日
- 卵のサイズ：106×66mm

[卵の特徴] 長卵形。地色は淡い灰黄色や淡い茶色で、茶褐色の大小の斑がまばらに覆い、鈍端部に褐色の斑が集中する。

[巣・繁殖] 湿原に葦を積み上げた山のような巣を作る。雌雄で巣作り、抱卵、子育てを行う。

[生息場所] 北海道東部、ウスリー川流域から中国北東部を含むアムール川の中〜上流域で繁殖。大陸のものは朝鮮半島、中国の長江下流域へ渡って越冬するが、北海道東部のものは留鳥。

鳥メモ
1952年に国の特別天然記念物に指定。北海道の道鳥。

実物大

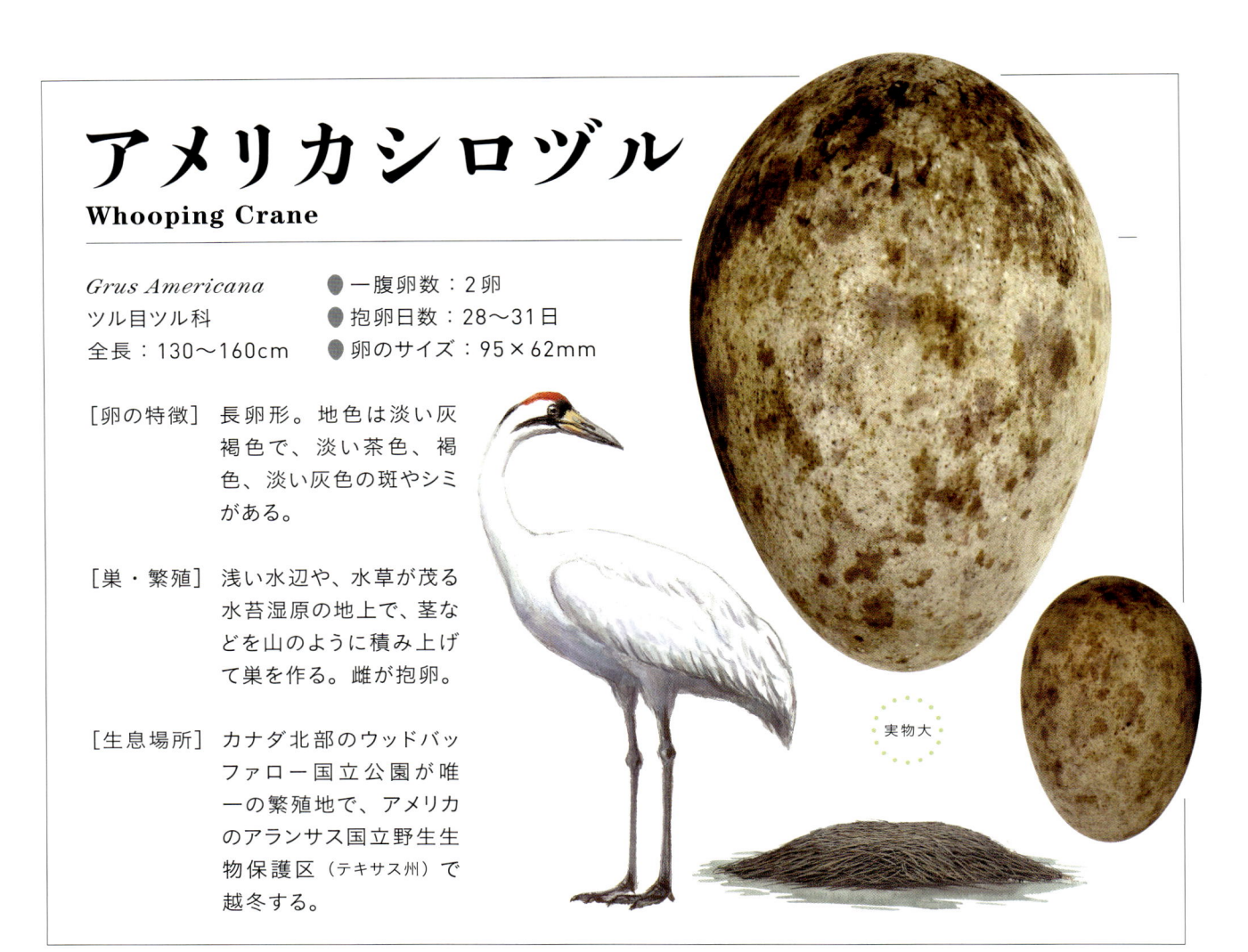

アメリカシロヅル
Whooping Crane

Grus Americana
ツル目ツル科
全長：130〜160cm

- 一腹卵数：2卵
- 抱卵日数：28〜31日
- 卵のサイズ：95×62mm

[卵の特徴]　長卵形。地色は淡い灰褐色で、淡い茶色、褐色、淡い灰色の斑やシミがある。

[巣・繁殖]　浅い水辺や、水草が茂る水苔湿原の地上で、茎などを山のように積み上げて巣を作る。雌が抱卵。

[生息場所]　カナダ北部のウッドバッファロー国立公園が唯一の繁殖地で、アメリカのアランサス国立野生生物保護区（テキサス州）で越冬する。

実物大

オーストラリアヅル
Brolga

Grus rubicuuda
ツル目ツル科
全長：約160cm

- 一腹卵数：2卵
- 抱卵日数：28〜31日
- 卵のサイズ：91×58mm

[卵の特徴]　長卵形。地色は淡い灰色で、褐色の斑が散らばる。

[巣・繁殖]　湿地などに、草や葦の茎などを積み上げて、直径1.5mほどの巣を作る。

[生息場所]　オーストラリア北部から西部（砂漠地帯を除く）。

実物大

カンムリヅル
Black Crowned Crane

Balearica pavonina
ツル目ツル科
全長：100～105cm

● 一腹卵数：2～3卵
● 抱卵日数：28～31日
● 卵のサイズ：77×56mm

[卵の特徴] つやのない淡青白色で、無斑。なかには褐色の小斑が薄くついているものもある。

[巣・繁殖] 葦原や草原の開けた湿潤な地帯で、足で踏みつけて地面をならし、小枝、枯草などを積み上げて皿形の巣を作る。大きなものは直径1.5mにもなる。雌雄で抱卵。

[生息場所] ツル科の多くはユーラシア大陸など温帯、亜熱帯で広く見られるが、それらとは異なり、アフリカの中部、サハラ砂漠より南の湿地や草地に生息。

鳥メモ
ナイジェリアの国鳥。

汚れ
実物大

ホオジロカンムリヅル
Gray Crowned Crane

Balearica regulorum
ツル目ツル科
全長：100～110cm

● 一腹卵数：1～4卵
● 抱卵日数：28～31日
● 卵のサイズ：78×57mm

[卵の特徴] 地色は淡い青白色で、褐色の小さな斑が鈍端部にある。

[巣・繁殖] 湿地や水辺に近い葦原および草地で、枯草などを集めて皿形の巣を作る。雌雄で抱卵。

[生息場所] 赤道以南のアフリカ南部に分布。

全体に薄い汚れが付着している
実物大

鳥メモ
ウガンダ共和国の国鳥。

● ツル目／ラッパチョウ科　　尾がとても短い。地上生活性。全3種。

ラッパチョウ
Grey-winged Trumpeter

Psophia crepitans
ツル目ラッパチョウ科
全長：45〜52cm

- 一腹卵数：2〜4卵（飼育下）
- 抱卵日数：28日
- 卵のサイズ：53×40mm

[卵の特徴] 淡い緑色を帯びた白色で、無斑。

[巣・繁殖] 樹洞の中などを巣にする。

[生息場所] アンデス山脈から東側の南アメリカ北部に分布。深い熱帯林に生息し、6〜8羽で林床に暮らす。

実物大

鳥メモ
猫背の外見から、スリナムでは「ラクダの背中」と呼ばれている。

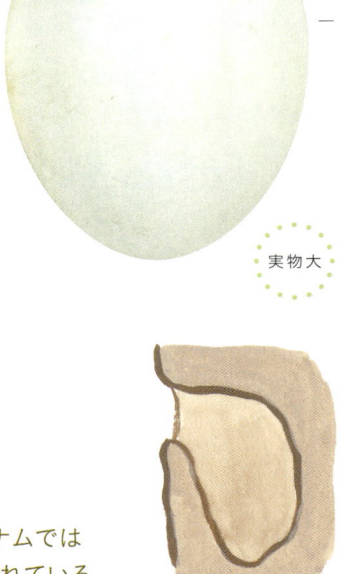

● ツル目／クイナ科

水辺の鳥。渡り以外で飛ぶことはあまりなく、前後に広がった4本の長い指が特徴。全133種。

クイナ
Water Rail

Rallus aquaticus
ツル目クイナ科
全長：25〜28cm

- 一腹卵数：6〜11卵
- 抱卵日数：19〜22日
- 卵のサイズ：36×28mm

実物大

[卵の特徴] 地色は淡い黄褐色で、赤褐色と灰黒色のシミ状の斑点がところどころにある。

[巣・繁殖] 水生植物が茂る水辺や葦原で、葦などの枯茎や枯葉を積み上げ、皿形の巣を作る。雌雄で抱卵。

[生息場所] サハリン、ウスリー川およびアムール川流域、バイカル湖周辺、中国北東部および西部から中央アジアを経て、スカンジナビア半島南部、アイスランドまでのヨーロッパと北アメリカで繁殖。日本では全国に分布する。

チャクビモリクイナ
Rufous-necked Wood Rail

Aramides axillaris
ツル目クイナ科
全長：28〜30cm

- 一腹卵数：5卵
- 抱卵日数：不明
- 卵のサイズ：45×32mm

[卵の特徴]　地色は淡い黄色を帯びたクリーム色で、暗褐色、灰色の小斑が散らばる。

[巣・繁殖]　低木や蔓が絡んだ林の中で、小枝や蔓を用いて皿形の巣を作り、産座に草の茎や葉を敷く。雌雄で抱卵。

[生息場所]　メキシコからホンジュラス、パナマ沿岸部に生息。

実物大

ウロコクイナ
Nkulengu Rail

Himantornis haematopus
ツル目クイナ科
全長：40〜45cm

- 一腹卵数：3卵
- 抱卵日数：不明
- 卵のサイズ：50×36mm

実物大

[卵の特徴]　地色はクリーム色で、赤褐色の斑や灰色の小斑が散らばる。

[巣・繁殖]　低木や蔓が絡んだ林の中で、小枝や蔓を用いて皿形の巣を作る。産座には草の茎や葉を敷く。雌雄で抱卵。

[生息場所]　リベリアからコンゴ川流域を含むアフリカの赤道地帯の熱帯雨林に生息。

オニクイナ
Clapper Rail

Rallus longirostris
ツル目クイナ科
全長：31～40cm

● 一腹卵数：3～14卵
● 抱卵日数：18～29日
● 卵のサイズ：42×30mm

実物大

[卵の特徴] 地色は淡い茶色で、黒褐色、淡い紫色、灰色の小斑がある。

[巣・繁殖] 植物が茂った地上で営巣し、イグサやスゲなどの葉を立っている茎に巻きつけるようにして皿形の巣を作る。雌雄で抱卵。

[生息場所] アメリカ東部、カリフォルニア沿岸部とメキシコ湾岸、西インド諸島、コロンビア、ベネズエラ、ギアナ北部、ブラジル東部、ペルー北部に分布。北に分布するものは、冬季に南へ移動する。

コオニクイナ
Virginia Rail

Rallus limicola
ツル目クイナ科
全長：20～25cm

● 一腹卵数：4～13卵
● 抱卵日数：18～20日
● 卵のサイズ：30×21mm

実物大

[卵の特徴] 地色は淡褐色で、赤褐色の斑がまばらにある。

[巣・繁殖] ガマの茂みの下や葦原、水上に浮かぶ流木の上などに、ガマや水草の茎、葉を使って皿形の巣を作る。雌雄で抱卵。

[生息場所] 南北アメリカに分布。北アメリカのものは、カナダのブリティッシュコロンビア州からノバスコシア州、アメリカのカリフォルニア州北部からノースカロライナ州北部で繁殖。冬季はノースカロライナ州からミシシッピ川流域、メキシコ北西部および東部、グアテマラに移動。南アメリカのものは、コロンビア、エクアドル、ペルーで繁殖。

オウサマクイナ
King Rail

Rallus elegans
ツル目クイナ科
全長：38〜48cm

- 一腹卵数：10〜12卵
- 抱卵日数：21〜24日
- 卵のサイズ：36×28mm

実物大

[卵の特徴] 地色は淡いオリーブ色を帯びた褐色で、赤褐色、淡い灰色の斑が散らばる。

[巣・繁殖] 湿地の地面や水面から少し上の草の間に、枯草を折ったりして積み重ね、20〜28cmほどの皿形の巣を作る。巣の上部を草で覆い、出入りするうちに自然に斜路ができる。営巣は雄が、抱卵は雌雄で行う。

[生息場所] カナダからアメリカ、メキシコ、キューバに生息。

マダガスカルシマクイナ
Madagascar Flufftail

Sarothrura insularis
ツル目クイナ科
全長：13〜15cm

- 一腹卵数：3〜4卵
- 抱卵日数：不明
- 卵のサイズ：24×17mm

[卵の特徴] くすんだ白色で、無斑。

[巣・繁殖] 地上2〜3mの藪の中や蔓の絡まったところに、枯草や葉で浅い椀形の巣を作る。

[生息場所] マダガスカル島。

実物大

シマクイナ
Yellow Rail

Coturnicops exquisitus
ツル目クイナ科
全長：16〜19cm

● 一腹卵数：5〜10卵
● 抱卵日数：17〜18日
● 卵のサイズ：27×20mm

実物大

[卵の特徴]　地色はクリーム色で、赤褐色と灰色の小さな斑が鈍端部にキャップ状にある。

[巣・繁殖]　雌雄共同で営巣。草地や草が茂った水辺で、草や水草などを用いた皿形の巣を作る。雌が抱卵。

[生息場所]　バイカル湖から中国の黒竜江省、ハンカ湖、ウスリー川流域地方で繁殖し、冬季は中国南部、朝鮮半島、日本で越冬する。

マミジロクイナ
White-browed Crake

Porzana cinerea
ツル目クイナ科
全長：15〜20cm

● 一腹卵数：3〜7卵
● 抱卵日数：約18日
● 卵のサイズ：28×20mm

実物大

[卵の特徴]　地色は淡褐色で、黄褐色、褐色の斑点が全体に散らばる。

[巣・繁殖]　水辺や浅瀬の草の中に、枯草を用いて皿形の巣を作る。雌雄で抱卵。

[生息場所]　フィリピン、ミクロネシア、マレー半島、大スンダ列島、スラウェシ島、ニューギニア、オーストラリア北部、メラネシアに留鳥として分布。

159

ヒメクイナ
Baillon's Crake

Porzana pusilla
ツル目クイナ科
全長：17〜19cm

- 一腹卵数：4〜11卵
- 抱卵日数：16〜20日
- 卵のサイズ：30×21mm

[卵の特徴] 地色は淡褐色だが、褐色やクリーム色の小斑やシミ状斑が密接して覆うため、褐色に見えるものもある。

[巣・繁殖] 湖沼や河川の水辺、水田、湿地など草の茂った浅瀬で、枯草の茎や葉を積み上げ、皿形の巣を作る。雌雄で抱卵。

[生息場所] ウスリー川流域、中国北東部からシベリア南部を経由して、ヨーロッパ中南部の湿地帯とアフリカ南部、マダガスカル、オーストラリア、ニュージーランド、ニューギニアなどに分布。日本では東北地方の北部以北で夏鳥、以南で冬鳥として見られる。

実物大

ヒクイナ
Ruddy-breasted Crake

Porzana fusca
ツル目クイナ科
全長：21〜23cm

- 一腹卵数：3〜9卵
- 抱卵日数：約20日
- 卵のサイズ：29×21mm

[卵の特徴] 地色は灰白色、淡黄褐色、白色、淡褐色などで、褐色、灰色などの小斑が全体を覆う。

[巣・繁殖] 湿地のイネ科などの草の間に、枯れたイグサや枯草などの葉、茎を用いて皿形の巣を作る。雌雄で抱卵。

[生息場所] 朝鮮半島、中国南東部、台湾、フィリピン、ボルネオ島、スマトラ島、ジャワ島、インドに分布。朝鮮半島、中国ではおもに夏鳥、ほかの地域では留鳥。日本では北海道から沖縄までの全国で繁殖する。

実物大

シロハラクイナ
White-breasted Waterhen

Amaurornis phoenicurus
ツル目クイナ科
全長：28〜33cm

● 一腹卵数：4〜9卵
● 抱卵日数：約20日
● 卵のサイズ：30×22mm

実物大

[卵の特徴] 地色は淡褐色、淡い灰色を帯びたクリーム色で、赤褐色と淡い紫色のシミ斑や細かい斑が全体を覆う。

[巣・繁殖] 水辺の草地や竹、灌木、マングローブなどの低木の樹上に、枯草や枯葉を使って皿形の巣を作る。沖縄では2〜10月に1〜3回繁殖する。雌雄で抱卵。

[生息場所] 台湾、フィリピン、スラウェシ島、大スンダ列島、インドネシア、インド、沖縄で留鳥として分布。

ツルクイナ
Watercock

Gallicrex cinerea
ツル目クイナ科
全長：42〜43cm

● 一腹卵数：3〜6卵
● 抱卵日数：約24日
● 卵のサイズ：41×28mm

実物大

[卵の特徴] 地色は淡褐色で、黒褐色や赤褐色、灰褐色の斑やシミ斑がところどころに散らばる。

[巣・繁殖] 草が多く茂る水辺や、イネ科の植物、葦などが生い茂る地上に、水生植物を積んで皿形の巣を作る。雌雄で抱卵。

[生息場所] 中国北東部から南部、朝鮮半島、台湾、フィリピン、スラウェシ島、ジャワ島、スマトラ島、インドネシア、インド、スリランカに留鳥として分布。日本では沖縄南部に少数が留鳥として生息する。

バン
Common Moorhen

Gallinula chloropus
ツル目クイナ科
全長：30〜38cm

- 一腹卵数：2〜17卵
- 抱卵日数：17〜22日
- 卵のサイズ：38×26mm

[卵の特徴] 地色は灰白色か淡黄褐色、または薄い緑色で、赤褐色のシミ模様や斑が全体を覆う。なかには淡青灰白色の地に、小さなシミ斑のある卵もある。

[巣・繁殖] 水草のよく茂った水辺に、枯れた葦や枯枝、枯葉を積み重ねたり折ったりして、厚みのある皿形の巣を作る。雌雄で抱卵。

[生息場所] オーストラリア区を除く全世界の熱帯から温帯に分布。北半球の北部ではヨーロッパを除いて夏鳥、ほかの地域では留鳥。日本では全国的に繁殖分布。

オオバン
Common Coot

Fulica atra
ツル目クイナ科
全長：36〜39cm

- 一腹卵数：6〜10卵
- 抱卵日数：21〜26日
- 卵のサイズ：50×34mm

[卵の特徴] 地色は薄い灰色で、濃い褐色の小斑が全体を覆う。

[巣・繁殖] 浅瀬や水上の草の中に、枯枝や枯茎、枯葉などを積み上げたり折ったりして、厚みのある皿形の巣を作る。まれに、2羽の雌が同じ巣に卵を産むこともある。雌雄で抱卵。

[生息場所] 北米、南米を除く熱帯から亜熱帯、温帯の地域に生息。

● ノガン目／ノガン科
中〜大型の鳥。足と首が長い。地上生活性。全25種。

ノガン
Great Bustard

Otis tarda
ノガン目ノガン科
全長：約105cm

● 一腹卵数：2〜3卵
● 抱卵日数：約25日
● 卵のサイズ：78×54mm

実物大

＜ディスプレイ＞

[卵の特徴]　地色は黄褐色や淡褐色で、褐色の斑が全体を覆う。

[巣・繁殖]　一夫多妻で、1羽の雄が1〜5羽の雌と交尾する。交尾を終えた雌は周辺に分散し、草地や畑などの土を掻き除けて浅いくぼみを作り、巣にする。巣材は集めない。雌が抱卵。

[生息場所]　モロッコ、イベリア半島、ヨーロッパ中部および東部、小アジア、ロシア南部、中央アジア、モンゴル、中国東北地方で繁殖。北方のものは中近東、中国中部へ渡って越冬し、まれに日本へ少数が飛来することもある。

鳥メモ
繁殖期の雄が、全身の羽を逆立てる風変わりなディスプレイをする鳥として知られている。ハンガリーの国鳥。

ヒメノガン
Little Bustard

Tetrax tetrax
ノガン目ノガン科
全長：40～45cm

● 一腹卵数：2～6卵
● 抱卵日数：20～22日
● 卵のサイズ：50×40mm

[卵の特徴] 短卵形。地色は緑色を帯びたオリーブ色や暗いオリーブ褐色で、赤茶のシミ状の模様が薄く広がる。

[巣・繁殖] 開けた場所の草地の地面に浅いくぼみを掘り、枯草を敷いて皿形の巣を作る。雄はテリトリーを構え、1羽から数羽の雌と交尾する。

[生息場所] 北アフリカ、ヨーロッパ南西部からロシア南部、中央アジアで繁殖し、北方のものは冬に南へ渡る。狩猟と生息地域の農地化による分布域の減少が著しい。

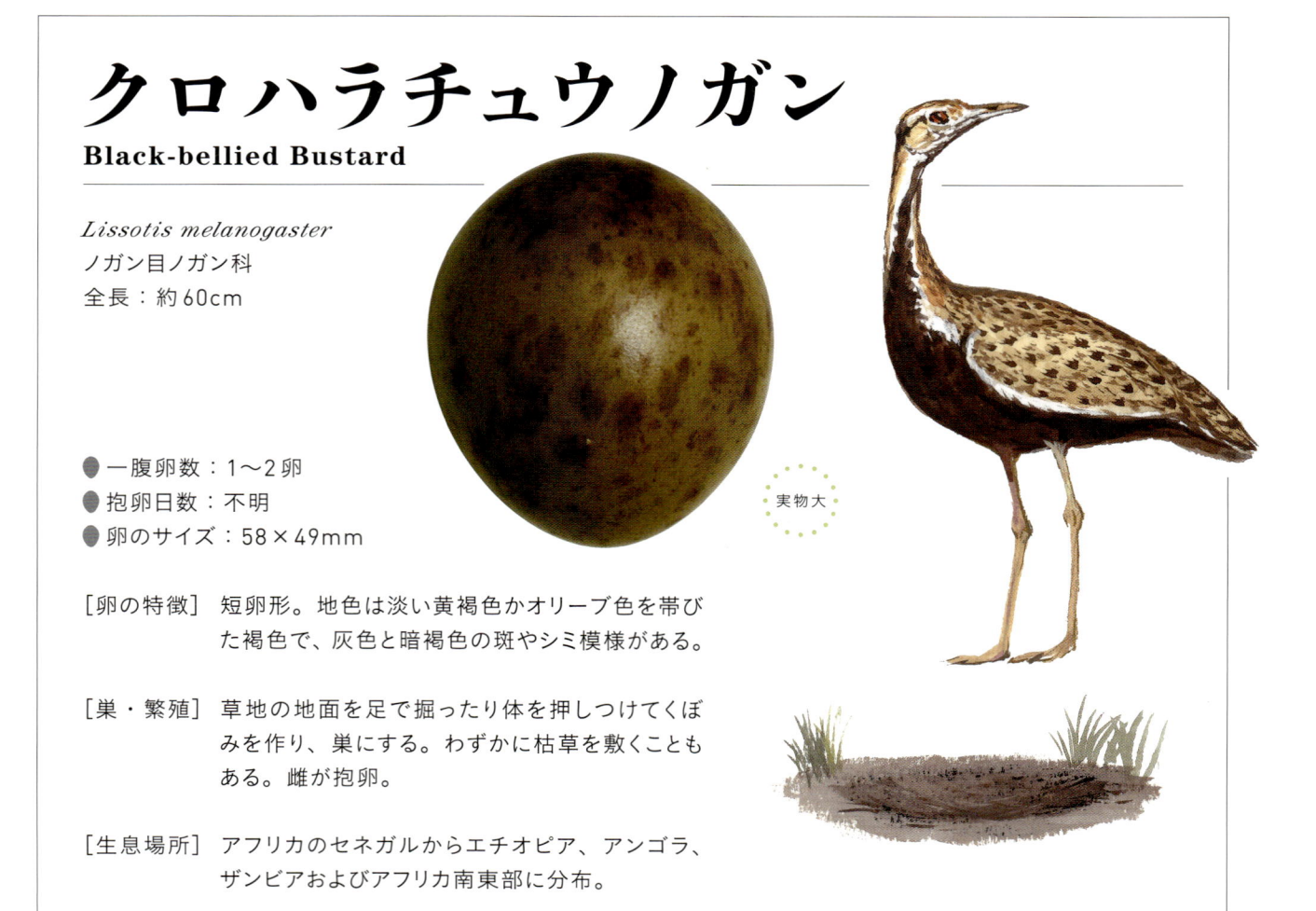

実物大

クロハラチュウノガン
Black-bellied Bustard

Lissotis melanogaster
ノガン目ノガン科
全長：約60cm

● 一腹卵数：1～2卵
● 抱卵日数：不明
● 卵のサイズ：58×49mm

[卵の特徴] 短卵形。地色は淡い黄褐色かオリーブ色を帯びた褐色で、灰色と暗褐色の斑やシミ模様がある。

[巣・繁殖] 草地の地面を足で掘ったり体を押しつけてくぼみを作り、巣にする。わずかに枯草を敷くこともある。雌が抱卵。

[生息場所] アフリカのセネガルからエチオピア、アンゴラ、ザンビアおよびアフリカ南東部に分布。

実物大

● チドリ目／レンカク科

中型の鳥。水上の葉の上を歩くため、足の指がとても長い。巣作り、抱卵、子育ては雄が行う。卵の表面は防水になっていて、水に浸った環境でも問題ない。全8種。

レンカク
Pheasant-tailed Jacana

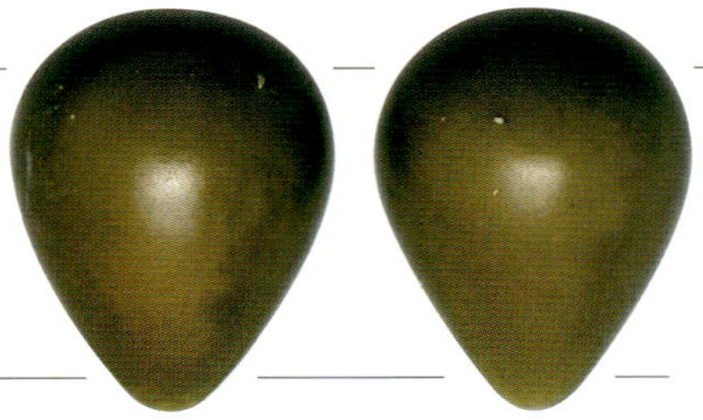

Hydrophasianus chirurgus
チドリ目レンカク科
全長：39〜58cm

● 一腹卵数：4卵
● 抱卵日数：22〜28日
● 卵のサイズ：32.5×25mm

実物大

[卵の特徴] 洋梨形。暗緑色か赤褐色。

[巣・繁殖] 水上に水草の葉や茎を集めて巣にする。一妻多夫で、抱卵と子育ては雄が行う。

[生息場所] インド、東南アジア、中国南部、台湾、フィリピン、ジャワ島、スマトラ島などに分布。

アフリカレンカク
African Jacana

Actophilornis africanus
チドリ目レンカク科
全長：23〜31cm

● 一腹卵数：4卵
● 抱卵日数：20〜26日
● 卵のサイズ：28×19mm

実物大

[卵の特徴] 卵形で、鋭端部がとがっている。地色は淡褐色で、黒褐色の墨流し状の糸状斑が全体を覆う。

[巣・繁殖] 湖沼など水面のスイレンなどの浮き葉の上に、水草を少量集めて巣にする。雄が抱卵。

[生息場所] 中央アフリカ、南アフリカに分布し、サハラ砂漠以南で繁殖する。

165

トサカレンカク
Comb-crested Jacana

Irediparra gallinacea
チドリ目レンカク科
全長：21〜24cm

- 一腹卵数：4卵
- 抱卵日数：約28日
- 卵のサイズ：23×18mm

[卵の特徴] 卵形で、鋭端部がとがっている。地色は淡い赤茶色で、黒褐色の墨流し状の糸状斑が全体を覆う。

[巣・繁殖] 池、川などで、水草の上や水面に水生植物の茎を積んで巣を作る。一妻多夫。雄が抱卵。

[生息場所] ボルネオ島、スラウェシ島、ミンダナオ島、ニューギニア、オーストラリア北東部に分布。

実物大

アジアレンカク
Bronze-winged Jacana

Metopidius indicus
チドリ目レンカク科
全長：28〜31cm

- 一腹卵数：4卵
- 抱卵日数：約26日
- 卵のサイズ：31×21mm

[卵の特徴] 地色はつやのある褐色で、墨流し状の黒い糸状斑がある。

[巣・繁殖] 密生した浮き草や、湖や池に浮いているスイレンなどの葉上に、イネ科などの枯草や茎を集めただけの巣を作る。一妻多夫の繁殖形態を持ち、雄が抱卵する。

[生息場所] インド、東南アジア、ジャワ島、スマトラ島などの沼や湿地の浮遊植物の上で生活。広く分布する。

実物大

● チドリ目／タマシギ科

中型の鳥。翼は幅が広く、丸みを帯びている。全2種。

タマシギ
Greater Painted-snipe

Rostratula benghalensis
チドリ目タマシギ科
全長：23〜28cm

● 一腹卵数：3〜6卵（通常4卵）
● 抱卵日数：15〜21日
● 卵のサイズ：33×23mm

実物大

鳥メモ
雌よりも雄のほうが、目立たない地味な色をしている。

＜雌＞

＜両翼を上にあげる雌のディスプレイ＞

[卵の特徴]　地色は薄い黄土色や灰色で、黒色の大斑やスジ模様が密にあり、殻全体の50％を占める。

[巣・繁殖]　葦原などの突出部や水辺の草むら、株の間のくぼみなどに、泥の中から集めてきた藁くずや枯草を積み上げ、皿形の巣を作る。産卵を終えた雌は、ほかの雄とつがいになり、次の産卵を行う。抱卵は雄の役目で、多くの場合は子育ても雄が行う。

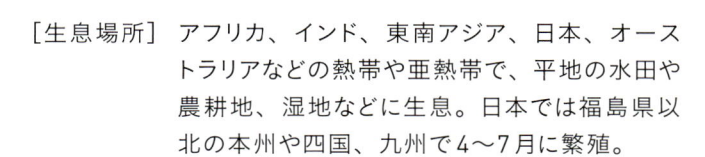

[生息場所]　アフリカ、インド、東南アジア、日本、オーストラリアなどの熱帯や亜熱帯で、平地の水田や農耕地、湿地などに生息。日本では福島県以北の本州や四国、九州で4〜7月に繁殖。

ナンベイタマシギ
American Painted-snipe

Nycticryphes semicollaris
チドリ目タマシギ科
全長：19〜23cm

- 一腹卵数：2卵
- 抱卵日数：不明
- 卵のサイズ：32×23mm

[卵の特徴] 地色は淡い黄灰色で、紫褐色や灰色の斑が全体を覆う。

[巣・繁殖] 水辺のそばの草むらや浅瀬で、水草などを集めて皿形の巣を作る。抱卵はおもに雄が行うが、雌が加わることもある。

[生息場所] パラグアイ、ウルグアイ、ブラジル南東部、アルゼンチン北部、チリ中央部で繁殖分布。冬季はやや南方へ移動する。

実物大

● チドリ目／セイタカシギ科　　中〜大型の鳥。足とくちばしが長い。全7種。

ソリハシセイタカシギ
Pied Avocet

Recurvirostra avosetta
チドリ目セイタカシギ科
全長：42〜45cm

- 一腹卵数：3〜5卵
- 抱卵日数：23〜25日
- 卵のサイズ：42×31mm

[卵の特徴] 洋梨形。地色は淡い黄褐色で、黒いシミ模様や斑があり、そのなかに灰色の小斑が見える。

[巣・繁殖] 枯草に囲まれた、外から見えづらい場所の砂地にくぼみを掘り、枯草、小石などを少し集めて簡単な皿形の巣を作る。雌雄で抱卵。

[生息場所] イギリス、オランダ、地中海から、東は黒海やカスピ海、アジア大陸のトルキスタン、中国北部で繁殖。越冬はアフリカ、中国南部、インドなど。

実物大

アカガシラソリハシセイタカシギ
Red-necked Avocet

Recurvirostra novaehollandiae
チドリ目セイタカシギ科
全長：40〜48cm

実物大

- 一腹卵数：4卵
- 抱卵日数：23〜25日
- 卵のサイズ：48×33mm

[卵の特徴] 洋梨形。地色は薄い黄茶色で、黒褐色や灰色のシミ斑やスジ模様が全体を覆う。

[巣・繁殖] 水場の近くにある草地で、地面に浅くくぼみを掘り、貝殻や葦の茎などを敷いた皿形の巣を作る。雌雄で抱卵。

[生息場所] 北部の海岸を除くオーストラリアに分布し、タスマニア島でも見られることがある。

● チドリ目／イシチドリ科　中型の鳥。体はずんぐりしている。全9種。

イシチドリ
Eurasian Thick-knee

Burhinus oedicnemus
チドリ目イシチドリ科
全長：40〜44cm

実物大

- 一腹卵数：2〜3卵
- 抱卵日数：24〜26日
- 卵のサイズ：46×34mm

[卵の特徴]　地色は灰白色や淡い緑青色で、黒褐色のシミ斑やまばらな小斑が覆う。

[巣・繁殖]　なだらかな斜面や平らな砂地、低木林、耕地などの遮蔽物のない裸地を足で蹴り、胸を押しつけ、くぼみをつけて巣にする。こうした場所では、親鳥の色合いや卵の色が周囲にとけ込み、天敵に見つかりにくい。雌雄で抱卵。

[生息場所]　ヨーロッパ、アフリカ北部。東はキルギスステップ※、インド、東南アジアで繁殖。アフリカで越冬するものもいる。
※キルギスステップ…カザフスタン北部からロシアまでの広い草原地帯。

ケープイシチドリ
Spotted Thick-knee

Burhinus capensis
チドリ目イシチドリ科
全長：37〜44cm

実物大

- 一腹卵数：2卵（まれに3卵）
- 抱卵日数：約24日
- 卵のサイズ：45×35mm

[卵の特徴]　地色は淡い黄茶色で、鈍端部に紫褐色のシミ斑や斑の集中帯があり、その中に灰色の斑が散らばる。

[巣・繁殖]　地面を掘ったり体を押しつけてくぼみを作り、巣にする。枯葉や小石などを少量敷く場合もある。雌が抱卵。

[生息場所]　アフリカのサハラ砂漠以南に生息。

ソリハシオオイシチドリ
Great Thick-knee

Esacus recurvirostris
チドリ目イシチドリ科
全長：49〜54cm

- 一腹卵数：1〜2卵
- 抱卵日数：不明
- 卵のサイズ：51×39mm

[卵の特徴]　卵形で、鋭端部が少しとがっている。地色は淡い黄灰色で、茶褐色のシミ斑の中に墨を流したような糸状斑がある。

[巣・繁殖]　水辺に近い砂地のくぼみや、干潟の地面を足で蹴ったり体を押しつけたりしてくぼみを作り、巣にする。雌雄で抱卵。

[生息場所]　インド、東南アジアの一部に生息。

実物大

● チドリ目／ツバメチドリ科　　中型の鳥。足が長い種と短い種がある。全17種。

ツバメチドリ
Oriental Pratincole

Glareola maldivarum
チドリ目ツバメチドリ科
全長：23〜24cm

- 一腹卵数：2〜3卵
- 抱卵日数：17〜20日
- 卵のサイズ：28×21mm

[卵の特徴]　地色は黄褐色、灰黄色で、灰色の斑と黒褐色の墨を流したような模様が全体に散らばる。

[巣・繁殖]　繁殖期に集団でコロニーを形成し、海岸や河原など開けた場所の砂地に浅いくぼみを作って巣にする。動物の足跡を巣にすることもある。雌雄で抱卵。

[生息場所]　シベリア南部、モンゴル、中国、台湾、東南アジア、インドなどで繁殖し、一部はフィリピン、オーストラリアまで渡る。日本には旅鳥として少数が飛来する。

実物大

アフリカスナバシリ
Temminck's Courser

Cursorius temminckii
チドリ目ツバメチドリ科
全長：約20cm

実物大

● 一腹卵数：2卵
● 抱卵日数：19〜22日
● 卵のサイズ：22×19mm

[卵の特徴]　地色はオリーブ色で、暗紫色の細線模様と黒褐色、灰色の小斑で埋め尽くされている。

[巣・繁殖]　畑などの焼け跡の地面、緑地などの浅いくぼみ、アンテロープやヤギの糞などのあるところを巣にする。糞は卵の色と模様が似ているため、カムフラージュになる。雌雄で抱卵。

[生息場所]　アフリカの中部から南部一帯にかけて生息。

卵

スミレスナバシリ
Bromze-winged Courser

Rhinoptilus chalcopterus
チドリ目ツバメチドリ科
全長：25〜29cm

実物大

● 一腹卵数：2〜3卵
● 抱卵日数：25〜27日
● 卵のサイズ：32×24.5mm

[卵の特徴]　地色は淡い黄褐色で、紫褐色のシミ模様や斑、灰色の斑が広がる。

[巣・繁殖]　水辺の近くにある地面にくぼみを作り、少量の木片、枯葉などを集めて巣にする。雌雄で抱卵。

[生息場所]　アフリカの中部から南部にかけて生息。

ニシツバメチドリ
Collared Pratincole

Glareola pratincola
チドリ目ツバメチドリ科
全長：22〜25cm

- 一腹卵数：2〜4卵
- 抱卵日数：17〜19日
- 卵のサイズ：28×21mm

卵

[卵の特徴] 地色は緑色を帯びた灰色で、黒いシミ模様と淡い灰色のシミ模様が混ざり、全体を覆う。

[巣・繁殖] ほかのシギ類やチドリ類などと、干潟や浅瀬の小高くなった小石の多い平坦地をわずかに引っ掻いてくぼ地を作ったり、動物の足跡を巣にする。卵は動物の糞と同じような色をしているため、糞のそばに産卵することでカムフラージュになる。雌雄で抱卵。

[生息場所] 地中海、インド、カスピ海、トルキスタンなどで繁殖。アフリカで越冬。

● チドリ目／チドリ科　　小〜中型の鳥。ほとんどの種が渡りをする。全674種。

タゲリ
Northern Lapwing

Vanellus vanellus
チドリ目チドリ科
全長：28〜31cm

- 一腹卵数：約4卵
- 抱卵日数：21〜28日
- 卵のサイズ：47×34mm

[卵の特徴] 洋梨形。地色は黄褐色か黄緑色で、黒いシミ模様や密な斑が全体に広がる。

[巣・繁殖] 地面の上か草地、湿原の小高い場所などにくぼみを掘り、枯草や茎などを集めて皿形の巣を作る。雌雄で抱卵。

[生息場所] ヨーロッパ、中央アジア、シベリア南部、モンゴル、中国北東部で繁殖し、冬は地中海沿岸、インド北西部、中国東部へ渡るものもいる。日本には、おもに冬鳥として渡来するか、本州の数カ所で繁殖の記録がある。水田や湿地などに生息。

オウカンゲリ
Crowned Lapwing

Vanellus coronatus
チドリ目チドリ科
全長：20〜34cm

- 一腹卵数：2〜3卵
- 抱卵日数：28〜32日
- 卵のサイズ：34×27mm

[卵の特徴] 洋梨形。地色は淡い赤黄色で、紫褐色、灰色の斑が全体に広がる。

[巣・繁殖] 地面にくぼみを作り、枯草、小石などを少し敷いて、薄い皿形の巣を作る。焼き畑後の新しい草地を好む。雌雄で抱卵。

[生息場所] エチオピア、ソマリア、南アフリカに分布。

実物大

トサカゲリ
Wattled Lapwing

Vanellus senegallus
チドリ目チドリ科
全長：32〜36cm

- 一腹卵数：2〜3卵
- 抱卵日数：30〜32日
- 卵のサイズ：45×30mm

[卵の特徴] 洋梨形。地色は淡い黄茶色で、紫褐色や灰色の斑が全体を覆う。

[巣・繁殖] 水辺に近い地面に、足で蹴ったり体を押しつけてくぼみをつけ、植物の茎、小枝、小石、糞、木片などを集めて皿形の巣を作る。約45分間隔で、雄雌交互に抱卵する。

[生息場所] セネガル、ガボン、中央アフリカ、スーダン南部、コンゴ、ウガンダ、アンゴラ、南アフリカに分布。

実物大

マミジロゲリ
Sociable Lapwing

Vanellus gregarius
チドリ目チドリ科
全長：27〜30cm

- 一腹卵数：2〜5卵
- 抱卵日数：約22日
- 卵のサイズ：36×25mm

[卵の特徴]　洋梨形。地色は淡い黄灰色で、紫褐色や灰色の斑が全体に広がる。

[巣・繁殖]　塩水湖の水辺近くの地面の浅いくぼみに、小石や草などを敷いて、薄い皿形の巣を作る。雌が抱卵。

[生息場所]　ロシア、カザフスタンで繁殖。パキスタン、アラビア半島、アフリカ東部で越冬。

実物大

オジロゲリ
White-tailed Lapwing

Vanellus leucurus
チドリ目チドリ科
全長：26〜29cm

- 一腹卵数：2〜5卵（通常4卵）
- 抱卵日数：21〜24日
- 卵のサイズ：38×26mm

[卵の特徴]　洋梨形。地色は淡い黄灰色で、紫褐色や灰色の斑が全体に広がる。

[巣・繁殖]　地面にくぼみを作り、少量の枯草、小石などを集めて、薄い皿形の巣を作る。

[生息場所]　トルコ、シリア、アゼルバイジャンなどで繁殖。パキスタン、アフリカ東部で越冬。

実物大

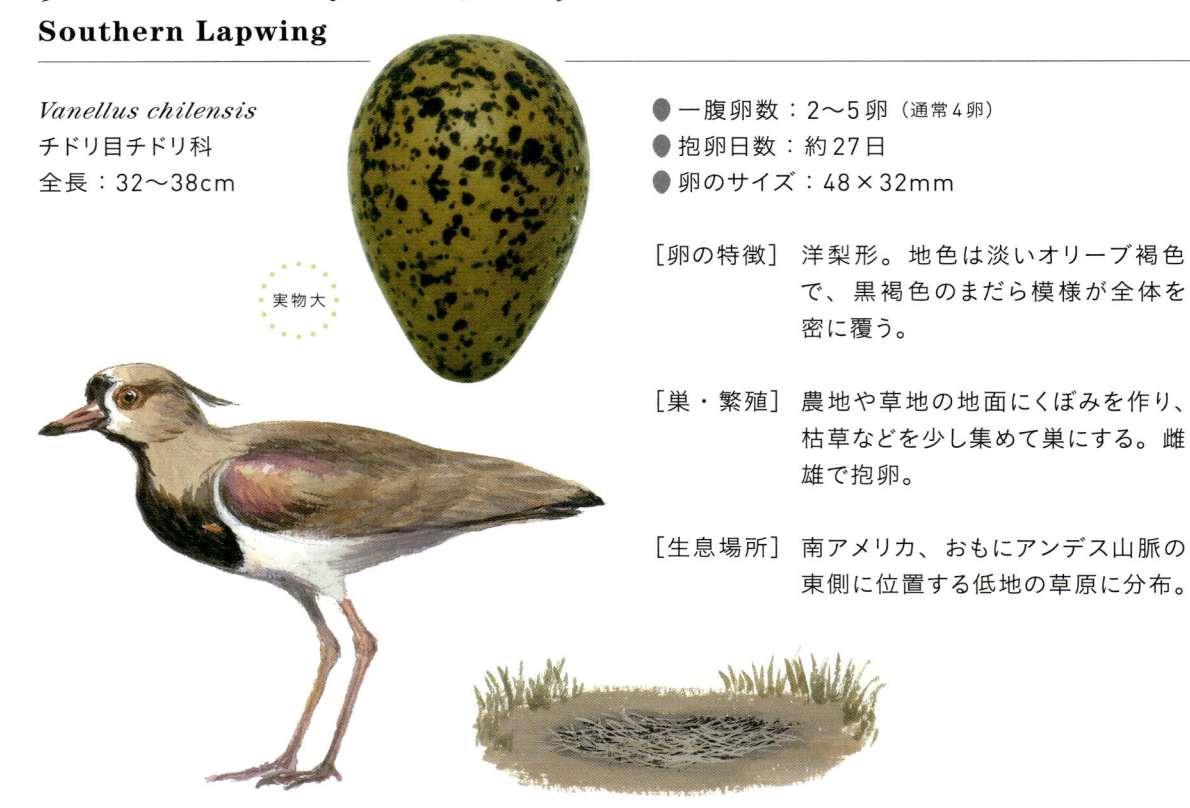

ナンベイタゲリ
Southern Lapwing

Vanellus chilensis
チドリ目チドリ科
全長：32〜38cm

実物大

● 一腹卵数：2〜5卵（通常4卵）
● 抱卵日数：約27日
● 卵のサイズ：48×32mm

[卵の特徴] 洋梨形。地色は淡いオリーブ褐色で、黒褐色のまだら模様が全体を密に覆う。

[巣・繁殖] 農地や草地の地面にくぼみを作り、枯草などを少し集めて巣にする。雌雄で抱卵。

[生息場所] 南アメリカ、おもにアンデス山脈の東側に位置する低地の草原に分布。

ケリ
Grey-headed Lapwing

Vanellus cinereus
チドリ目チドリ科
全長：34〜37cm

● 一腹卵数：3〜4卵
● 抱卵日数：28〜29日
● 卵のサイズ：44×30mm

[卵の特徴] 洋梨形。地色は黄褐色で、黒褐色や灰色のぼやけた斑が点在する。

[巣・繁殖] 川原の草地、農耕地などの地面に、藁くずや枯草を折り曲げるようにして敷き、皿形の巣を作る。雌雄で抱卵。

[生息場所] 分布は狭く、日本の本州の北部や中部で局地的に繁殖するほか、中国北東部、モンゴルに繁殖地が知られているのみ。冬は中国南部、東南アジアなどに渡るものもいる。水田、川原、草原などに生息。

実物大

インドトサカゲリ
Red-wattled Lapwing

Vanellus indicus
チドリ目チドリ科
全長：32〜35cm

- 一腹卵数：3〜4卵
- 抱卵日数：26〜30日
- 卵のサイズ：36×26mm

[卵の特徴]　洋梨形。地色は淡い黄灰色で、紫褐色と灰色の斑が全体に広がる。

[巣・繁殖]　水辺から遠くないところで、地面に浅いくぼみを掘り、産座に小石や枯草などをわずかに敷いて巣にする。おもに雌が抱卵。

[生息場所]　イラン、イラクからインド、スリランカ、マレー半島に分布。

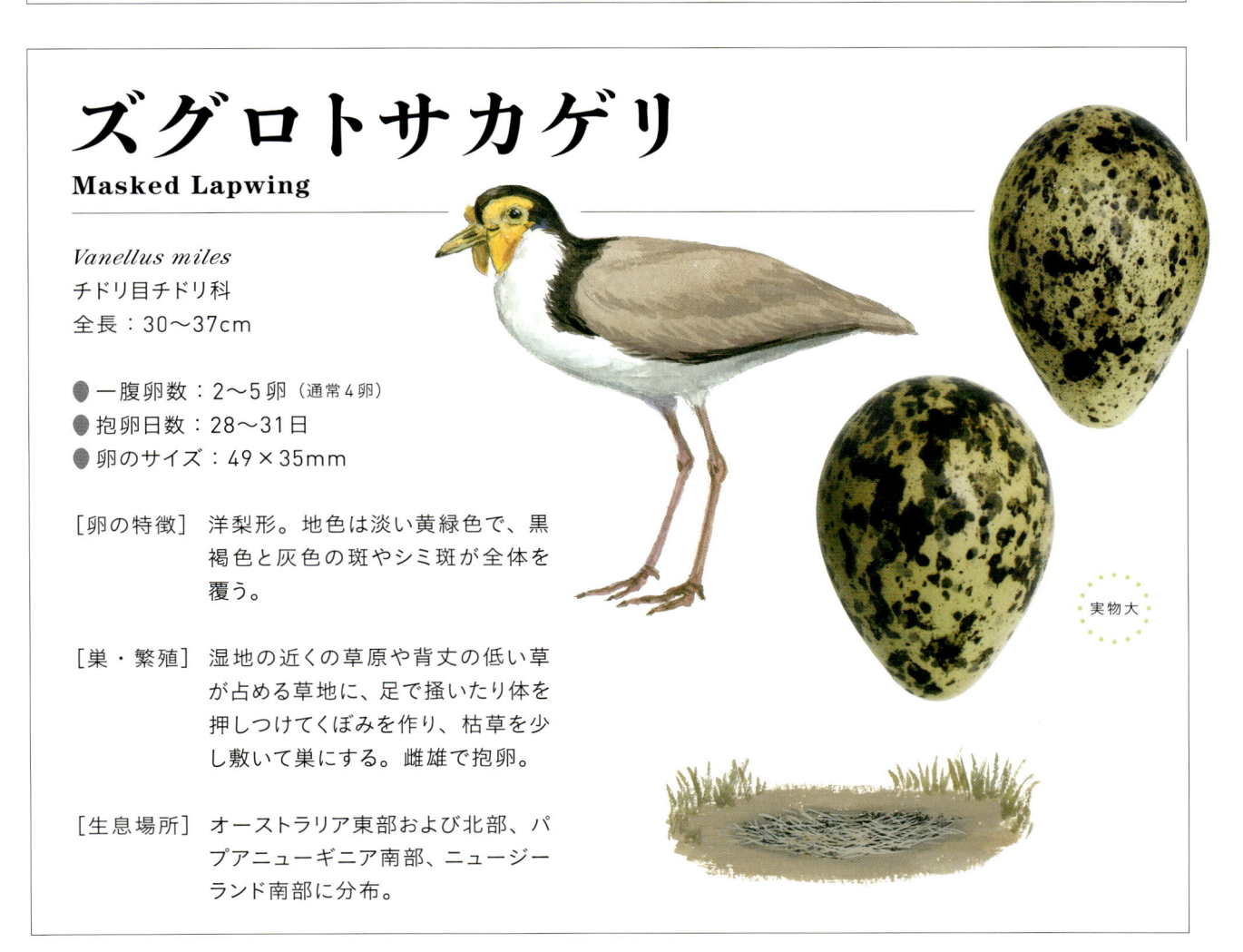

ズグロトサカゲリ
Masked Lapwing

Vanellus miles
チドリ目チドリ科
全長：30〜37cm

- 一腹卵数：2〜5卵（通常4卵）
- 抱卵日数：28〜31日
- 卵のサイズ：49×35mm

[卵の特徴]　洋梨形。地色は淡い黄緑色で、黒褐色と灰色の斑やシミ斑が全体を覆う。

[巣・繁殖]　湿地の近くの草原や背丈の低い草が占める草地に、足で掻いたり体を押しつけてくぼみを作り、枯草を少し敷いて巣にする。雌雄で抱卵。

[生息場所]　オーストラリア東部および北部、パプアニューギニア南部、ニュージーランド南部に分布。

ヨーロッパムナグロ
European Golden Plover

Pluvialis apricaria
チドリ目チドリ科
全長：26〜29cm

- 一腹卵数：約4卵
- 抱卵日数：28〜31日
- 卵のサイズ：50×34mm

[卵の特徴] 洋梨形。地色はつやのない灰色がかった黄褐色か淡黄色で、黒褐色のシミ模様と黄褐色の斑が鈍端部を中心に全体に広がる。

[巣・繁殖] 泥炭湿原や荒れた牧草地、ツンドラ地帯などの小高い草原などの地面にくぼみを作り、細い植物、苔などを集めて皿形の巣を作る。雌雄で抱卵。

[生息場所] 北ヨーロッパで繁殖し、イギリス、南ヨーロッパや地中海沿岸で越冬。

実物大

ダイゼン
Grey Plover

Pluvialis squatarola
チドリ目チドリ科
全長：27〜31cm

- 一腹卵数：4卵
- 抱卵日数：26〜27日
- 卵のサイズ：46×33mm

[卵の特徴] 洋梨形。地色はブロンズ褐色で、黒色の斑が広がる。

[巣・繁殖] 極地のツンドラの石まじりの裸地に浅いくぼみを作り、小石や枯草を敷いて皿形の巣を作る。雌雄で抱卵。

[生息場所] 北アメリカの北極地方やシベリア北部で繁殖し、南アメリカ、ガラパゴス諸島、アフリカ、インド、オーストラリアなどで越冬。日本には冬鳥として渡来し、越夏する個体も見られる。

実物大

ミズカキチドリ
Semipalmated Plover

Charadrius semipalmatus
チドリ目チドリ科
全長：17〜19cm

- 一腹卵数：3〜4卵
- 抱卵日数：24〜25日
- 卵のサイズ：29×21mm

[卵の特徴]　洋梨形。地色は淡いオリーブ色で、紫褐色や灰色の小斑が全体を覆う。

[巣・繁殖]　地面に浅いくぼみを作り、枯草、小石、木片などを集めて皿形の巣を作る。おもに雌が抱卵。

[生息場所]　アラスカ、カナダに生息し、冬季は北米や南米の沿岸部に移る。

実物大

イカルチドリ
Long-billed Plover

Charadrius placidus
チドリ目チドリ科
全長：19〜21cm

- 一腹卵数：3〜4卵（通常4卵）
- 抱卵日数：26〜27日
- 卵のサイズ：33×25mm

実物大

[卵の特徴]　洋梨形。地色はクリーム色で、暗褐色や灰茶色の微小斑が全面に広がる。

[巣・繁殖]　河川の中流から上流の開けた河原（砂礫地）に体を押しつけて浅いくぼみを作り、小石を敷き詰めて巣にする。雌雄で抱卵。

[生息場所]　ウスリー地方、中国の東部、朝鮮半島、日本で繁殖し、冬期はインドシナやネパールに移動するものもいる。日本では留鳥として本州、四国、九州で繁殖する。

コチドリ
Little Ringed Plover

Charadrius dubius
チドリ目チドリ科
全長：14〜17cm

● 一腹卵数：3〜4卵
● 抱卵日数：22〜28日
● 卵のサイズ：28×21mm

実物大

[卵の特徴] 洋梨形。地色は淡褐色で、暗褐色の微小斑が全体を覆う。

[巣・繁殖] 河原や海岸の砂地、砂礫地などで営巣。地面を足で掘ったり、体を押しつけて浅いくぼみを作り、小石や貝殻などを集めて巣にする。開けた場所を好み、巣は雄が作る。雌雄で抱卵。

[生息場所] アフリカ北部、ヨーロッパ、ユーラシア中部、日本などで繁殖。アフリカ中部、インド、東南アジアなどで越冬。

ウィルソンチドリ
Wilson's Plover

Charadrius wilsonia
チドリ目チドリ科
全長：16〜20cm

● 一腹卵数：2〜4卵
● 抱卵日数：24〜25日
● 卵のサイズ：30×22mm

実物大

[卵の特徴] 洋梨形。地色は淡い黄灰色で、黒褐色の目立つシミ模様や斑、灰色の小斑が全体を覆う。

[巣・繁殖] 砂浜や貝殻の多い浜で、枯草、貝殻、小石を集めて巣にする。おもに雌が抱卵。

[生息場所] 北アメリカ西部、南東部の海岸から西インド諸島、中央アメリカを経て南アメリカ北部で繁殖。それぞれが南部に移動し越冬する。

ミスジチドリ
Three-banded Plover

Charadrius tricollaris
チドリ目チドリ科
全長：16〜20cm

- 一腹卵数：2卵
- 抱卵日数：26〜28日
- 卵のサイズ：23×19mm

[卵の特徴]　洋梨形。地色はオリーブ色を帯びた淡い黄色で、茶褐色の墨を細く流したような模様が全体を覆う。

[巣・繁殖]　水辺近くの砂地や岩の隙間にくぼみを作り、少量の草や小石、貝殻、糞などを集めて皿形の巣を作る。雌雄で抱卵。

[生息場所]　エチオピア、タンザニア、ガボン、南アフリカ、マダガスカルなど広く生息。

シロチドリ
Kentish Plover

Charadrius alexandrinus
チドリ目チドリ科
全長：15〜18cm

- 一腹卵数：3卵（まれに4卵。5日かけて産む）
- 抱卵日数：23〜29日
- 卵のサイズ：31×22mm

鳥メモ
三重県の県鳥。

[卵の特徴]　洋梨形。地色は淡黄褐色か黄緑褐色で、全体に暗褐色の条斑、シミ状のぼやけた黒褐色の斑点が散在。

[巣・繁殖]　雄が水辺などの地上にくぼみを作り、小石や貝殻を敷いて巣にする。雌雄で抱卵するが、夜間は雄が行う。親鳥は卵や雛に近づく外敵に対し、さかんに擬傷行動を行う。

[生息場所]　北米東岸から中部、ヨーロッパ南部、黒海、モンゴル、中国などの地域で繁殖。北米南部、中南米、アフリカ、東南アジアなどで越冬。海岸の干潟、砂浜、埋立地や川の下流から中流域にかけて生息する。日本では北海道、本州、四国、九州、沖縄など全域で繁殖する。

アカエリシロチドリ
Red-capped Plover

Charadrius ruficapillus
チドリ目チドリ科
全長：14〜16cm

- 一腹卵数：2卵（まれに3卵）
- 抱卵日数：30〜31日
- 卵のサイズ：25×20mm

［卵の特徴］洋梨形。地色は淡い黄褐色で、紫褐色や灰色の小斑が全体に広がる。営巣場所である砂地と似た色合いで、カムフラージュの役割をする。

［巣・繁殖］砂地に浅いくぼみを作り、枯草、貝殻片、小石、木片などを集めて巣にする。草を敷いて産座とする。雌雄で抱卵。

［生息場所］オーストラリアに生息。

実物大

ミヤマチドリ
Mountain Plover

Charadrius montanus
チドリ目チドリ科
全長：21〜24cm

- 一腹卵数：2〜4卵
- 抱卵日数：28〜31日
- 卵のサイズ：35×27mm

［卵の特徴］洋梨形。地色は淡い茶褐色で、紫褐色や灰色の小斑が全体に広がる。

［巣・繁殖］草地の地面にくぼみを作り、少量の草を敷いて薄い皿形の巣を作る。雄が抱卵。

［生息場所］北アメリカ中部（おもにコロラド州）に生息し、冬季はカリフォルニア州、テキサス州、メキシコへ移動する。

実物大

ワキアカチドリ
Red-kneed Dotterel

Erythrogonys cinctus
チドリ目チドリ科
全長：17〜20cm

- 一腹卵数：2〜5卵（通常4卵）
- 抱卵日数：不明
- 卵のサイズ：28×21mm

[卵の特徴]　洋梨形。地色は淡いオリーブ色を帯びた灰色で、黒褐色の墨を流したような模様が広がる。

[巣・繁殖]　水辺近くの砂地にくぼみを作り、枯草、小石、木片などを集めて皿形の巣を作る。雌雄で抱卵。

[生息場所]　オーストラリアに生息。

実物大

コバシチドリ
Eurasian Dotterel

Charadrius morinellus
チドリ目チドリ科
全長：20〜22cm

- 一腹卵数：3卵（まれに2卵）
- 抱卵日数：23〜29日
- 卵のサイズ：39×27mm

[卵の特徴]　洋梨形。地色は淡い赤みを帯びたクリーム色で、黒褐色の斑やシミ模様が全体を覆う。

[巣・繁殖]　ツンドラの草地や荒地で、足で蹴ったり体を押しつけてくぼみを作り、枯草や苔を敷いて皿形の巣を作る。雌雄で抱卵。

[生息場所]　スカンジナビア半島からシベリアのほか、モンゴル北西部やイタリアで局地的に繁殖し、冬はアフリカ北西部から地中海、イラク、ペルシャ湾沿域へ渡る。

実物大

● チドリ目／シギ科　　小〜大型の鳥。ほとんどの種が足とくちばしが長い。全86種。

オオソリハシシギ
Bar-tailed Godwit

Limosa lapponica
チドリ目シギ科
全長：37〜41cm

● 一腹卵数：4卵
● 抱卵日数：20〜21日
● 卵のサイズ：49×34mm

実物大

[卵の特徴]　洋梨形。地色は緑褐色で、褐色や淡い紫色、淡い灰色の斑が覆う。

[巣・繁殖]　ツンドラ地帯や湿地帯で、地面を蹴ったり体を押しつけてくぼませ、枯草、苔などを敷いて皿形の巣を作る。雌雄で抱卵。

[生息場所]　ユーラシア北端やアラスカの一部地域で繁殖し、アフリカ、東南アジア、オーストラリアなどへ渡って越冬する。

アメリカダイシャクシギ
Long-billed Curlew

Numenius americanus
チドリ目シギ科
全長：50〜65cm

実物大

● 一腹卵数：3〜5卵
● 抱卵日数：27〜28日
● 卵のサイズ：65×48mm

[卵の特徴]　洋梨形。地色はオリーブ色を帯びた褐色で、褐色や灰色の斑が全体に広がる。

[巣・繁殖]　開けた湿地や草地にくぼみをつけ、枯草を集めて皿形の巣を作る。雌雄で抱卵。

[生息場所]　北米で繁殖。中米で越冬。

マキバシギ
Upland Sandpiper

Bartramia longicauda
チドリ目シギ科
全長：26〜32cm

- 一腹卵数：3〜5卵
- 抱卵日数：21〜25日
- 卵のサイズ：41×29mm

[卵の特徴]　洋梨形。地色はクリーム色か淡いピンク色を帯びた黄褐色で、褐色や灰色の斑が広がる。

[巣・繁殖]　開けたプレーリー（大草原）や牧草地のような、草が密生した草地で地面を引っ掻いてくぼみを作り、枯草や葉、枝などを敷いて皿形の巣を作る。雄が抱卵。

[生息場所]　アラスカや北アメリカ中部で繁殖し、冬は南アメリカへ渡る。

実物大

ツルシギ
Spotted Redshank

Tringa erythropus
チドリ目シギ科
全長：29〜32cm

- 一腹卵数：4卵
- 抱卵日数：23〜24日
- 卵のサイズ：42×31mm

実物大

[卵の特徴]　洋梨形。地色は淡い黄褐色で、紫褐色の斑、灰色のシミ斑がある。

[巣・繁殖]　林の近くの湿地や草地の地面に浅いくぼみを掘り、細い枯草、枯葉、松葉、苔などを集めて皿形の巣を作る。抱卵は、おもに雄が行うが、雌雄で行うケースもある。

[生息場所]　ユーラシアの高緯度地方で繁殖し、冬季はアフリカ北部および中部、インド、東南アジアへ渡る。日本では旅鳥として春と秋に通過していく様子が見られる。

アカアシシギ
Common Redshank

Tringa totanus
チドリ目シギ科
全長：27〜29cm

- 一腹卵数：3〜5卵
- 抱卵日数：23〜24日
- 卵のサイズ：38×28mm

実物大

［卵の特徴］　洋梨形。地色は青白色や灰白色、淡黄褐色、黄褐色などで、黒褐色や灰色の斑、シミ模様が全体を覆う。

［巣・繁殖］　手入れがされていない自然な牧草地や湿原、泥炭草原の縁、海岸近くなどに、足で引っ掻いたり体を押しつけてくぼみを作り、枯草などを敷いて皿形の巣を作る。周りの草が巣を覆い、見つかりにくくなっている。雌雄で抱卵。

［生息場所］　ユーラシアで繁殖分布。アフリカ、インド、東南アジアに渡って越冬。日本では北海道東部で繁殖し、本州から沖縄までは春秋に渡来するが、多くはない。

コアオアシシギ
Marsh Sandpiper

Tringa stagnatilis
チドリ目シギ科
全長：22〜26cm

実物大

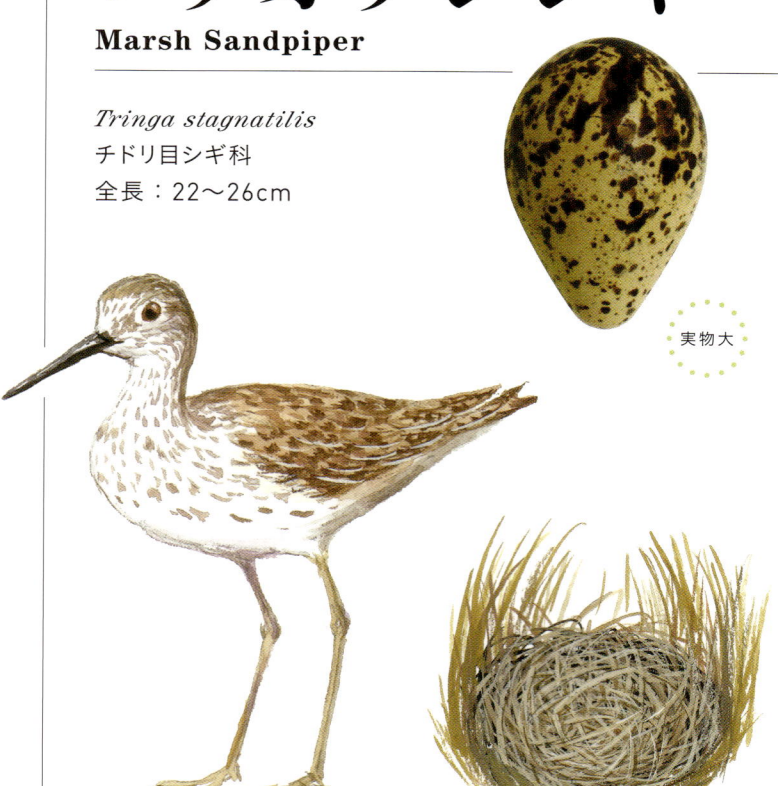

- 一腹卵数：4卵
- 抱卵日数：22〜25日
- 卵のサイズ：40×27mm

［卵の特徴］　洋梨形。地色は淡い黄茶色で、紫褐色の墨を流したような大小の斑がある。

［巣・繁殖］　ステップ地帯の湿地や池などの水辺近くの地上にくぼみをつけ、枯草を敷いて皿形の巣を作る。多少のコロニー性が見られる。おもに雌が抱卵。

［生息場所］　ヨーロッパ南部から中央アジアで繁殖し、アフリカ南部、インド、オーストラリアなどへ渡って越冬する。

アオアシシギ
Common Greenshank

Tringa nebularia
チドリ目シギ科
全長：30〜35cm

- 一腹卵数：4卵
- 抱卵日数：約24日
- 卵のサイズ：45×31mm

[卵の特徴] 洋梨形。地色は淡い灰褐色で、紫褐色や灰色の斑、シミ斑が全体に散らばる。

[巣・繁殖] 湿地や草地の地面を浅く掘ってくぼみをつけ、枯草などを敷いて巣を作る。雌雄で抱卵。

[生息場所] ユーラシア北部で繁殖し、アフリカ、インド、東南アジア、オーストラリアなどで越冬する。

実物大

クサシギ
Green Sandpiper

Tringa ochropus
チドリ目シギ科
全長：21〜24cm

- 一腹卵数：2〜4卵
- 抱卵日数：20〜23日
- 卵のサイズ：32×25mm

[卵の特徴] 洋梨形。地色はオリーブ色で、紫褐色や灰色の斑が全体にある。

[巣・繁殖] シギ科としては珍しく、おもに樹上にあるモズやツグミ、カケス、カラス、ハト、リスなどの古巣に苔を足して巣にする。まれに地上に作ることもある。雌雄で抱卵。

[生息場所] ユーラシア中部や北部で繁殖し、ヨーロッパ、アフリカ、インド、中国などで越冬する。

実物大

タカブシギ
Wood Sandpiper

Tringa glareola
チドリ目シギ科
全長：19〜23cm

- 一腹卵数：4卵
- 抱卵日数：22〜23日
- 卵のサイズ：35×24mm

実物大

[卵の特徴] 洋梨形。地色はクリーム色で、全体に黒褐色と灰色の斑がある。

[巣・繁殖] 湿地や荒地で、丈の低い草が茂るところに浅いくぼみを掘り、枯草を敷いて皿形の巣を作る。ツグミ、レンジャク、オオモズ、カササギなどの古巣に産卵することもある。おもに雌が抱卵。

[生息場所] ユーラシア北部で繁殖し、アフリカ、インド、東南アジア、オーストラリアなどで越冬。日本では旅鳥として、春と秋に通過していく。

ハジロオオシギ
Willet

Tringa semipalmatus
チドリ目シギ科
全長：33〜41cm

- 一腹卵数：4卵
- 抱卵日数：21〜29日
- 卵のサイズ：47×36mm

実物大

[卵の特徴] 洋梨形。地色は淡い青褐色で、褐色や灰色の斑が全体に広がる。

[巣・繁殖] 草原にある湿地や塩性湿地で集団繁殖。地面にくぼみを作り、枯葉を集めて皿形の巣を作る。抱卵は雌雄で行うが、雄は夜のみ担う。雛が生まれて2週間ほどで雌はいなくなり、雛が飛べるようになるまで雄が世話をする。

[生息場所] 北米で繁殖し、北中米、南米で越冬。

ソリハシシギ
Terek Sandpiper

Xenus cinereus
チドリ目シギ科
全長：22〜25cm

● 一腹卵数：4卵
● 抱卵日数：23〜24日
● 卵のサイズ：32×21mm

実物大

[卵の特徴]　洋梨形。地色は淡い黄灰色や淡い灰色で、紫褐色のシミ斑、褐色や灰色の斑が全体に広がっている。

[巣・繁殖]　湿地帯で、地面を足で引っ掻いたり体を押しつけてくぼみを作り、枯草などを敷いて皿形の巣を作る。雌雄で抱卵。

[生息場所]　ユーラシア北部で繁殖し、アフリカ、東南アジア、オーストラリアで越冬する。

イソシギ
Common Sandpiper

Actitis hypoleucos
チドリ目シギ科
全長：19〜21cm

● 一腹卵数：約4卵
● 抱卵日数：21〜23日
● 卵のサイズ：38×28mm

実物大

[卵の特徴]　洋梨形。地色は灰白色から灰青色、淡黄褐色など。暗褐色や灰色の斑が全体を覆う。

[巣・繁殖]　山地の川や湖などの水辺のそばに浅いくぼみを掘り、枯草などを集めて皿形の巣を作る。

[生息場所]　ユーラシア中部から北部で繁殖し、アフリカ、インドネシア、オーストラリアなどで越冬。日本では全国で見られ、北海道、本州、九州で繁殖。

アメリカイソシギ
Spotted Sandpiper

Actitis macularius
チドリ目シギ科
全長：18〜20cm

● 一腹卵数：4卵
● 抱卵日数：19〜24日
● 卵のサイズ：29×22mm

実物大

[卵の特徴]　洋梨形。地色は淡い灰茶色や淡い灰黄色で、紫褐色や灰色の斑が全体を覆う。

[巣・繁殖]　川岸や湖岸の草むらなどに体を押しつけてくぼみを作り、枯葉、苔、茎などを敷いて皿形の巣を作る。おもに雌が抱卵するが、一妻多夫で複数の雄とつがい、抱卵をしない雌もいる。この場合は雄が抱卵する。

[生息場所]　北アメリカ中部および北部で繁殖し、冬は北アメリカ南部や中央および南アメリカ北部へ渡る。

アメリカヒレアシシギ
Wilson's Phalarope

Phalaropus tricolor
チドリ目シギ科
全長：22〜24cm

● 一腹卵数：3〜4卵
● 抱卵日数：18〜27日
● 卵のサイズ：30×21mm

実物大

[卵の特徴]　洋梨形。地色はクリーム色、灰白色、淡黄褐色などで、黒褐色のシミ模様やまだら模様、斑などが覆う。

[巣・繁殖]　内陸の浅瀬近くで地面にくぼみをつけ、枯草を敷いて皿形の巣を作る。湿原に巣を作る場合は巣材は多くなる。雄が抱卵。

[生息場所]　カナダからアメリカ北部で繁殖し、南米南部で越冬。

ハイイロヒレアシシギ
Red Phalarope

Phalaropus fulicarius
チドリ目シギ科
全長：20〜22cm

● 一腹卵数：3〜6卵（通常4卵）
● 抱卵日数：18〜20日
● 卵のサイズ：30×21mm

実物大

[卵の特徴]　洋梨形。地色は淡い黄褐色やオリーブ色を帯びた褐色、あるいは紫褐色で、黒褐色と栗色のシミ模様や斑が全体を覆う。

[巣・繁殖]　ツンドラ地帯で、淡水の水たまり近くの草地のくぼみに地衣類の植物などを敷き、皿形の巣を作る。雄が抱卵。

[生息場所]　グリーンランド、ユーラシア、北アメリカの北極地方で繁殖し、西アフリカ海岸沖やチリ沖の南太平洋などで越冬する。

アマミヤマシギ
Amami Woodcock

Scolopax mira
チドリ目シギ科
全長：34〜36cm

● 一腹卵数：3〜5卵（通常4卵）
● 抱卵日数：20〜24日
● 卵のサイズ：49×35mm

鳥メモ
ヤマシギの亜種に分類されることもある。

実物大

[卵の特徴]　地色は淡褐色や淡い灰茶色で、黒褐色や灰色の斑、褐色のシミ斑がある。

[巣・繁殖]　林の中で枯葉の積もった地面に体を押しつけ、枯葉を敷いた皿形の巣を作る。夜行性で、繁殖期に入ると夕方に鳴きながら飛びまわる。雌が抱卵。

[生息場所]　おもに奄美大島と沖縄本島に留鳥として、常緑広葉樹林やサトウキビ畑に生息する。

アメリカヤマシギ
American Woodcock

Scolopax minor
チドリ目シギ科
全長：25〜31cm

- 一腹卵数：2〜4卵
- 抱卵日数：約21日
- 卵のサイズ：34×26mm

[卵の特徴]　地色は淡い黄灰色やクリーム色を帯びた褐色で、茶褐色、灰色の小斑やシミ模様がある。

[巣・繁殖]　オークやマツが茂る疎林内で、低木の下生えがある林床に体を押しつけてくぼみを作り、枯葉などを敷いて皿形の巣を作る。雌雄で抱卵。

[生息場所]　北アメリカ東部で繁殖し、冬はやや南へ移動する。

実物大

ハリオシギ
Pintail Snipe

Gallinago stenura
チドリ目シギ科
全長：25〜27cm

- 一腹卵数：3〜4卵
- 抱卵日数：20日
- 卵のサイズ：34×26mm

[卵の特徴]　洋梨形。地色はオリーブ色や淡い黄褐色で、褐色、紫褐色、灰色の斑が散らばり、鈍端部に密集している。

[巣・繁殖]　地面を浅くくぼませ、枯草を集めて皿形の巣を作る。雌が抱卵。

[生息場所]　シベリア東北部で繁殖し、インド、東南アジア、フィリピンなどで越冬する。日本には旅鳥として少数が飛来する。

実物大

ヨーロッパジシギ
Great Snipe

Gallinago media
チドリ目シギ科
全長：27〜29cm

- 一腹卵数：3〜4卵
- 抱卵日数：22〜24日
- 卵のサイズ：41×28mm

[卵の特徴] 洋梨形。地色は黄土色、褐色、青灰色などで、暗褐色、淡黄褐色の目立つ斑やシミ模様が鈍端部を中心に広がる。

[巣・繁殖] 草原の地面に体を押しつけてくぼみをつけ、枯草などを敷いた皿形の巣を作る。繁殖期に入ると、雄はレック（集団求婚場）に集まり、さまざまな鳴き声で競い合う。巣作り、抱卵は雌が行う。

[生息場所] ヨーロッパ北部、ロシア東部で繁殖し、アフリカで越冬する。

実物大

ナンベイタシギ
South American Snipe

Gallinago paraguaiae
チドリ目シギ科
全長：22〜29cm

- 一腹卵数：2卵
- 抱卵日数：約19日
- 卵のサイズ：35×25mm

[卵の特徴] 洋梨形。地色は淡い黄褐色で、紫褐色や灰色の大きな斑が散らばる。

[巣・繁殖] 淡水域の近くにある草の茂った湿地で、地面を浅く掘って枯草を集め、皿形の巣を作る。雌雄で抱卵。

[生息場所] ベネズエラ、コロンビア、ブラジル、ペルー、ボリビア、パラグアイ、アルゼンチンなどの南米に生息。

実物大

オニタシギ
Giant Snipe

Gallinago undulata
チドリ目シギ科
全長：40〜47cm

- 一腹卵数：2〜4卵
- 抱卵日数：不明
- 卵のサイズ：50×36mm

[卵の特徴]　洋梨形。地色は淡い黄褐色で、赤褐色の模様がまばらに散らばる。

[巣・繁殖]　丈のある水草が茂った沼地で、地面の浅いくぼみを利用して巣を作る。雌雄で抱卵。採餌や求愛のディスプレイは、おもに夜間に行う。

[生息場所]　南米（おもにブラジル）の沼地や湿地に生息。

実物大

オオハシシギ
Long-billed Dowitcher

Limnodromus scolopaceus
チドリ目シギ科
全長：24〜30cm

- 一腹卵数：4卵
- 抱卵日数：20〜21日
- 卵のサイズ：40×28mm

[卵の特徴]　洋梨形。地色は淡い灰青色、淡いオリーブ色を帯びた褐色で、黒褐色、灰色の斑やシミ斑が覆う。

[巣・繁殖]　ツンドラ地帯で、苔やスゲの生えた湿地上にくぼみをつけ、枯草などを敷いて皿形の巣を作る。雌が抱卵。

[生息場所]　シベリア北東部とアラスカの一部で繁殖し、アメリカ合衆国のカリフォルニア州からメキシコで越冬する。

実物大

ヨーロッパトウネン
Little Stint

Calidris minuta
チドリ目シギ科
全長：12〜14cm

- 一腹卵数：4卵
- 抱卵日数：20〜21日
- 卵のサイズ：26×19mm

[卵の特徴] 洋梨形。地色はオリーブ色で、茶褐色や灰色の斑が全体を覆う。

[巣・繁殖] 草原の地面を引っ掻いたり体を押しつけてくぼみをつけ、枯草などを敷いて皿形の巣を作る。おもに雌雄で抱卵する。

[生息場所] ノルウェーからシベリアの極地方で繁殖し、冬季はアフリカ、アラビア、インドなどへ渡る。

実物大

ヒバリシギ
Long-toed Stint

Calidris subminuta
チドリ目シギ科
全長：13〜16cm

- 一腹卵数：4卵
- 抱卵日数：不明
- 卵のサイズ：25×20mm

[卵の特徴] 洋梨形。地色は淡い青灰色で、黒褐色の大小の斑が全体を覆う。

[巣・繁殖] ツンドラ地帯の地上で、足で蹴ったり体を押しつけてくぼみをつけ、枯草などを敷いて皿形の巣を作る。抱卵は雄が中心となって行うとみられるが、詳しくはわかっていない。

[生息場所] シベリア北部で繁殖し、東南アジア、オーストラリアで越冬する。水田や埋立地の水たまりなど、草が比較的多く生えた湿地を好む。

実物大

アメリカウズラシギ
Pectoral Sandpiper

Calidris melanotos
チドリ目シギ科
全長：19〜23cm

● 一腹卵数：4卵
● 抱卵日数：21〜23日
● 卵のサイズ：33×22mm

[卵の特徴] 洋梨形。地色は淡いオリーブ緑色で、暗褐色、赤褐色、灰色の目立つ斑やシミ模様が全体を覆う。

[巣・繁殖] 乾燥した草地の地面や、干潟地の後背地に雌が体を押しつけてくぼみをつけ、枯草などを敷いて皿形の巣を作る。一夫多妻で抱卵と子育ては雌が行う。

[生息場所] シベリア北部とアラスカ、カナダ北部で繁殖。オーストラリアや南アメリカで越冬。

実物大

ハマシギ
Dunlin

Calidris alpina
チドリ目シギ科
全長：16〜22cm

● 一腹卵数：3〜4卵
● 抱卵日数：20〜24日
● 卵のサイズ：39×26mm

[卵の特徴] 洋梨形。地色は淡い青みを帯びたクリーム色で、黒褐色、褐色、灰色の斑が鈍端部に少し集中する。

[巣・繁殖] 繁殖地はツンドラ地帯の草原。地面に足で蹴ったり体を押しつけてくぼみをつけ、枯草を敷いた皿形の巣を作る。繁殖は通常1回だが、まれに2回行うこともある。雌雄で抱卵、子育てを行う。

[生息場所] ユーラシア、北アメリカ北部、グリーンランドなどで繁殖し、ヨーロッパ南部、北アフリカ、中国南東部、北アメリカ南部などで越冬する。日本には旅鳥として飛来。

実物大

キリアイ
Broad-billed Sandpiper

Limicola falcinellus
チドリ目シギ科
全長：16〜18cm

- 一腹卵数：3〜4卵
- 抱卵日数：21〜22日
- 卵のサイズ：29×20mm

[卵の特徴]　洋梨形。地色は淡い黄褐色で、黒褐色のシミ模様や格子模様が密に覆う。

[巣・繁殖]　草原の茂みの下などの地面にくぼみをつけ、枯草を集めて皿形の巣を作る。雄が数個の巣を作り、雌がその中からひとつを選ぶ。雌雄で抱卵。

[生息場所]　ユーラシア北部に数カ所に分かれて繁殖地があり、アフリカ東海岸からインド、インドシナで越冬する。

実物大

● チドリ目／トウゾクカモメ科　　中型の鳥。ほかの鳥が捕った魚などのエサを横盗りする。全7種。

クロトウゾクカモメ
Parasitic Jaeger

Stercorarius parasiticus
チドリ目トウゾクカモメ科
全長：41〜46cm

- 一腹卵数：1〜2卵
- 抱卵日数：26〜27日
- 卵のサイズ：54×39mm

[卵の特徴]　卵形で、鋭端部が少しとがっている。地色は黄褐色かオリーブ色で、褐色や灰色のシミ模様の斑がある。

[巣・繁殖]　ツンドラ地帯の湿原や草原、海岸近くの岩場で営巣し、地面に掘った浅いくぼみに、少量の草や苔を敷いた皿形の巣を作る。雌雄で抱卵。

[生息場所]　北極圏のツンドラで繁殖し、南米、アフリカ、オーストラリアの湾岸で越冬する。

実物大

シロハラトウゾクカモメ
Long-tailed Jaeger

Stercorarius longicaudus
チドリ目トウゾクカモメ科
全長：48〜53cm

- 一腹卵数：1〜2卵
- 抱卵日数：約24日
- 卵のサイズ：51×39mm

[卵の特徴]　卵形で、鋭端部が少しとがっている。地色はオリーブ色を帯びた淡褐色で、赤褐色、灰色の斑がある。

[巣・繁殖]　小規模のコロニーで繁殖。地面や岩と岩の間に掘った浅いくぼみに、草や苔などをわずかに敷いて巣にする。雌雄で抱卵。

[生息場所]　北極圏のツンドラで繁殖し、亜南極海で越冬。日本では旅鳥として、春に太平洋沖合の海上で見られる。

実物大

鳥メモ
トウゾクカモメのなかで最も小型の種。

● チドリ目／カモメ科　　中型の鳥。体はがっしりしている。全95種。

ウミネコ
Black-tailed Gull

Larus crassirostris
チドリ目カモメ科
全長：44〜47cm

- 一腹卵数：2〜3卵
- 抱卵日数：24〜25日
- 卵のサイズ：62×45mm

実物大

[卵の特徴]　地色は灰褐色で、暗褐色や褐色、灰色の斑がところどころに散らばる。

[巣・繁殖]　海岸の岩棚や草地などで、枯草や海草、羽などを用いて浅い椀形の巣を作る。雌雄で抱卵。

[生息場所]　サハリン南部、千島列島、ウスリー川流域、日本、朝鮮半島、中国東北部の各沿岸で繁殖。日本では北海道、東北などの沿岸の島に3万羽を超す集団繁殖地があり、その地は国の天然記念物に指定されている。

ニシセグロカモメ
Lesser Black-backed Gull

Larus fuscus
チドリ目カモメ科
全長：51〜61cm

● 一腹卵数：2〜3卵
● 抱卵日数：24〜28日
● 卵のサイズ：61×45mm

[卵の特徴] 地色は淡いオリーブ色で、紫褐色、灰色の斑が鈍端部を中心に広がる。

[巣・繁殖] 海岸、河口、内陸の湖沼などでコロニーを形成して繁殖する。おもに島の断崖の草地にある岩の上などで、海草や枯草を使って深めの皿形の巣を作る。雌雄で抱卵。

[生息場所] アイスランド、北欧、ユーラシア北部沿岸で繁殖し、冬季はヨーロッパ南西部から西アフリカで越冬する。

実物大

オオセグロカモメ
Slaty-backed Gull

Larus schistisagus
チドリ目カモメ科
全長：55〜67cm

● 一腹卵数：2〜3卵（まれに4卵）
● 抱卵日数：28〜30日
● 卵のサイズ：70×51mm

[卵の特徴] 地色は暗緑色、灰褐色などで、灰褐色、暗褐色、濃淡の灰青色の斑や斑紋が全体に散らばる。

[巣・繁殖] 北海に面した草原、絶壁の岩棚の上や岩礁上に、枯葉や枯茎、海草、羽毛などを積んで深めの皿形の巣を作る。集団営巣する。雌雄で抱卵。

[生息場所] 北海道、本州北部、カムチャツカ半島、千島列島で繁殖し、中国の沿岸へ渡る。

実物大

オオカモメ
Great Black-backed Gull

Larus marinus
チドリ目カモメ科
全長：68〜79cm

● 一腹卵数：1〜3卵
● 抱卵日数：26〜28日
● 卵のサイズ：71×52mm

[卵の特徴] 地色は淡黄褐色や灰緑色で、褐色や灰色のシミ模様の大小の斑が覆う。なかには地色が淡い青色のものもある。

[巣・繁殖] 小枝や枯草、海草などを集めて深めの皿形の巣を作る。多くは内陸の離れ岩や島の小高い位置に集団で繁殖する。雌雄で抱卵。

[生息場所] 北大西洋の海岸やそれに続く北極海の沿岸など。

実物大

アイスランドカモメ
Iceland Gull

Larus glaucoides
チドリ目カモメ科
全長：55〜64cm

● 一腹卵数：1〜4卵
● 抱卵日数：23〜27日
● 卵のサイズ：78×53mm

[卵の特徴] 地色は黄土色で、褐色と灰色の斑が全体を覆う。

[巣・繁殖] 高い断崖などで営巣し、枯枝や枯草、海草などを積み重ね、深めの皿形の巣を作る。雌雄で抱卵。

[生息場所] グリーンランド、カナダのエレスメア島およびバフィン島で繁殖し、冬季はアメリカ東部やヨーロッパへ渡る。

実物大

ワライカモメ
Laughing Gull

Larus atricilla
チドリ目カモメ科
全長：39〜46cm

- 一腹卵数：3〜5卵
- 抱卵日数：24〜28日
- 卵のサイズ：58×42mm

実物大

鳥メモ
飛びながら、「ハハハハハー、ハハハハハー」と笑っているような騒がしい鳴き声をあげる。

[卵の特徴］　地色は褐色や黄緑色で、全体に褐色や淡い黒色のシミ状の濃淡斑があり、斑は鈍端部に集中する。

[巣・繁殖］　砂浜や塩沼地などの地面に枯草を積み上げ、中央をくぼませた巣を作る。コロニーを形成する。雌雄で抱卵。

[生息場所］　カナダのメーン州からアメリカのテキサス州の大西洋沿岸で繁殖し、カナダ南東部から南米北部のベネズエラに生息。

ニシズグロカモメ
Mediterranean Gull

Larus melanocephalus
チドリ目カモメ科
全長：36〜38cm

- 一腹卵数：2〜3卵
- 抱卵日数：23〜26日
- 卵のサイズ：53×37mm

[卵の特徴］　地色は淡いオリーブ色で、茶褐色のスジ模様と灰色の斑が全体を覆う。

[巣・繁殖］　集団営巣する。まばらな草地や草むらなどに浅いくぼみを作り、枯草や茎などを敷いて巣にする。雌雄で抱卵。

[生息場所］　黒海沿岸、ヨーロッパに生息。

実物大

ヒメクビワカモメ
Ross's Gull

Rhodostethia rosea
チドリ目カモメ科
全長：29〜32cm

- 一腹卵数：2〜3卵
- 抱卵日数：19〜22日
- 卵のサイズ：39×29mm

実物大

[卵の特徴] 地色はオリーブ褐色や褐色で、暗赤褐色のシミ模様がある。

[巣・繁殖] 極地の河川のデルタ地帯にある島の湿潤なツンドラの泥炭上に、イネ科やカヤツリグサ科などの枯草を積み、高さ20cmほどの深めの皿形の巣を作る。産座には小さな枯葉や苔などを敷く。この地ではアジサシ類も繁殖することが多い。

[生息場所] シベリア東部、アラスカ北部、グリーンランドなど。

ミツユビカモメ
Black-legged Kittiwake

Rissa tridactyla
チドリ目カモメ科
全長：38〜40cm

- 一腹卵数：1〜3卵
- 抱卵日数：24〜28日
- 卵のサイズ：59×44mm

実物大

[卵の特徴] 地色は淡い青灰色で、褐色や灰色のシミ模様や斑が全体に散らばる。

[巣・繁殖] 海草の苔や枯草を用いて椀形の巣を作る。まれに近くの建物の屋根上や窓のひさしの上などに作ることもある。雌雄で抱卵。

[生息場所] 北半球の北方沿岸から、南はセントローレンス湾、アイスランド、千島列島、カムチャツカ半島まで繁殖。南部に下って越冬。

アジサシ
Common Tern

Sterna hirundo
チドリ目カモメ科
全長：32〜39cm

- 一腹卵数：2〜3卵
- 抱卵日数：22〜28日
- 卵のサイズ：43×34mm

実物大

[卵の特徴]　卵形で、鋭端部がとがったものもある。地色は灰褐色系かクリーム色で、黒褐色、赤褐色、灰色などの斑がある。

[巣・繁殖]　海岸、河川や湖沼の岸、小島、岩礁、湿地などで、コロニーを形成して集団で繁殖。地面に掘ったくぼみに、枯草、苔などを少し集めて巣にする。雌雄で抱卵。

[生息場所]　ユーラシア北部、中部や北アメリカ東部で繁殖。冬はアフリカ南部、インド、東南アジア、オーストラリア、南アメリカに渡る。日本には旅鳥として全国に渡来。

クロハラアジサシ
Whiskered Tern

Chlidonias hybrida
チドリ目カモメ科
全長：23〜29cm

- 一腹卵数：2〜3卵
- 抱卵日数：18〜20日
- 卵のサイズ：34×25mm

実物大

[卵の特徴]　卵形で、鋭端部がとがったものもある。地色は青緑色や淡褐色などで、褐色の大きなシミ模様があるものや、褐色や灰色の細かい斑が全体を覆ったものなどがある。

[巣・繁殖]　湿原や浅い潟で、水に浸ったところにイネ科の草などを積み上げ、巣を作る。雌雄で抱卵。

[生息場所]　地中海、黒海、中国地域で繁殖。アフリカ、東南アジア、オーストラリアで越冬。アフリカ、オーストラリアで繁殖するものもいる。

ハジロクロハラアジサシ
White-winged Tern

Chlidonias leucopterus
チドリ目カモメ科
全長：23〜27cm

- 一腹卵数：2〜3卵
- 抱卵日数：18〜22日
- 卵のサイズ：28×20mm

実物大

[卵の特徴] 卵形で、鋭端部がとがったものもある。地色は淡い黄褐色で、褐色、灰色の斑が全体を覆う。

[巣・繁殖] 湖沼や沼地、流れが緩やかな河川の浅瀬に水草などを集め、水面に浮いた巣を作る。雌雄で抱卵。

[生息場所] ハンガリーから中国までのユーラシアの温帯で繁殖。冬季はアフリカ、インド、東南アジア、オーストラリアへ渡る。日本には数少ない旅鳥として全国に飛来する。

ハシブトアジサシ
Gull-billed Tern

Gelochelidon nilotica
チドリ目カモメ科
全長：33〜43cm

- 一腹卵数：2〜5卵
- 抱卵日数：22〜23日
- 卵のサイズ：43×32mm

実物大

[卵の特徴] 地色は淡い青灰色か黄土色で、褐色と薄い灰色のまだら模様がある。

[巣・繁殖] 湿原や塩水の潟、湖の砂浜などにくぼみを掘り、枯草や海草を少し敷いて巣にする。場所により巣材の量は多かったり少なかったりする。雌雄で抱卵。

[生息場所] 繁殖はヨーロッパ南部、中央アジア、中国東部、オーストラリア、北アメリカ南部、南アメリカ北部など。また非繁殖時期にはアフリカや中東、中央アメリカ、南米など、両極地方を除く世界各地に分散して生息する。日本でも旅鳥として、本州以南でまれに見られる。

オニアジサシ
Caspian Tern

Sterna caspia
チドリ目カモメ科
全長：48～56cm

● 一腹卵数：2～3卵
● 抱卵日数：26～28日
● 卵のサイズ：62×45mm

[卵の特徴] 地色は淡い黄褐色で、褐色や灰色の斑がある。

[巣・繁殖] コロニーで繁殖。海岸や島、内陸の湖沼で、地面に掘った浅いくぼみに、草や貝殻などをわずかに敷いた皿形の巣を作る。雌雄で抱卵。

[生息場所] ヨーロッパ北部、アフリカ、アジア、オーストラリア、北アメリカで繁殖。南部で越冬。

実物大

キョクアジサシ
Arctic Tern

Sterna paradisaea
チドリ目カモメ科
全長：33～36cm

● 一腹卵数：2～3卵
● 抱卵日数：22～27日
● 卵のサイズ：37×29mm

実物大

[卵の特徴] 卵形で、鋭端部がとがったものもある。地色はクリーム色、淡い灰褐色で、褐色、灰色の斑が全体に広がる。

[巣・繁殖] 繁殖地の北極圏沿岸で、小石の多い浜辺や岩の間に浅いくぼみを作り、枯草、小石などを少量集めて巣を作る。雌雄で抱卵。

[生息場所] シベリア、北アメリカ、グリーンランド、ヨーロッパの北極圏で繁殖。7月頃に分散が始まると大陸の西岸に沿って南下し、南極大陸付近で越冬する。越冬地で換羽した後、6月下旬に繁殖地へ戻る。

鳥メモ
鳥類のなかで最も長距離の渡りをする。標識調査で、ロシアの北極海岸から約2万2500km離れたオーストラリア沖などへ移動することが判明している。

コシジロアジサシ
Aleutian Tern

Sterna aleutica
チドリ目カモメ科
全長：32〜34cm

- 一腹卵数：1〜3卵（通常2卵）
- 抱卵日数：22〜27日
- 卵のサイズ：40×28mm

[卵の特徴] 地色は淡い黄褐色で、褐色や灰色の斑がある。

[巣・繁殖] コロニーで繁殖。島や海岸の開けた草原や砂地に、体を押しつけてくぼみを作り、巣にする。雌雄で抱卵。

[生息場所] サハリン、カムチャツカ半島、アリューシャン列島、アラスカ沿岸で繁殖。越冬先は不明な点が多いが、渡りの時期には香港で、冬季はフィリピンで見られた記録がある。

実物大

セグロアジサシ
Sooty Tern

Sterna fuscata
チドリ目カモメ科
全長：36〜45cm

- 一腹卵数：1卵（まれに2卵）
- 抱卵日数：26〜33日
- 卵のサイズ：43×32mm

実物大

[卵の特徴] 地色はクリーム色や淡い灰青色で、暗褐色や褐色、黒褐色、灰色の斑が広がる。

[巣・繁殖] 集団繁殖する。巣材はほとんど使わずに、砂浜などに体を押しつけてくぼみを作り、巣にする。抱卵は雌雄で行い、夜間は雄が担当する。

[生息場所] 太平洋、インド洋、大西洋の熱帯から亜熱帯に分布。

コアジサシ
Little Tern

Sterna albifrons
チドリ目カモメ科
全長：22〜24cm

- 一腹卵数：1〜3卵
- 抱卵日数：19〜24日
- 卵のサイズ：29×21mm

［卵の特徴］地色は淡い黄褐色で、黒褐色、灰色、淡い紫色などの斑が全体に広がる。

［巣・繁殖］砂や砂礫からなる河原、中州、海浜や埋め立て地に集団で営巣する。海浜などの地面に浅いくぼみを掘り、産座に少量の小石や貝殻を敷いて巣にする。巣材を集めない場合もある。雌雄が交代で抱卵と子育てを行う。

［生息場所］ヨーロッパ、地中海沿岸、西アフリカ、インド洋の島々、ロシア西部および南東部、インド、東南アジア、中国の沿岸、日本、オーストラリアなどで繁殖し、冬は南アフリカ沿岸、東南アジア、オーストラリアなどへ渡る。

実物大

オオアジサシ
Great Crested Tern

Sterna bergii
チドリ目カモメ科
全長：43〜53cm

- 一腹卵数：1〜2卵（まれに3卵）
- 抱卵日数：25〜30日
- 卵のサイズ：62×44mm

実物大

［卵の特徴］地色はオリーブ色を帯びた黄色から青褐色、クリーム色までさまざまあり、黒色、褐色、灰色などのシミ模様の大小の斑が散らばる。

［巣・繁殖］ほとんどが集団繁殖。沿岸か沖合の島で砂地に体を押しつけ、くぼみを作って巣にする。雌雄で抱卵。

［生息場所］南アフリカからインド洋、ペルシャ湾、太平洋海域の熱帯で生息。

サンドイッチアジサシ
Sandwich Tern

Sterna sandvicensis
チドリ目カモメ科
全長：36〜46cm

- 一腹卵数：1〜2卵
- 抱卵日数：21〜29日
- 卵のサイズ：48×34mm

[卵の特徴]　卵形で、鋭端部がとがったものもある。地色は淡い黄緑色で、褐色や灰色の斑がある。

[巣・繁殖]　海浜で営巣。砂地を掻き除けてくぼみを作り、巣にする。巣材はほとんど使わない。雌が抱卵。

[生息場所]　ヨーロッパ、カスピ海沿岸、北アメリカ南東部、メキシコ沿岸、南アメリカ東部沿岸などで繁殖。冬季は、北アメリカのものは南アメリカへ、ヨーロッパのものは黒海、地中海、西アフリカ、南アフリカ沿岸へ、西アジアのものはペルシャ湾、アラビア海沿岸へ渡る。

実物大

クロアジサシ
Brown Noddy

Anous stolidus
チドリ目カモメ科
全長：38〜45cm

- 一腹卵数：1卵
- 抱卵日数：28〜37日
- 卵のサイズ：51×34mm

実物大

[卵の特徴]　地色は淡赤色、淡灰色で、淡い赤褐色のシミ模様の斑がまばらにあるものもある。

[巣・繁殖]　横に伸びた枝の上に、小枝や海草などを集め、洗面器のような形の巣を作る。岩の小島、環礁、崖の岩棚などに営巣することもある。雌雄で抱卵。

[生息場所]　太平洋、インド洋、大西洋の熱帯と亜熱帯に生息。日本には夏鳥として渡来。

● チドリ目／ウミスズメ科

小～中型の鳥。翼は短く、泳ぐのが得意。全22種。

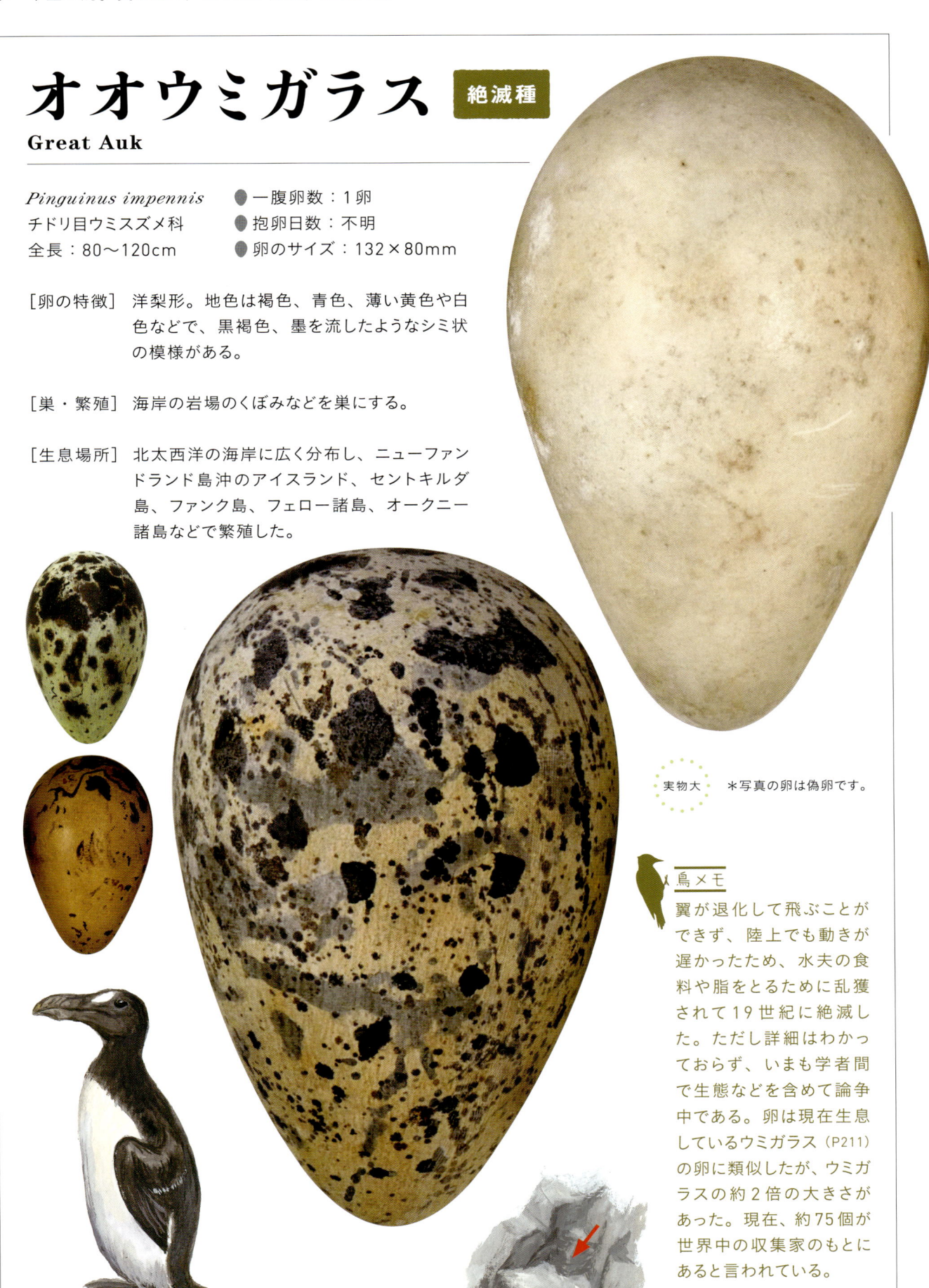

オオウミガラス 絶滅種
Great Auk

Pinguinus impennis
チドリ目ウミスズメ科
全長：80～120cm

● 一腹卵数：1卵
● 抱卵日数：不明
● 卵のサイズ：132×80mm

[卵の特徴] 洋梨形。地色は褐色、青色、薄い黄色や白色などで、黒褐色、墨を流したようなシミ状の模様がある。

[巣・繁殖] 海岸の岩場のくぼみなどを巣にする。

[生息場所] 北太西洋の海岸に広く分布し、ニューファンドランド島沖のアイスランド、セントキルダ島、ファンク島、フェロー諸島、オークニー諸島などで繁殖した。

実物大　＊写真の卵は偽卵です。

鳥メモ

翼が退化して飛ぶことができず、陸上でも動きが遅かったため、水夫の食料や脂をとるために乱獲されて19世紀に絶滅した。ただし詳細はわかっておらず、いまも学者間で生態などを含めて論争中である。卵は現在生息しているウミガラス（P211）の卵に類似したが、ウミガラスの約2倍の大きさがあった。現在、約75個が世界中の収集家のもとにあると言われている。

オオハシウミガラス
Razorbill

Alca torda
チドリ目ウミスズメ科
全長：37〜39cm

- 一腹卵数：1卵
- 抱卵日数：35〜37日
- 卵のサイズ：73×46mm

[卵の特徴] 洋梨形。地色は薄い緑色や青紫色、白色などで、黒色や褐色、灰色の大小のシミ斑が広がる。

[巣・繁殖] 海岸の崖にある岩陰や割れ目、穴の中、岩棚にある石の横などを巣にして、直接卵を産む。まれにミツユビカモメなどの古巣に卵を産むこともある。雌雄で抱卵。

[生息場所] 北大西洋に分布。北アメリカ北東部、グリーンランド、アイスランド、ヨーロッパ北部などで繁殖。

実物大

ハシブトウミガラス
Thick-billed Murre

Uria lomvia
チドリ目ウミスズメ科
全長：39〜43cm

- 一腹卵数：1卵
- 抱卵日数：32〜33日
- 卵のサイズ：75×49mm

[卵の特徴] 洋梨形。地色は淡い灰黄色で、紫褐色の墨を流したような模様と灰色の斑がある。

[巣・繁殖] 岩壁の岩棚を巣にして、岩の上に直接産卵する。小石などがあれば卵の周りに置くこともある。雌雄で抱卵。

[生息場所] 太平洋および大西洋の高緯度地方で繁殖。日本には冬鳥としてまれに飛来し、北海道や本州の北部海域に生息する。

実物大

ウミガラス
Common Murre

Uria aalge
チドリ目ウミスズメ科
全長：38〜43cm

実物大

- 一腹卵数：1卵
- 抱卵日数：約32日
- 卵のサイズ：82×51mm

[卵の特徴] 洋梨形。地色は青色や緑色、淡青色、赤褐色、黄土色、黄色、クリーム色など多様で、赤褐色や黄褐色、黒色のシミ模様や大小の斑などが絡み合ったスジ模様、墨を流したような線がまばらに散らばっている。

[巣・繁殖] 海に面した崖の上にある岩棚のくぼみを巣にして、じかに卵を1卵産む。雌雄で抱卵。

[生息場所] 全北区、北太平洋や北大西洋の亜寒帯、寒帯海域に分布。日本では北海道の天売島やモユリ島で集団繁殖。冬期は北海道南部の海上で見られる。

ケイマフリ
Spectacled Guillemot

Cepphus carbo
チドリ目ウミスズメ科
全長：35〜40cm

実物大

- 一腹卵数：2卵（まれに1卵）
- 抱卵日数：30〜33日
- 卵のサイズ：60×42mm

[卵の特徴]　長卵形。地色は淡い灰色を帯びたクリーム色で、黒褐色の大きな斑や小斑と灰色の斑がところどころにある。

[巣・繁殖]　岩壁の割れ目や岩の上のくぼみを巣にする。巣材は集めない。雌雄で抱卵。

[生息場所]　カムチャツカ半島、サハリン、オホーツク海に分布し、沿岸で繁殖。冬期もさほど移動しない。

ウミスズメ
Ancient Murrelet

Synthliboramphus antiquus
チドリ目ウミスズメ科
全長：24〜27cm

- 一腹卵数：1〜2卵（まれに3卵）
- 抱卵日数：32〜33日
- 卵のサイズ：66×41mm

実物大

[卵の特徴]　楕円形。地色は淡い青緑色で、褐色や灰色、淡い灰色の斑紋や斑点が散らばっている。卵のサイズは鳥の体と比べて大きい。

[巣・繁殖]　崖の上や無人島などの草地で、木や草の根元の柔らかい地面をトンネル状に掘ったり、岩の割れ目などを利用し、その中に枯草や木の葉を敷いて皿形の巣を作る。孵化後、約2日で崖から飛び降りて海に出る習性があるため、雛は孵化したばかりでも大きい。雌雄で抱卵。

[生息場所]　北太平洋の千島、アリューシャン列島やアラスカ南部および日本の北海道、岩手県で繁殖。冬はやや南下する。

カンムリウミスズメ
Japanese Murrelet

Synthliboramphus wumizusume
チドリ目ウミスズメ科
全長：24〜28cm

● 一腹卵数：2卵（まれに1卵）
● 抱卵日数：32〜33日
● 卵のサイズ：53×37mm

実物大

[卵の特徴]　長卵形。地色はクリーム色、淡い黄茶色で、淡褐色、淡い灰色、褐色の斑が全体を覆う。

[巣・繁殖]　繁殖期のみ陸上で生息し、一夫一妻でコロニーを形成。自分で穴を掘り、岩の隙間の奥や木の根元の隙間などに、枯草を敷いただけの簡単な巣を作る。雌雄で抱卵。

[生息場所]　日本の固有種。伊豆諸島や離島のみで繁殖し、冬も繁殖地付近にとどまる。

鳥メモ
1975年に国の天然記念物に指定。

ウトウ
Rhinoceros Auklet

Cerorhinca monocerata
チドリ目ウミスズメ科
全長：35〜38cm

● 一腹卵数：1卵
● 抱卵日数：35日
● 卵のサイズ：65×42mm

実物大

[卵の特徴]　長卵形。黄色がかった白色で、無斑。褐色か赤紫色の模様が環状についているものもある。

[巣・繁殖]　崖の頂や海岸の疎林の柔らかい土を掘ってトンネル状にし、その中を巣にする。巣材はほとんど使わない。トンネルは1本の入口から奥に、いくつかの脇道を作る。雌雄で抱卵。かなり大きなコロニーを作る。

[生息場所]　サハリン、千島列島、北日本、カムチャツカ半島からアリューシャン列島、アラスカ、カリフォルニアにいたる北太平洋で繁殖。冬は南下する。

ニシツノメドリ
Atlantic Puffin

Fratercula arctica
チドリ目ウミスズメ科
全長：26〜36cm

- 一腹卵数：1卵（まれに2卵）
- 抱卵日数：36〜45日
- 卵のサイズ：60×42mm

実物大

[卵の特徴] 長卵形。地色は白色で、淡褐色か灰紫色の薄い模様がある。なかには赤褐色のシミ模様が全体を覆うものもある。

[巣・繁殖] 海岸近くの草場か島の斜面で、穴を掘ったり古い穴を再利用して巣を作る。穴の中に浅いくぼみを掘って枯草や羽などをわずかに敷く。雌が抱卵。

[生息場所] 大西洋北部の北アメリカ北東部、グリーンランド、アイスランド、イギリス、ノルウェーなどで繁殖。冬は南下する。

ツノメドリ
Horned Puffin

Fratercula corniculata
チドリ目ウミスズメ科
全長：36〜41cm

- 一腹卵数：1卵
- 抱卵日数：38〜41日
- 卵のサイズ：68×42mm

実物大

[卵の特徴] 長卵形。淡い青色で、無斑。

[巣・繁殖] 外洋性の海鳥で、海岸の急斜面の草地に横穴を掘って枯葉や羽などをわずかに敷いた巣を作る。雌雄で抱卵。

[生息場所] 千島列島、カムチャツカ半島、アリューシャン列島、チュコト半島、アラスカ西部などで繁殖し、冬はやや南下する。日本には冬鳥として飛来し、北海道および本州北部の海上で見られる。

エトピリカ
Tufted Puffin

Fratercula cirrhata
チドリ目ウミスズメ科
全長：36〜41cm

- 一腹卵数：1卵
- 抱卵日数：42〜53日
- 卵のサイズ：73×46mm

汚れ

実物大

[卵の特徴]　長卵形。濁った白色で、おもに無斑。淡い灰青色、淡褐色の小斑や条斑がわずかに散らばるものもある。

[巣・繁殖]　海に面した崖の斜面の草地に深さ50〜100cmほどの穴を掘り、一番奥に枯草をわずかに敷いて巣にする。雌雄で抱卵。

[生息場所]　日本、千島列島、アラスカ南西部からカナダ西海岸などで繁殖し、冬はやや南へ移動する。日本では北海道の大黒島、モユルリ島などで繁殖。

鳥メモ
「エトピリカ」とは、アイヌ語で「美しいくちばし」の意。

● サケイ目／サケイ科　　中型の鳥。体はずんぐりしている。全16種。

シロハラサケイ
Pin-tailed Sandgrouse

Pterocles alchata
サケイ目サケイ科
全長：31〜39cm

- 一腹卵数：2〜3卵
- 抱卵日数：20〜22日
- 卵のサイズ：42×30mm

[卵の特徴]　楕円形。地色は淡いクリーム色か、赤みを帯びた淡黄褐色で、褐色、暗褐色のシミ模様が覆う。なかには灰色の斑が透けて見えるものもある。

[巣・繁殖]　小さなコロニーを作り、開けた平らな乾燥地の草原や砂丘の地面に体を押しつけてくぼみを作ったり、車のタイヤの跡などを巣にする。巣材は集めない。雌雄で抱卵。

[生息場所]　スペイン、フランス南部、サハラ砂漠の西部から中東、インド西部にかけて分布。

実物大

● ハト目／ハト科
中型の鳥。体はずんぐりしている。雄が巣材を運び、雌が巣を作る。全309種。

カワラバト
Rock Pigeon

Columba livia
ハト目ハト科
全長：31〜34cm

- 一腹卵数：2卵
- 抱卵日数：16〜19日
- 卵のサイズ：28×21mm

［卵の特徴］　楕円形。白色で、無斑。

［巣・繁殖］　低山や海岸の岩棚などに、枯枝、根、木片、海草、羽を用いて簡単な皿形の巣を作る。雌雄で抱卵。

［生息場所］　ユーラシア南部と北アフリカに土着、家禽化して世界中に広がった。野生のカワラバトは崖や岩の多い土地を好む。

実物大

鳥メモ
街に生息するドバトの野生の祖先。日本では寺社で飼われたことから、「堂鳩」が転じて「ドバト」と言われるようになったという説がある。

デンショバト（カワラバト）
Rock Pigeon

Columba livia
ハト目ハト科
全長：31〜34cm

- 一腹卵数：1〜3卵（通常2卵）
- 抱卵日数：15〜16日
- 卵のサイズ：49×33mm

［卵の特徴］　楕円形。白色で、無斑。

［巣・繁殖］　茎、葉、根、木片、海草、羽などで皿形の巣を作る。飼育下では皿形の人工巣に産卵。繁殖はほぼ一年中行われる。雌雄で抱卵。

［生息場所］　もともとヨーロッパや中央アジア、北アフリカなどの乾燥地帯に分布していたが、食用などに家禽化され、日本には奈良時代に持ち込まれた。

実物大

鳥メモ
「デンショバト」は通称。カワラバトの帰巣本能を利用し、訓練して通信手段に使ったものをデンショバト（伝書鳩）と言う。

タイワンジュズカケバト
Ashy Wood Pigeon

Columba pulchricollis
ハト目ハト科
全長：31〜36cm

- 一腹卵数：1卵（まれに2卵）
- 抱卵日数：21〜23日
- 卵のサイズ：35×24mm

[卵の特徴] 楕円形。白色で、無斑。

[巣・繁殖] 標高1200〜3000mに位置する森の樹上で、小枝、蔓、羽などで皿形の巣を作る。おもに雌が抱卵。

[生息場所] チベット、ネパール、アッサム、ミャンマーなどのヒマラヤ地方、台湾に分布。

実物大

カラスバト
Japanese Wood Pigeon

Columba janthina
ハト目ハト科
全長：37〜44cm

実物大
親鳥が巣内で破損

- 一腹卵数：1卵
- 抱卵日数：15〜17日（近縁のアカメカラスバトの飼育記録）
- 卵のサイズ：41×27mm

[卵の特徴] 楕円形。純白色で、無斑。

[巣・繁殖] 海岸付近の森林で、樹上約3〜7mにある樹洞の中や枝に、枯枝や木の根などを用いて皿形の簡単な巣を作る。雌雄で抱卵、子育てを行う。

[生息場所] 朝鮮半島南西部の離島、伊豆七島、沖縄諸島、奄美大島など、島嶼部のよく茂った常緑広葉樹林に留鳥として生息。

オガサワラカラスバト

Bonin Wood Pigeon

絶滅種

Columba versicolor
ハト目ハト科
全長：40〜45cm

- 一腹卵数：1卵（まれに2卵）
- 抱卵日数：不明
- 卵のサイズ：39×28mm

［卵の特徴］白色で、無斑。

［巣・繁殖］小笠原諸島の林で、5m前後の木の枝の上や樹洞の中に、小枝や蔓を集めて簡単な皿形の巣を作る。

［生息場所］日本の小笠原諸島に留鳥として分布していた。

汚れ

実物大

鳥メモ
1889年に絶滅。標本は世界で4羽あると言われ、イギリスの大英博物館、ドイツのゼッケンブルク自然博物館、ロシアのサンクトペテルブルク博物館に各1点ずつ保管されているが、残りの1点は所在不明。

キジバト

Oriental Turtle Dove

Streptopelia orientalis
ハト目ハト科
全長：33〜35cm

- 一腹卵数：2卵
- 抱卵日数：15〜16日
- 卵のサイズ：32×23mm

［卵の特徴］楕円形。白色で、無斑。

［巣・繁殖］林や街路樹などの地上約1〜18mの横枝に、小枝、ツルなどを用いて皿形の簡単な巣を作る。抱卵はおもに、日中は雄が、夜間は雌が行う。

［生息場所］シベリア西部から中国、インド南部、ミャンマーにかけて、日本では全国で繁殖する。

実物大

シラコバト
Eurasian Collared Dove

Streptopelia decaocto
ハト目ハト科
全長：30〜32cm

● 一腹卵数：2卵
● 抱卵日数：14〜16日
● 卵のサイズ：38×30mm

［卵の特徴］　楕円形。乳白色で、無斑。

［巣・繁殖］　ほぼ一年中繁殖する。おもに樹上の横枝に、小枝やツルを重ねて皿形の巣を作る。雌が抱卵。

［生息場所］　中近東からインド、ミャンマーと、中央アジアから中国の西部に分布していたと伝えられるが、20世紀の初頭には、西はバルカン半島へ、東は中国から朝鮮半島まで広がった。これは、トルコ人によって貢ぎ物として、各地に持ち込まれたことによるもので、1920年代以降、ヨーロッパでも急速に分布が広がっている。日本には江戸時代に鷹狩り用として関東に持ち込まれ、埼玉県越谷市周辺に住みつき、生息している。

実物大

鳥メモ
埼玉県の県鳥。1956年、天然記念物に指定。

キンバト
Emerald Dove

Chalcophaps indica
ハト目ハト科
全長：23〜27cm

● 一腹卵数：2卵
● 抱卵日数：14〜16日
● 卵のサイズ：30×23mm

［卵の特徴］　楕円形。淡いクリーム色で、無斑。

［巣・繁殖］　草木がよく茂った森の中の樹上の葉陰などに、小枝や草で薄い皿形の巣を作る。雌雄で抱卵し、日中は雄、夜間は雌が行うことが多い。

［生息場所］　西はインド、スリランカから、東はスラウェシ島、マルク（モルッカ）諸島、南はオーストラリア北東部に分布。日本では3〜6月頃に八重山諸島で繁殖し、沖縄県南部に分布。

実物大
親鳥の爪の傷

リョコウバト 絶滅種
Passenger Pigeon

Ectopistes migratorius
ハト目ハト科
全長：約40cm

- 一腹卵数：1〜2卵
- 抱卵日数：17〜20日
- 卵のサイズ：35×24mm

[卵の特徴] 白色で、無斑。

[巣・繁殖] 楕円形。樹上に小枝、蔓などで皿形の巣を作り、雌雄で抱卵。大群で集団繁殖し、1本の木に巣が100個近く作られた。雛が飛べるようになる数日前に群れは移動し、雛はその後、親鳥の世話を受けずに自力で巣立ったと言われる。

[生息場所] カナダの中南部からアメリカのルイジアナ州、フロリダ州。

実物大

鳥メモ
「旅行鳩」の名のとおり渡りをする鳥で、大群が不規則に南北に移動すると数日間空が覆われ、地上が薄暗くなったと言われている。数十億羽いたが、先住民や入植したヨーロッパ人らに食糧や羽毛布団の材料として乱獲され、急速に数を減らした。19世紀の終わりにはその姿を見ることは難しくなり、1899年9月15日、アメリカのウィスコンシン州バグコックで最後の1羽の標本をとられ、絶滅した。

カンムリバト
Western Crowned Pigeon

Goura cristata
ハト目ハト科
全長：66〜75cm

- 一腹卵数：1卵（まれに2〜3卵）
- 抱卵日数：28〜30日
- 卵のサイズ：59×37mm

[卵の特徴] 長卵形。淡い灰色を帯びた白色で、無斑。

[巣・繁殖] 4〜5mの樹上の枝に、小枝や木の葉、枯茎などを使って丈夫な皿形の巣を作る。地面や岩の割れ目などに営巣することもある。雌雄で抱卵、子育てを行う。

[生息場所] ニューギニアと、その周辺の島々に分布し、低地の森や湿地帯などに生息する。

実物大

鳥メモ
世界最大のハト。

● オウム目／オウム科　　中～大型の鳥。くちばしと足がしっかりしている。全21種。

キバタン
Sulphur-crested Cockatoo

Cacatua galerita
オウム目オウム科
全長：45～55cm

- 一腹卵数：2～3卵
- 抱卵日数：25～27日
- 卵のサイズ：48×33mm

[卵の特徴]　白色で、無斑。

[巣・繁殖]　グループがつがいごとに分かれて営巣。深い樹洞の中や、ユーカリの老木の幹の空洞の中を巣にし、穴底にたまった草や細かい樹皮などの上に産卵する。雌雄で抱卵。

[生息場所]　ニューギニア、アルー諸島、オーストラリア北東部に分布し、標高約1400m以下に位置する森や草原に生息する。

実物大

鳥メモ
長命の鳥で、飼育下では100年生きた例がある。

オカメインコ
Cockatiel

Nymphicus hollandicus
オウム目オウム科
全長：30～35cm

- 一腹卵数：3～7卵
- 抱卵日数：約20日
- 卵のサイズ：27×21mm

実物大

[卵の特徴]　楕円形か、鋭端部がとがっている。白色で、無斑。

[巣・繁殖]　木の枝が抜け落ちてできた樹洞の中や、樹幹に穴が開いた老木の中などを巣にする。数羽の小さなコロニーを形成する。雌雄で抱卵。

[生息場所]　オーストラリアの内陸に広く分布し、特に北部は繁殖数が多く、生息地は遠く西海岸に及ぶ。

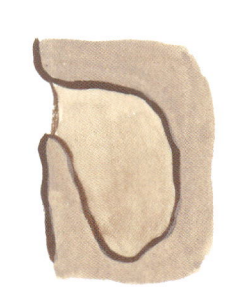

● オウム目／インコ科　　中〜大型の鳥。くちばしと足がしっかりしている。全332種。

ルリゴシインコ
Blue-rumped Parrot

Psittinus cyanurus
オウム目インコ科
全長：15〜20cm

実物大

● 一腹卵数：3卵
● 抱卵日数：約26日
● 卵のサイズ：18×13mm

［卵の特徴］　白色で、無斑。

［巣・繁殖］　ジャングルにある、30m以上の高い木の樹洞の中を巣にする。

［生息場所］　マレー半島、スマトラ島、ボルネオ島に分布。

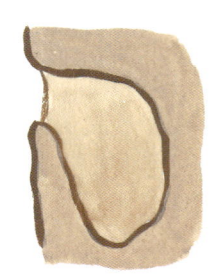

オオハナインコ
Eclectus Parrot

Eclectus roratus
オウム目インコ科
全長：35〜42cm

実物大

● 一腹卵数：2卵
● 抱卵日数：約26日
● 卵のサイズ：38.5×30mm

［卵の特徴］　白色で、無斑。

［巣・繁殖］　林縁や熱帯雨林の水辺付近にある高木に、垂直にできた樹洞の中を巣にする。おもに雌が抱卵。

［生息場所］　インドネシアの小スンダ列島、マルク諸島からニューギニア、ソロモン諸島、大スンダ列島のスンバ島、オーストラリアのヨーク岬半島に分布。

ヨウム
Grey Parrot

Psittacus erithacus
オウム目インコ科
全長：28～39cm

● 一腹卵数：2～3卵
● 抱卵日数：21～30日
● 卵のサイズ：34×27mm

汚れ

実物大

［卵の特徴］球形に近い卵形。白色で、無斑。

［巣・繁殖］低地の森林、林が散在するサバンナ、マングローブ林の樹洞の中を巣にする。コロニーで繁殖。つがいがそれぞれ1本の木を占有し、樹洞で産卵する。抱卵は雌が、子育ては雌雄で行う。

［生息場所］アフリカ中部、シエラレオネから東はケニアおよびタンザニア北西部に分布。

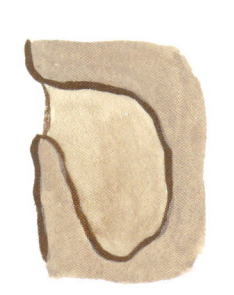

ダルマインコ
Red-breasted Parakeet

Psittacula alexandri
オウム目インコ科
全長：33～38cm

● 一腹卵数：3～4卵
● 抱卵日数：約28日
● 卵のサイズ：29×21mm

実物大

［卵の特徴］楕円形か、鋭端部がとがっている。白色で、無斑。

［巣・繁殖］樹洞や崖の洞穴の中に、木くずなどを敷いて巣を作る。雌が抱卵。

［生息場所］ネパールからインドの北部およびアッサム地方、中国南部、ミャンマー、インドシナ半島、アンダマン諸島、ジャワ島、バリ島、スマトラ島に分布。

アオキコンゴウインコ
Blue-throated Macaw

Ara glaucogularis
オウム目インコ科
全長：約85cm

- 一腹卵数：2〜3卵
- 抱卵日数：25〜28日
- 卵のサイズ：40×32mm

[卵の特徴] 球形に近い卵形。つやのある白色で、無斑。

[巣・繁殖] 樹洞の中を巣にする。穴の底に細かくした木片などを敷くこともある。雌が抱卵。

[生息場所] ボリビア東部とアルゼンチン北部の限られた地域に生息。

実物大

スミレコンゴウインコ
Hyacinth Macaw

Anodorhynchus hyacinthinus
オウム目インコ科
全長：約100cm

- 一腹卵数：2〜3卵
- 抱卵日数：27〜30日
- 卵のサイズ：43×32mm

[卵の特徴] つやのある白色で、無斑。

[巣・繁殖] 熱帯雨林の高木やヤシの樹洞の中を巣にする。木くずを敷くこともある。崖の穴の中に営巣することもある。卵は2〜3個だが、先にかえった雛1羽だけが育つ。雌が抱卵中、雄は給餌する。雌雄で抱卵。

[生息場所] ブラジル南部の熱帯雨林。

実物大

鳥メモ
インコ科のなかで最大の種。

ルリコンゴウインコ
Blue-and-yellow Macaw

Ara ararauna
オウム目インコ科
全長：83〜89cm

実物大

● 一腹卵数：1〜3卵
● 抱卵日数：約28日
● 卵のサイズ：50×34mm

［卵の特徴］ つやのある白色で、無斑。

［巣・繁殖］ 林木の高所にある樹洞の中を巣にする。おもに雌が抱卵。

［生息場所］ 南アメリカ北部および中部、東部に分布。

コンゴウインコ
Scarlet Macaw

Ara macao
オウム目インコ科
全長：84〜89cm

実物大

汚れ

● 一腹卵数：1〜4卵
● 抱卵日数：24〜28日
● 卵のサイズ：49×33mm

［卵の特徴］ つやのある白色で、無斑。

［巣・繁殖］ 大木の穴を利用して、巣材をほとんど使わずに巣を作る。おもに雌が抱卵。

［生息場所］ メキシコ南部から南アメリカ中部に分布。

ベニコンゴウインコ
Red-and-green Macaw

Ara chloropterus
オウム目インコ科
全長：90〜95cm

- 一腹卵数：2〜3卵
- 抱卵日数：約28日
- 卵のサイズ：49×36mm

実物大

[卵の特徴] 白色で、無斑。

[巣・繁殖] 樹洞の中や、崖の洞穴の中を巣にする。おもに雌が抱卵。

[生息場所] パナマからコロンビア、ベネズエラ、ギアナ、ブラジルに分布。

カロライナインコ　絶滅種
Carolina Parakeet

Conuropsis carolinensis
オウム目インコ科
全長：約35cm

- 一腹卵数：不明
- 抱卵日数：不明
- 卵のサイズ：35×25mm

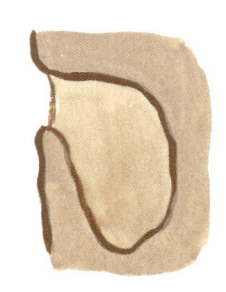

実物大

[卵の特徴] つやのある白色で、無斑。

[巣・繁殖] フロリダ州、カンザス州の湿地帯や深い川などの谷間で、300羽前後の大群で生息していた。野生の繁殖行動についての記録は残されていないが、ほかのインコ同様、樹洞の中などを巣にしていたと思われる。

[生息場所] アメリカ東部に分布していた。

鳥メモ
1918年2月21日、北アメリカのオハイオ州シンシナティ動物園で飼育されていた最後の1羽が死に、絶滅した。野生での記録は1904年が最後で、兵士の食糧として大量に撃たれて出荷されたり、果樹園を荒らすものとして虐殺された。

フクロウオウム
Kakapo

Strigops habroptila
オウム目インコ科
全長：62〜66cm

- 一腹卵数：1〜2卵（まれに3卵）
- 抱卵日数：約30日
- 卵のサイズ：46×34mm

［卵の特徴］　灰青色で、無斑。表面は、粉がふいたような粒がありザラザラしている。

［巣・繁殖］　3〜4年に一度、好物のイエローウッドの果実が実る年のみ繁殖する。雄は、通常は単独で暮らしているが、夏の終わりになると従来からの求愛場所（レック）に集まり、交尾の相手を求めて鳴き、レックを訪れた雌と交尾する。崖の岩と岩の隙間や、樹の間の穴の中を巣にする。雌が抱卵、子育てを行う。

［生息場所］　ニュージーランドに生息。もとは全島に広く分布していたが、絶滅が危惧される現在は、天敵のいないコッドフィッシュ島に移され保護されている。

実物大

鳥メモ
夜行性で、地上で暮らす鳥。インコ科のなかで体重が最も重く、唯一飛べない。

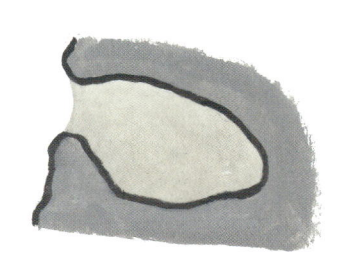

● カッコウ目／エボシドリ科　　中型の鳥。冠羽が立っているのが特徴。くちばしが丸く、短い。全23種。

ムジハイイロエボシドリ
Grey Go-away-bird

Corythaixoides concolor
カッコウ目エボシドリ科
全長：47〜50cm

- 一腹卵数：3卵（まれに4卵）
- 抱卵日数：26〜28日
- 卵のサイズ：35×27mm

［卵の特徴］　楕円形。球形に近いものもある。白色で、無斑。

［巣・繁殖］　さほど高くない木の幹近くの枝に、小枝を集めて皿形の巣を作る。おもに雌が抱卵。

［生息場所］　アフリカ南部のアカシアが林立するサバンナに生息。北限はアンゴラ、ザイールに生息。

汚れ　　実物大

● カッコウ目／カッコウ科　中～大型の鳥。さまざまな色や形をしている。全136種。

マダラカンムリカッコウ
Great Spotted Cuckoo

Clamator glandarius
カッコウ目カッコウ科
全長：35～39cm

- 一腹卵数：12～25卵（1シーズンに産む総数）
- 抱卵日数：12～15日
- 卵のサイズ：25×19mm

［卵の特徴］　地色は青色で、紫褐色の斑とシミ斑がある。

［巣・繁殖］　他種の鳥の巣に托卵する。托卵するのはおもにカササギの巣で、体形もよく似ている。カラス科の鳥やムクドリ類にも托卵する。宿主の卵より早く孵化する。

［生息場所］　地中海地方、西アジア、アフリカの一部で繁殖し、アフリカで越冬する。

実物大

＜カササギの巣＞

ツツドリ
Oriental Cuckoo

Cuculus optatus
カッコウ目カッコウ科
全長：27～31cm

- 一腹卵数：托卵性により不明
- 抱卵日数：托卵性により不明
- 卵のサイズ：19×13.5mm

［卵の特徴］　地色はクリーム色や、淡い黄色を帯びたクリーム色で、淡褐色、褐色のシミ斑が全体を覆う。

［巣・繁殖］　仮親が産んだ卵を巣から1卵くわえて捨て、代わりに自分の卵を産む。托卵する鳥は、センダイムシクイ、メボソムシクイ、メジロ、キビタキ、モズ、ビンズイ、オオルリ、ノジコなどで、1つの巣に1卵ずつ托卵する。仮親の卵より早く孵化し、仮親の卵や雛を外へ押し出して殺してしまい、仮親の世話を受けて育つ。

［生息場所］　シベリア、中国、朝鮮半島、日本、ヒマラヤなどで繁殖し、南アジアからオーストラリアで越冬。日本では全国の山地の森林で見られる。

実物大

＜メボソムシクイの巣に托卵したツツドリの卵（右）＞

ヨコジマテリカッコウ
Golden-bronze Cuckoo

Chrysococcyx lucidus
カッコウ目カッコウ科
全長：15〜20cm

● 一腹卵数：托卵性により不明
● 抱卵日数：13〜16日
● 卵のサイズ：20×14mm

[卵の特徴]　地色は茶褐色で、淡い灰色のシミ模様が全体に広がる。

[巣・繁殖]　他種の鳥の巣に托卵する。ルリオーストラリアムシクイなど球形の巣に托卵することが多い。

[生息場所]　オーストラリア、ニュージーランドで繁殖。ニューギニア、ジャワ島などで越冬。

実物大

＜ルリオーストラリアムシクイの巣＞

オオミチバシリ
Greater Roadrunner

Geococcyx californianus
カッコウ目カッコウ科
全長：54〜58cm

● 一腹卵数：2〜6卵
● 抱卵日数：17〜18日
● 卵のサイズ：36×29mm

[卵の特徴]　淡い黄白色で、無斑。

[巣・繁殖]　地上1〜3mの高さの藪の中やサボテンなどに、木の枝、葉、ヘビの抜け殻、牛馬の糞などを使って、椀形の簡単な巣を作る。雌雄で抱卵。カッコウ科だが非托卵性。

[生息場所]　アメリカ合衆国の西部（東限はルイジアナ州）からメキシコ南部に分布。

鳥メモ
飛ぶよりも走るのが得意な鳥。時速約30kmで走る。ヘビを食べることで知られる。

実物大

●フクロウ目／フクロウ科　　小〜中型の鳥。大きな頭と目が特徴。耳が良い。夜行性。全189種。

コノハズク
Oriental Scops Owl

Otus sunia
フクロウ目フクロウ科
全長：16〜20cm

● 一腹卵数：2〜6卵
● 抱卵日数：24〜25日
● 卵のサイズ：29×24mm

［卵の特徴］ほぼ球形。白色で、無斑。

［巣・繁殖］北海道では平地や低山帯の林で、本州ではやや標高の高い樹林で繁殖。樹洞の中を巣にする。雌が抱卵。

［生息場所］ユーラシア中部以南、アフリカ北西部で繁殖。サハラ以南のアフリカで越冬。日本では夏鳥として、九州以北に飛来する。

汚れ
実物大

リュウキュウコノハズク
Ryukyu Scops Owl

Otus elegans
フクロウ目フクロウ科
全長：約20cm

● 一腹卵数：2〜5卵
● 抱卵日数：約30日
● 卵のサイズ：34×28mm

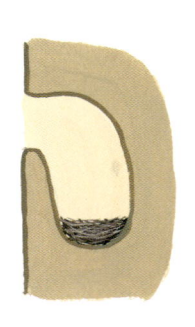

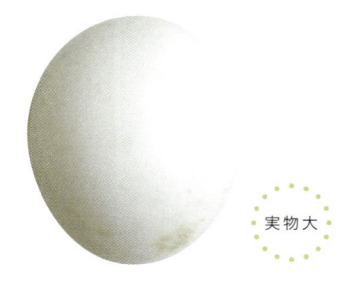

実物大

［卵の特徴］ほぼ球形。白色で、無斑。

［巣・繁殖］5月上旬〜6月中旬に、樹洞の中を巣にする。雌が抱卵。

［生息場所］九州、奄美諸島、琉球諸島に生息。

オオコノハズク
Collared Scops Owl

Otus lempiji
フクロウ目フクロウ科
全長：約20cm

実物大

- 一腹卵数：2〜5卵
- 抱卵日数：24〜25日
- 卵のサイズ：32×27mm

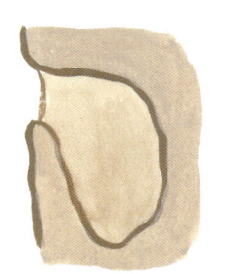

[卵の特徴] 球形に近い楕円形。白色で、無斑。

[巣・繁殖] 林の樹洞の中や、人家の屋根裏などの空間を巣にする。雌が抱卵。

[生息場所] インドから中国北東部、朝鮮半島、日本、台湾、マレー半島、ボルネオ島、大スンダ列島周辺に分布する。

アメリカワシミミズク
Great Horned Owl

Bubo virginianus
フクロウ目フクロウ科
全長：48〜54cm

- 一腹卵数：1〜5卵（通常2〜3卵）
- 抱卵日数：28〜30日
- 卵のサイズ：49×41mm

実物大

[卵の特徴] ほぼ球形。つやのない白色で、無斑。

[巣・繁殖] 岩場のくぼみ、樹洞の中、岩陰や岩の隙間、岩棚を巣にする。雌雄で抱卵、子育てを行う。

[生息場所] ツンドラ地帯を除くアラスカの南西部からカナダ北部、アメリカ全域から中米とコロンビア、ベネズエラ、ペルー、ボリビアの一部、パラグアイ、ブラジル南北中部、アルゼンチン北部に生息。

ワシミミズク
Eurasian Eagle Owl

Bubo bubo
フクロウ目フクロウ科
全長：60〜75cm

- 一腹卵数：2〜4卵
- 抱卵日数：34〜36日
- 卵のサイズ：55×45mm

[卵の特徴] ほぼ球形。白色で、無斑。

[巣・繁殖] 樹洞の中や岩棚の上、猛禽類の古巣などを巣にする。雌が抱卵。

[生息場所] ユーラシアに分布。標高3000〜4000mの、針葉樹や広葉樹の茂る深い森、林、岩場、峡谷、半砂漠地などで見られる。寒帯地には見られない。日本では北海道で少数が繁殖していたと言われるが、正式な記録はない。

実物大

アオバズク
Brown Hawk Owl

Ninox scutulata
フクロウ目フクロウ科
全長：27〜33cm

- 一腹卵数：2〜5卵
- 抱卵日数：約25日
- 卵のサイズ：32×28mm

[卵の特徴] ほぼ球形。白色で、無斑。

[巣・繁殖] 平地から標高約1000mまでに位置する樹林地帯の樹洞の中や岩の隙間などを巣にする。雌が抱卵。

[生息場所] インド、東南アジア、東アジア、北はロシアのウスリー地方まで分布。北方のものは南下して越冬する。日本では北海道中央部以南に夏鳥として渡来し、南西諸島では留鳥。

親鳥の爪の傷

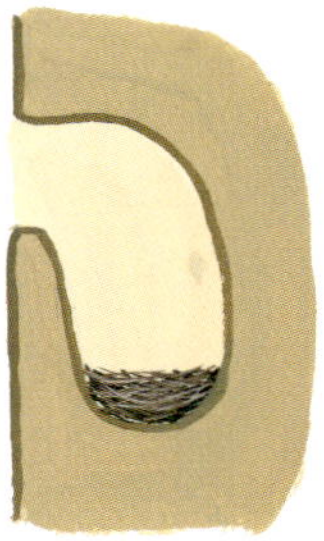

実物大

モリフクロウ
Tawny Owl

Strix aluco
フクロウ目フクロウ科
全長：37〜39cm

- 一腹卵数：2〜9卵
- 抱卵日数：28〜30日
- 卵のサイズ：40×35mm

実物大

［卵の特徴］　ほぼ球形。つやのある白色で、無斑。

［巣・繁殖］　太い樹木の樹洞の中や、ワシなどの大型の鳥の古巣、人工の巣箱、廃屋の中などを巣にする。雌が抱卵。

［生息場所］　ユーラシアの温帯に分布する。

<u>鳥メモ</u>
ヨーロッパで最も親しまれているフクロウの一種。

フクロウ
Ural Owl

Strix uralensis
フクロウ目フクロウ科
全長：50〜62cm

- 一腹卵数：2〜4卵
- 抱卵日数：28〜35日
- 卵のサイズ：47×39mm

実物大

［卵の特徴］　ほぼ球形。白色で、無斑。

［巣・繁殖］　自然にできた樹洞や人工の巣箱の中を巣とする。雌が抱卵し、その間、雄が給餌する。

［生息場所］　ヨーロッパ中部からアジア、日本にかけてのユーラシアの温帯および亜寒帯地域に分布。留鳥性がある。

● ヨタカ目／ヨタカ科
中型の鳥。大きな口と短い足が特徴。体の模様は目立たない。夜行性か半夜行性。全89種。

ヨタカ
Jungle Nightjar

Caprimulgus indicus
ヨタカ目ヨタカ科
全長：28〜32cm

● 一腹卵数：2卵
● 抱卵日数：約17日
● 卵のサイズ：31×21mm

実物大

［卵の特徴］　楕円形。地色は白色で、暗い灰色、灰褐色、淡灰色のシミ状の模様や大小の斑が覆う。

［巣・繁殖］　羽が目立たない色や模様をしているため、巣材は集めず森林や灌木林の落葉の上、裸地の地面をそのまま巣にする。雌雄で抱卵。

［生息場所］　東アジア、東南アジア、インドなどに分布。東アジアのものは、冬は南方で越冬。ヨタカ科のなかで唯一日本で見られ、九州から北海道までの低山の明るい林やその周辺に生息する。

ヨーロッパヨタカ
Eurasian Nightjar

Caprimulgus europaeus
ヨタカ目ヨタカ科
全長：24〜28cm

● 一腹卵数：2卵
● 抱卵日数：約18日
● 卵のサイズ：27×19mm

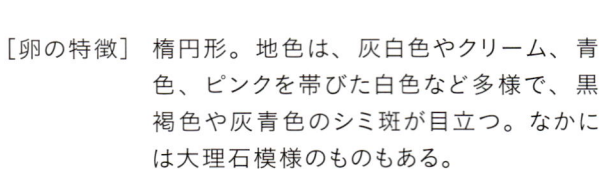

実物大

［卵の特徴］　楕円形。地色は、灰白色やクリーム、青色、ピンクを帯びた白色など多様で、黒褐色や灰青色のシミ斑が目立つ。なかには大理石模様のものもある。

［巣・繁殖］　低木林や林間の空き地、砂丘の裸地などの地面をそのまま巣にする。雌雄で抱卵。

［生息場所］　ヨーロッパ、アジアの温帯域、地中海地方、インド西部で繁殖。アフリカで越冬。

タイワンヨタカ
Franklin's Nightjar

Caprimulgus monticolus
ヨタカ目ヨタカ科
全長：20〜26cm

- 一腹卵数：1〜2卵
- 抱卵日数：不明
- 卵のサイズ：26×20mm

実物大

[卵の特徴] 地色は淡い黄灰色で、淡い茶褐色、淡い灰色、褐色のシミ斑が全体を覆う。

[巣・繁殖] 林の中で、おもに落ち葉などが積もった木の根元の地面を巣にする。雌雄で抱卵。

[生息場所] 台湾、インド、フィリピン、タイ、ボルネオ島、マレーシア。

フキナガシヨタカ
Pennant-winged Nightjar

Macrodipteryx vexillarius
ヨタカ目ヨタカ科
全長：24〜28cm

- 一腹卵数：1〜2卵
- 抱卵日数：15〜18日
- 卵のサイズ：27×19mm

[卵の特徴] 地色は淡いクリーム色がかったピンク色で、赤紫色や褐色、灰色のシミ模様が広がり、鈍端部にシミ斑が集中している。

[巣・繁殖] サバンナの高木などの陰で、落ち葉に覆われた地面を巣にする。雌雄で抱卵。

[生息場所] アフリカのスーダン南部、エチオピア、ウガンダ、ケニア北東部、コンゴなどで繁殖し、エチオピア北部、スーダン中央部、ナイジェリアで越冬。

実物大

● アマツバメ目／アマツバメ科　　中型の鳥。とがった翼と短い足が特徴。全92種。

シロハラアマツバメ
Alpine Swift

Tachymarptis melba
アマツバメ目アマツバメ科
全長：20〜22cm

- 一腹卵数：1〜4卵（通常2〜3卵）
- 抱卵日数：17〜23日
- 卵のサイズ：27×16mm

［卵の特徴］　円筒形に近い長卵形。白色で、無斑。

［巣・繁殖］　崖の棚、裂け目や建物の軒下などに、飛びながら集めた草や種子、籾殻、葉、羽毛などを唾液でつけて椀形の巣を作る。雌雄で抱卵。

［生息場所］　ヨーロッパ南部、アフリカ北部からイラン高原、デカン高原で繁殖。大部分が渡りをして、アフリカ南東部で越冬する。インド、スリランカ、マダガスカルでは留鳥。

実物大

ヨーロッパアマツバメ
Common Swift

Apus apus
アマツバメ目アマツバメ科
全長：16〜17cm

- 一腹卵数：1〜4卵
- 抱卵日数：約20日
- 卵のサイズ：20×13mm

実物大

［卵の特徴］　円筒形に近い長卵形。白色で、無斑。

［巣・繁殖］　軒下、壁穴、樹洞の中などに、草の茎や葉、苔、羽毛などを集め、中央をくぼませた皿形の巣を作る。雌雄で抱卵。

［生息場所］　ヨーロッパ、シベリア西部、中央アジア、中国北部などで繁殖し、アフリカ中南部へ渡って越冬する。

鳥メモ
空中生活に適応した種で、餌のほかに巣材もすべて空中で採取する。

ヒメアマツバメ
House Swift

Apus nipalensis
アマツバメ目アマツバメ科
全長：11〜13cm

- 一腹卵数：2〜4卵
- 抱卵日数：22〜24日
- 卵のサイズ：20×13mm

[卵の特徴] 円筒形に近い長卵形。白色で、無斑。

[巣・繁殖] 人家の壁などに、羽毛や植物の茎、葉、冠毛などを唾液で固めて半球状の巣を作る。雌雄で抱卵、子育てを行う。

[生息場所] おもに東南アジア、インド、アフリカなどの熱帯から亜熱帯に分布。気候が異なる日本では本来生息しない種であると考えられたが、1960年代に太平洋側の各地で観察され、その後、静岡から関東へと分布を拡大してきている。

実物大

● アマツバメ目／カンムリアマツバメ科　　中型の鳥。冠羽がある。翼は鋭く、長い。全4種。

カンムリアマツバメ
Grey-rumped Treeswift

Hemiprocne longipennis
アマツバメ目カンムリアマツバメ科
全長：21〜25cm

- 一腹卵数：1卵
- 抱卵日数：不明
- 卵のサイズ：19×14mm

[卵の特徴] 長卵形。淡い青色を帯びた白色で、無斑。

[巣・繁殖] 高い樹上の水平に伸びた枝の横の部分に、唾液で植物片や羽を固めて半カップ形の巣を作る。雌雄で抱卵。

[生息場所] インドシナ、マレー半島やインドネシアの島々に分布し、林縁、二次林、庭園などに生息する。

実物大

● アマツバメ目／ハチドリ科

小型の鳥。長いくちばしと短い足が特徴。高速で翼を動かして飛ぶ。全328種。

アンチルカンムリハチドリ
Antillean Crested Hummingbird

Orthorhyncus cristatus
アマツバメ目ハチドリ科
全長：8〜10cm

● 一腹卵数：2卵
● 抱卵日数：17〜19日
● 卵のサイズ：9×6mm

［卵の特徴］　円筒形。白色で、無斑。

［巣・繁殖］　水平に伸びた細い枝の上などに、クモの糸で植物繊維を椀形にまとめた巣を作る。外側にはカムフラージュのために苔を貼る。雌が抱卵。

［生息場所］　西インド諸島のプエルトリコ東端から、小アンティル諸島の低地から山地の林に生息。

実物大

クロスジオジロハチドリ
Stripe-tailed Hummingbird

Eupherusa eximia
アマツバメ目ハチドリ科
全長：9〜11cm

● 一腹卵数：不明
● 抱卵日数：不明
● 卵のサイズ：11×7mm

実物大

［卵の特徴］　円筒形。白色で、無斑。

［巣・繁殖］　高さ1〜3m付近の枝に、白っぽい植物の綿毛や細い植物繊維、クモの糸などを用いて小さな椀形の巣を作る。巣の外側には苔などを貼りつける。

［生息場所］　メキシコ、グアテマラ、コスタリカに生息。

オオハチドリ
Giant Hummingbird

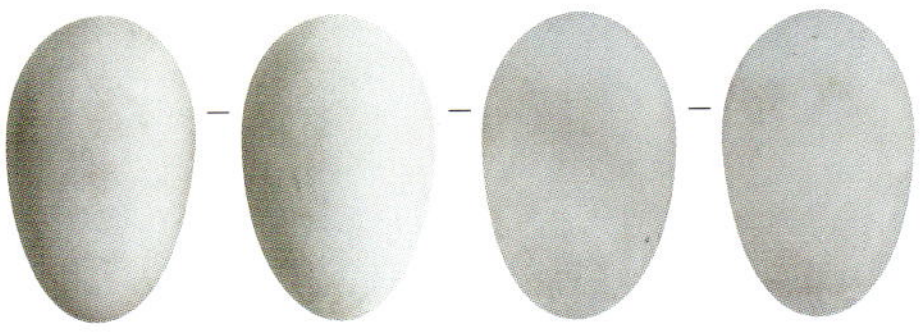

Patagona gigas
アマツバメ目ハチドリ科
全長：20〜22cm

- 一腹卵数：2卵
- 抱卵日数：12〜13日
- 卵のサイズ：21×13mm

実物大

鳥メモ
ハチドリ科のなかで最大の種。

[卵の特徴] 円筒形。白色で、無斑。

[巣・繁殖] 大きな枝の上に、苔や地衣類を用いて木のコブに似せたような椀形の巣を作る。雌が抱卵。

[生息場所] エクアドルからチリおよびアルゼンチンまでのアンデスの山中に生息。チリ、アルゼンチン南部で繁殖する個体群は、渡りをする。

ノドグロハチドリ
Black-chinned Hummingbird

Archilochus alexandri
アマツバメ目ハチドリ科
全長：約10cm

- 一腹卵数：2卵
- 抱卵日数：約15日
- 卵のサイズ：10×6mm

実物大

[卵の特徴] 円筒形。白色で、無斑。

[巣・繁殖] 木の枝などに、苔、綿羽をクモの糸でまとめて椀形の巣を作る。雌が抱卵。

[生息場所] アメリカ西部で繁殖し、メキシコで越冬する。

アンナハチドリ
Anna's Hummingbird

Calypte anna
アマツバメ目ハチドリ科
全長：10〜11cm

● 一腹卵数：2卵
● 抱卵日数：14〜19日
● 卵のサイズ：10×6mm

［卵の特徴］　円筒形。白色で、無斑。

［巣・繁殖］　枝の上に、植物の綿毛や羽毛、獣毛、クモの糸など、柔らかい巣材を用いて椀形の巣を作る。ほかにも人家の中など、いろいろなところで営巣する。雌が抱卵。

［生息場所］　アメリカ南西部からメキシコ北西部にかけて分布。

実物大

コスタハチドリ
Costa's Hummingbird

Calypte costae
アマツバメ目ハチドリ科
全長：7〜9cm

● 一腹卵数：2卵
● 抱卵日数：15〜16日
● 卵のサイズ：12×8mm

実物大

［卵の特徴］　円筒形。白色で、無斑。

［巣・繁殖］　樹上の枝などに、苔、綿羽をクモの糸でまとめてカップ形の巣を作る。巣作り、抱卵は雌が行う。

［生息場所］　アメリカ南部、メキシコ北西部の乾燥地帯に生息する。

マメハチドリ
Bee Hummingbird

Mellisuga helenae
アマツバメ目ハチドリ科
全長：5〜6cm

- 一腹卵数：2卵
- 抱卵日数：21〜22日
- 卵のサイズ：7.5×5mm

[卵の特徴] 純白色で、無斑。

[巣・繁殖] 水平に伸びた枝上などに、茎や植物の繊維、苔などをクモの糸で椀形にまとめた巣を作る。雌が抱卵。

[生息場所] キューバと、その近くのフベントゥ島だけに生息する。

実物大

鳥メモ
世界の鳥類のなかで最も体の小さい鳥で、卵も最小。

● ネズミドリ目／ネズミドリ科　中型の鳥。長い尾と短いくちばしが特徴。全6種。

チャイロネズミドリ
Speckled Mousebird

Colius striatus
ネズミドリ目ネズミドリ科
全長：30〜36cm

- 一腹卵数：2〜4卵（まれに7卵まで）
- 抱卵日数：12〜15日
- 卵のサイズ：21×15mm

[卵の特徴] 淡黄褐色を帯びた白色で、無斑。

[巣・繁殖] 林や低木の密生した茂みに、草、樹皮、幼根などで浅い椀形の巣を作る。産座には草や木の葉、毛糸などを敷く。雌雄で抱卵。

[生息場所] ナイジェリアから、東はエリトリア、南は南アフリカの南部まで、アフリカに広く分布している。深い林のなかや、その周辺の疎林に生息。

汚れ

実物大

鳥メモ
「ネズミドリ」の名前の由来は、樹上の枝や葉の間をネズミのように素早く走りまわる習性から。

● キヌバネドリ目／キヌバネドリ科　中型の鳥。尾がとても長い。全39種。

カザリキヌバネドリ（ケツァール）
Resplendent Quetzal

Pharomachrus mocinno
キヌバネドリ目キヌバネドリ科
全長：90〜105cm

- 一腹卵数：1〜2卵
- 抱卵日数：17〜19日
- 卵のサイズ：36×28mm

鳥メモ
グアテマラの国鳥。

実物大

[卵の特徴]　短卵形。美しい薄青色で、無斑。

[巣・繁殖]　森林の中で、朽ちつつある大木の洞窟の中を巣にする。ときには開放的な浅い穴を使うこともある。雌雄で抱卵。巣立った雛は美しい羽をとるため乱獲され、その80％が成鳥まで生き残れないと報告されている。

[生息場所]　メキシコの南部からパナマにかけての高湿度の山岳地帯の森林に生息。

● ブッポウソウ目／カワセミ科　小〜中型の鳥。頭が小さく、くちばしが大きい。全92種。

ヤマセミ
Crested Kingfisher

Megaceryle lugubris
ブッポウソウ目カワセミ科
全長：41〜43cm

- 一腹卵数：4〜7卵
- 抱卵日数：約20日
- 卵のサイズ：38×31mm

[卵の特徴]　球形に近い卵形。白色で、無斑。

[巣・繁殖]　渓流や湖畔の土手や崖で、間口約8cm、奥行き約1mの横穴を掘って巣にする。食べた魚の骨を吐きもどして巣材にすることもある。おもに雌が抱卵。

[生息場所]　ヒマラヤからタイ、ミャンマー、中国、朝鮮半島、日本に分布。日本では九州以北に留鳥として生息。

実物大

カワセミ
Common Kingfisher

Alcedo atthis
ブッポウソウ目カワセミ科
全長：14〜17cm

実物大

- 一腹卵数：3〜10卵
- 抱卵日数：19〜21日
- 卵のサイズ：17×15mm

[卵の特徴] ほぼ球形。白色で、無斑。

[巣・繁殖] 水辺に近い土の崖や、水辺から遠く離れた山地の土の崖に体当たりして、トンネル状の穴を水平に掘り、一番奥を巣にする。食べた魚の骨を吐きもどして巣材にすることもある。雌雄で抱卵。

[生息場所] ユーラシア大陸の熱帯から亜熱帯まで広く生息。日本では、北海道から沖縄までの各地で繁殖している。

ワライカワセミ
Laughing Kookaburra

Dacelo novaeguineae
ブッポウソウ目カワセミ科
全長：39〜42cm

- 一腹卵数：1〜5卵
- 抱卵日数：24〜29日
- 卵のサイズ：42×34mm

実物大

[卵の特徴] 球形に近い卵形。つやのある白色で、無斑。

[巣・繁殖] 樹洞の中や、木の幹に作られたシロアリの巣のほか、土手に穴を掘るなどして巣にする。雌雄で抱卵。一夫一妻で生涯を共にする。

[生息場所] オーストラリア東部および南西部、タスマニア島の一部に分布し、開けた森林や耕地、果樹園、公園緑地などに生息する。

＜シロアリの巣に穴を掘った断面＞

鳥メモ
鳴き声が人の笑い声によく似ている。

アカショウビン
Ruddy Kingfisher

Halcyon coromanda
ブッポウソウ目カワセミ科
全長：約25cm

汚れ

- 一腹卵数：4〜6卵
- 抱卵日数：約21日
- 卵のサイズ：28×25mm

実物大

[卵の特徴] 球形。白色で、無斑。

[巣・繁殖] 低地から山地の林の中で、朽ち木の穴や樹洞の中を巣にする(A)。南西諸島ではタカサゴシロアリが木に作った巣に穴をあけて利用する（B）。雌雄で抱卵。

[生息場所] 中国東部、台湾、アンダマン諸島、フィリピン、スンダ列島、インドシナ半島、ネパール、アッサム、日本で繁殖。日本ではほぼ全国に夏鳥として渡来。北方で繁殖するものは冬に南方へ渡る。

(A)　　　(B)

● ブッポウソウ目／コビトドリ科　　小型の鳥。頭が大きく、くちばしが長い。全5種。

ジャマイカコビトドリ
Jamaican Tody

Todus todus
ブッポウソウ目コビトドリ科
全長：10〜11cm

- 一腹卵数：1〜4卵
- 抱卵日数：不明
- 卵のサイズ：15×12mm

実物大

[卵の特徴] ほぼ球形。つやのある白色で、無斑。やや透き通った感じがある。

[巣・繁殖] 土の柔らかい土手などに奥行き20〜50cmの横穴を掘り、一番奥を巣とする。雌雄で抱卵。

[生息場所] 西インド諸島のジャマイカ島にのみ生息する。

● ブッポウソウ目／ハチクイ科　　小〜中型の鳥。体はほっそりとし、くちばしが長い。全25種。

ルリホオハチクイ
Olive Bee-eater

Merops superciliosus
ブッポウソウ目ハチクイ科
全長：30〜32cm

● 一腹卵数：4〜6卵（通常6卵）
● 抱卵日数：約19日
● 卵のサイズ：25×17mm

実物大

［卵の特徴］　球形か楕円形。純白色で、無斑。

［巣・繁殖］　繁殖期は3〜6月。川の土手や崖の直面に、奥行き2mほどの横穴を掘って一番奥を巣にする。雌雄で抱卵。

［生息場所］　中央アジアからアフリカ、マダガスカルに分布。局地的な留鳥、冬にアフリカ中部から南部に渡るものもいる。つがいか小群で水辺の近くに生息する。

ヨーロッパハチクイ
European Bee-eater

Merops apiaster
ブッポウソウ目ハチクイ科
全長：27〜29cm

● 一腹卵数：4〜10卵
● 抱卵日数：約20日
● 卵のサイズ：20×17mm

実物大

［卵の特徴］　ほぼ球形。白色で、無斑。

［巣・繁殖］　集団で繁殖する。川岸の土手や平らな地面に奥行き1mほどの横穴を掘り、一番奥を巣にする。巣材は使わず、産卵した卵の周りに未消化物を吐き出す。雌雄で抱卵。

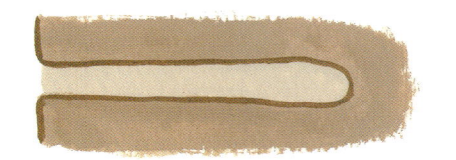

［生息場所］　地中海の沿岸からアジア西部、ときにはヨーロッパ中央部および北部で繁殖し、冬季はアフリカなどへ渡る。

● ブッポウソウ目／ブッポウソウ科　　中型の鳥。頭が大きく、体はがっしりしている。全12種。

ニシブッポウソウ
European Roller

Coracias garrulus
ブッポウソウ目ブッポウソウ科
全長：31〜32cm

● 一腹卵数：3〜6卵
● 抱卵日数：17〜19日
● 卵のサイズ：32×25mm

実物大

［卵の特徴］　つやのある白色で、無斑。

［巣・繁殖］　樹洞の中や土手の穴、崖の岩の隙間、廃屋の土壁に開いた穴、キツツキの古巣などを巣にする。巣材は使わない。まれに少量の草や羽毛、獣毛などを敷くこともある。おもに雌が抱卵。

［生息場所］　西ヨーロッパから中央アジア、インド、中国西部、北アメリカに分布し、アラビア、南インド、南アフリカなどの乾燥した森林地帯やサバンナで越冬する。

インドブッポウソウ
Indian Roller

Coracias benghalensis
ブッポウソウ目ブッポウソウ科
全長：30〜34cm

● 一腹卵数：3〜5卵
● 抱卵日数：17〜19日
● 卵のサイズ：36×27mm

実物大

［卵の特徴］　純白色で、無斑。

［巣・繁殖］　灌木林内の腐った木の幹の樹洞のほか、ときには人家の外壁や軒下の穴などを巣にする。産座には枯草や紙、布切れなどを敷く。雌雄で抱卵。

［生息場所］　ペルシャ湾からインド、ミャンマー、タイ、インドシナ、中国西部に分布。

ブッポウソウ
Oriental Dollarbird

Eurystomus orientalis
ブッポウソウ目ブッポウソウ科
全長：27〜32cm

- 一腹卵数：3〜5卵
- 抱卵日数：22〜23日
- 卵のサイズ：31×25mm

実物大

[卵の特徴]　球形に近い卵形。白色で、無斑。

[巣・繁殖]　おもに大木の樹洞の中や巣箱を利用し、巣とする。雌が抱卵し、その間雄が餌を運ぶ。雌雄で子育てをする。

[生息場所]　インド、スリランカ、東南アジア、中国、ウスリー川およびアムール川流域、朝鮮半島、日本、オーストラリアに分布。日本では九州から本州中部に夏鳥として渡来。

● サイチョウ目／ヤツガシラ科　　中型の鳥。冠羽がよく目立つ。1種のみ。

ヤツガシラ
Hoopoe

Upupa epops
サイチョウ目ヤツガシラ科
全長：26〜32cm

- 一腹卵数：4〜7卵
- 抱卵日数：16〜18日
- 卵のサイズ：25×18mm

実物大

[卵の特徴]　地色は淡い灰色からオリーブ色、オリーブ褐色などで、無斑。多くは巣内で汚れ、産卵時の色を保っていない。

[巣・繁殖]　樹洞の中や土手の穴、石垣や土壁など建造物の隙間、粗雑に積まれた石壁の穴や割れ目の中を巣にする。巣内は糞や何かの屑、不消化物などが散乱する。雌が抱卵。

[生息場所]　ヨーロッパ中部、南部や北アフリカおよび南アフリカ、マダガスカル、南アジアに分布。開けた草地、耕地、庭園などに生息。

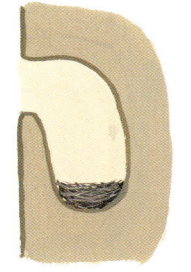

● サイチョウ目／モリヤツガシラ科　　中型の鳥。くちばしと尾が長いのが特徴。全8種。

ミドリモリヤツガシラ
Green Woodhoopoe

Phoeniculus purpureus
サイチョウ目モリヤツガシラ科
全長：32〜37cm

- 一腹卵数：3〜4卵
- 抱卵日数：17〜18日
- 卵のサイズ：22×14mm

実物大

[卵の特徴] 長卵形。緑色を帯びた青色で、無斑。

[巣・繁殖] 2〜16羽の群れで縄張りを作り、サバンナや開けた灌木林の樹洞の中、垣根の杭や建物の穴の中を巣にする。小川近くが特に多い。穴の中の朽ちた木屑の上など、一番安全な場所を選んで産卵する。雌が抱卵。

[生息場所] アフリカのサハラ砂漠より南の森や砂漠を除く大部分の地域に生息。

● サイチョウ目／サイチョウ科　　大型の鳥。くちばしが大きい。全52種。

ギンガオサイチョウ
Silvery-cheeked Hornbill

Bycanistes brevis
サイチョウ目サイチョウ科
全長：60〜70cm

- 一腹卵数：1〜2卵（まれに3卵）
- 抱卵日数：約40日
- 卵のサイズ：42×31mm

汚れ
実物大

[卵の特徴] つやのない白色で、無斑。

[巣・繁殖] 深い森の中で、樹上十数メートルの樹洞の中に雌が入り、泥などで作った障壁で入口を狭めて巣にする。産卵した雌は約2カ月半にわたって巣内に閉じこもり、抱卵と子育てをする。その間、雄が給餌をする。雛がある程度成長すると、雌は壁を壊して外に出て、雄雌一緒に餌を運ぶが、そのときも雛は入口を狭めてしまう。雛は巣立ちになると、入口の壁を破って外に出る。

[生息場所] エチオピア西部、スーダン東南部からケニア東南部、タンザニア東部、モザンビーク南部、南アフリカ北東部に分布。おもに標高約1500mの森林に生息するが、地域により市街地の公園などで見かけることもある。

泥などで狭める

サイチョウ
Rhinoceros Hornbill

Buceros rhinoceros
サイチョウ目サイチョウ科
全長：80〜90cm

- 一腹卵数：1〜2卵
- 抱卵日数：37〜46日
- 卵のサイズ：69×46mm

[卵の特徴]　長卵形。つやのない白色で、褐色の小さな斑点がわずかに散らばる。

[巣・繁殖]　高さ40〜50mの巨木の樹洞の中を巣にする。入口に泥や糞などを固めて壁を作り、穴を小さくして敵の侵入を防ぐ。雌はその中に閉じこもって抱卵し、その間、雄は小さな入口の穴からくちばしで雌に餌を渡す。雛が生まれると雌は壁を壊して出てくるが、雛はまた壁を作り、入口の穴を小さくする。雄と雌で雛に餌を与える。

[生息場所]　タイ、マレーシア、スマトラ島、ジャワ島、ボルネオ島に分布。

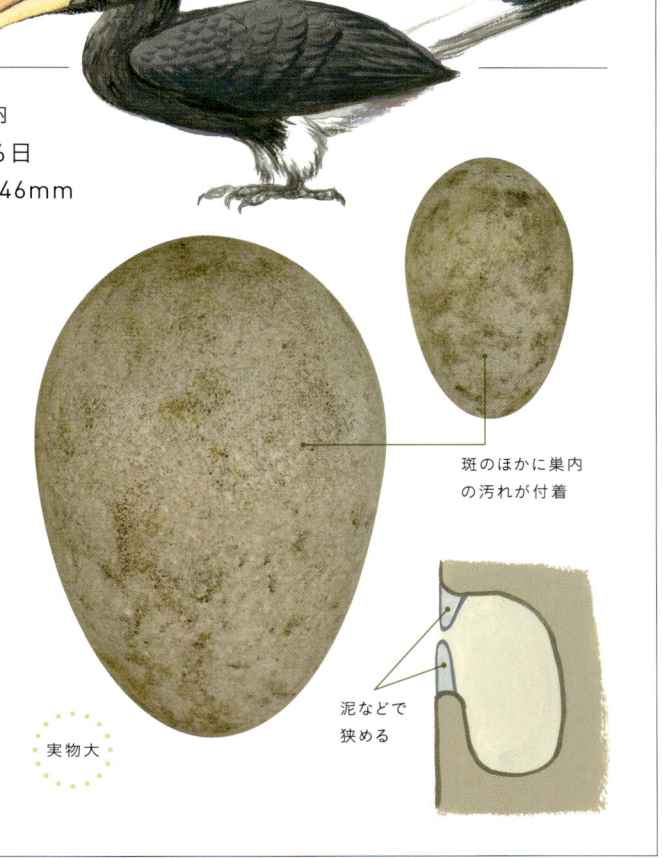

斑のほかに巣内の汚れが付着

泥などで狭める

実物大

ミナミジサイチョウ
Southern Ground-hornbill

Bucorvus leadbeateri
サイチョウ目サイチョウ科
全長：90〜100cm

- 一腹卵数：2卵（まれに3卵）
- 抱卵日数：37〜43日
- 卵のサイズ：73×52mm

[卵の特徴]　つやのない白色で、無斑。

[巣・繁殖]　ほかのサイチョウのように樹洞の中に閉じこもらない。バオバブなど太い木の樹洞の中や枝の分かれ目に、木片や葉などを集めて巣にする。

[生息場所]　赤道以南のアフリカに分布。

実物大

● キツツキ目／オオハシ科　中型の鳥。体色はとても派手で、大きなくちばしが特徴。全34種。

キバシミドリチュウハシ
Emerald Toucanet

Aulacorhynchus prasinus
キツツキ目オオハシ科
全長：30〜37cm

● 一腹卵数：1〜5卵
● 抱卵日数：約16日
● 卵のサイズ：33×22mm

実物大

[卵の特徴]　つやのある白色で、無斑。

[巣・繁殖]　巣材を用いずに、樹洞の中を巣にする。雌雄で抱卵。

[生息場所]　メキシコからコロンビア西部、ペルー南東部の標高約1800〜3000mの山地に留鳥として分布。

ムナフチュウハシ
Collared Aracari

Pteroglossus torquatus
キツツキ目オオハシ科
全長：43〜48cm

● 一腹卵数：2〜5卵
● 抱卵日数：16日
● 卵のサイズ：33×24mm

汚れ　実物大

[卵の特徴]　おもに卵形。楕円形のものもある。白色で、無斑。

[巣・繁殖]　樹洞や、キツツキなどの古巣を巣にする。巣穴はねぐらとして年間利用する。雌雄で抱卵、子育てを行い、親鳥以外の鳥もヘルパーとして雛の給餌に参加する。

[生息場所]　メキシコ、パナマ、グアテマラからコロンビア、エクアドルに分布し、熱帯雨林、林縁、二次林などで生息する。

イタハシヤマオオハシ
Plate-billed Mountain Toucan

Andigena laminirostris
キツツキ目オオハシ科
全長：46〜51cm

- 一腹卵数：2〜3卵
- 抱卵日数：16〜17日
- 卵のサイズ：36×25mm

汚れ

実物大

[卵の特徴]　白色で、無斑。

[巣・繁殖]　樹洞の中を巣にする。ほとんど巣材は使わない。おもに雌が抱卵。

[生息場所]　南アメリカのコロンビア南西部からエクアドル西部に生息。

アオハシヒムネオオハシ
Red-breasted Toucan

Ramphastos dicolorus
キツツキ目オオハシ科
全長：42〜48cm

- 一腹卵数：2〜4卵
- 抱卵日数：約16日
- 卵のサイズ：38×27mm

実物大

[卵の特徴]　白色やクリーム色で、無斑。紫褐色の斑が見られるものもある。

[巣・繁殖]　熱帯雨林の太い木の樹洞の中を巣にする。産座には特に何も敷かない。雌雄で抱卵。

[生息場所]　ブラジルの熱帯雨林地域に生息。

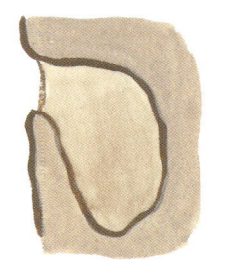

オニオオハシ
Toco Toucan

Ramphastos toco
キツツキ目オオハシ科
全長：55〜61cm

● 一腹卵数：2〜4卵
● 抱卵日数：17〜18日
● 卵のサイズ：43×30mm

［卵の特徴］ 白色で、無斑。

［巣・繁殖］ 大木の洞の中を巣にする。かろうじて入れるくらいの狭い穴を好み、木くずで内張りして、吐き戻した種子を敷いて産座とする。雌雄で抱卵。

［生息場所］ 南アメリカのギアナ地方からブラジルを経て、アルゼンチン北部まで。

実物大

シロムネオオハシ
Red-billed Toucan

Ramphastos tucanus
キツツキ目オオハシ科
全長：53〜58cm

● 一腹卵数：2〜3卵
● 抱卵日数：15〜16日
● 卵のサイズ：40×29mm

実物大

［卵の特徴］ つやのある白色で、無斑。（飼育下）

［巣・繁殖］ 森林の樹洞の中を巣にする。巣床一面に木くずや果物の種を敷く。雌雄で抱卵。

［生息場所］ ブラジルのアマゾン川流域、コロンビア東部、ベネズエラ、ギアナに生息。

● キツツキ目／キツツキ科
くちばしの先がのみのようになっていて、木に穴を掘ることで知られる。全216種。

コゲラ
Pygmy Woodpecker

Dendrocopos kizuki
キツツキ目キツツキ科
全長：13〜15cm

- 一腹卵数：5〜7卵
- 抱卵日数：12〜14日
- 卵のサイズ：15×11mm

汚れ　実物大

[卵の特徴] 白色で、無斑。

[巣・繁殖] 林の中で、枯木や枯れかかった木をくちばしでつついて直径3〜4cm、深さ15〜30cmの穴を開け、その中を巣にする。雌雄で抱卵。

[生息場所] 中国東北部から朝鮮半島、ウスリー川流域、カムチャツカ半島、サハリンおよび日本に留鳥として分布。

アカゲラ
Great Spotted Woodpecker

Dendrocopos major
キツツキ目キツツキ科
全長：20〜24cm

- 一腹卵数：4〜8卵
- 抱卵日数：14〜16日
- 卵のサイズ：20×15mm

実物大

[卵の特徴] 白色で、無斑。

[巣・繁殖] 枯木の柔らかい部分をくちばしでつつき、間口約4cm、深さ30〜45cmほどの縦穴を掘り、その中を巣にする。雄雌で抱卵。

[生息場所] ヨーロッパから中国北東部、朝鮮半島、サハリン、日本、ミャンマー、インドシナ半島北部の森林に生息。日本では北海道、本州、四国で留鳥。

ミユビゲラ
Three-toed Woodpecker

Picoides tridactylus
キツツキ目キツツキ科
全長：20～24cm

- 一腹卵数：3～6卵
- 抱卵日数：12～14日
- 卵のサイズ：19×14mm

実物大

[卵の特徴] 白色で、無斑。

[巣・繁殖] 枯れた針葉樹の樹上1～5mの幹に穴を開け、その中を巣にする。巣材は使わない。雌雄で抱卵。

[生息場所] 北ヨーロッパ、シベリア、モンゴル、中国、ウスリー川流域、朝鮮半島、カムチャツカ半島、サハリン、日本、北アメリカに分布。

鳥メモ
キツツキ類の足指は、前2本・うしろ2本の対趾足だが、この種は前2本・うしろ1本である。

クマゲラ
Black Woodpecker

Dryocopus martius
キツツキ目キツツキ科
全長：45～55cm

- 一腹卵数：2～6卵（通常4～6卵）
- 抱卵日数：12～16日
- 卵のサイズ：33×24mm

[卵の特徴] 白色で、無斑。

[巣・繁殖] 大木の樹上5～10mの幹に穴を開けて、その中を巣にする。雌雄で抱卵。

[生息場所] ヨーロッパからトルコ、カフカス、シベリア、カムチャツカ半島、サハリン、モンゴル、中国に分布。日本でも留鳥として生息。

実物大

鳥メモ
1965年、日本の天然記念物に指定。

ハシジロキツツキ
Ivory-billed Woodpecker

Campephilus principalis
キツツキ目キツツキ科
全長：48〜53cm

- 一腹卵数：2〜4卵
- 抱卵日数：約20日
- 卵のサイズ：33×25mm

[卵の特徴] 白色で、無斑。

[巣・繁殖] 人里離れた広大で成熟した森林の中で、太い枯枝に穴をあけて巣にする。雌雄で抱卵。

[生息場所] キューバ東部山地の森林に、ごくわずかな個体が残っている。

実物大

🐦鳥メモ
絶滅危惧種で、キューバ政府により、生息が確認された地域が保護区に指定されている。キツツキのなかでは、世界で3番目の大型種。

アリスイ
Eurasian Wryneck

Jynx torquilla
キツツキ目キツツキ科
全長：16〜17cm

- 一腹卵数：7〜12卵
- 抱卵日数：11〜12日
- 卵のサイズ：21×14mm

実物大

🐦鳥メモ
蟻を主食とする。

[卵の特徴] 白色で、無斑。

[巣・繁殖] おもにキツツキの古巣を使うが、ほかにも幹の割れ目、巣箱や建築物の隙間を巣にする。産座には巣材を使わずに、巣床に直接産卵する。おもに雌が抱卵。

[生息場所] ヨーロッパからシベリア、アジア東部まで分布し、アフリカ、東南アジアなどで越冬する。日本では東北地方の北部以北に夏鳥として渡来。

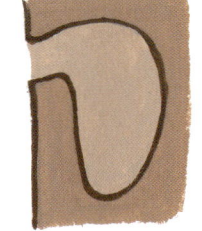

● キツツキ目／ミツオシエ科　　体色は灰色であまり目立たない。全17種。

ノドグロミツオシエ
Greater Honeyguide

Indicator indicator
キツツキ目ミツオシエ科
全長：19～20cm

● 一腹卵数：3～7卵（托卵巣に1卵）
● 抱卵日数：12～14日
● 卵のサイズ：23×19mm

[卵の特徴] ほぼ球形。白色で無斑。托卵の習性があるが、産む卵の色や模様は仮親の卵と一致するわけではない。

[巣・繁殖] 森に住むシロマユゴシキドリ、カタシロオナガモズなど、多くの種の鳥の巣内に托卵する。その際、仮親の卵を割る行為をする。またそのとき産んだ卵は仮親の卵より先に孵化し、かえった雛はくちばしと鋭い鉤を使って、仮親の雛を殺す。

[生息場所] サハラ砂漠以南のアフリカ東半分と、南部での林や薮に生息。

実物大

鳥メモ
蜂の巣内の蜜蝋を好んで食べる。チーチーと鳴きながら、採蜜する人やミツアナグマを蜂の巣に案内する鳥として知られている。

〈タカシロオナガモズの巣〉

● スズメ目／カマドドリ科　　外見、習性など多種多様。全236種。

オグロカマドドリ
Dusky-tailed Canastero

Asthenes humicola
スズメ目カマドドリ科
全長：14～15cm

● 一腹卵数：3～4卵
● 抱卵日数：不明
● 卵のサイズ：18×13mm

実物大

[卵の特徴] 白色で、無斑。

[巣・繁殖] 低木に、棘のある小枝を用いて、長さ25～35cmほどの筒形の巣を作る。上方の側面に出入口を設け、内部に植物や羽を敷く。

[生息場所] 南アメリカのチリに生息。

セッカカマドドリ
Wren-like Rushbird

Phleocryptes melanops
スズメ目カマドドリ科
全長：13〜14cm

- 一腹卵数：2〜4卵
- 抱卵日数：約16日
- 卵のサイズ：18×14mm

実物大

[卵の特徴] 青色で、無斑。

[巣・繁殖] 湿地や水辺に生えている植物の茎の地上1mほどの高さのところに、草や茎などと土を混ぜて袋状の巣を作る。

[生息場所] 南アメリカのペルー、ボリビア、アルゼンチン、チリ、ブラジルに生息。

● スズメ目／タイランチョウ科
小〜中型の鳥。体色は目立たないが、冠羽のあるものが多い。全429種。

モリタイランチョウ
Eastern Wood Pewee

Contopus virens
スズメ目タイランチョウ科
全長：13〜15cm

- 一腹卵数：2〜4卵
- 抱卵日数：12〜13日
- 卵のサイズ：18×12.5mm

実物大

[卵の特徴] 地色はクリーム色で、褐色、茶褐色、灰色の斑がある。

[巣・繁殖] 水平に伸びた枝や二又の枝に、細い茎や樹皮、動物の毛などをクモの糸でまとめて浅い椀形を作り、外側にウメノキゴケなどを貼りつけて巣にする。

[生息場所] カナダからメキシコ湾にかけての北アメリカの東部で繁殖し、冬季はコスタリカからペルーに渡る。

オオヒタキモドキ
Great Crested Flycatcher

Myiarchus crinitus
スズメ目タイランチョウ科
全長：21〜22cm

- 一腹卵数：4〜8卵（通常5卵）
- 抱卵日数：13〜15日
- 卵のサイズ：20×14mm

実物大

[卵の特徴] 地色は、クリーム白色から淡い桃色を帯びた薄い黄褐色で、濃い赤褐色、紫色、薄紫色、黒褐色の斑やシミ、スジ模様がある。

[巣・繁殖] 樹洞の穴、キツツキやリスの巣穴を使い、雌と雄で枯葉や松の葉、木の皮、紙、苔、獣毛、羽毛、ヘビの抜け殻など、いろいろなものを運び入れて椀形の巣を作る。

[生息場所] 北アメリカ東部、五大湖周辺からメキシコ湾沿岸で繁殖。中米などで越冬。

ニシタイランチョウ
Western Kingbird

Tyrannus verticalis
スズメ目タイランチョウ科
全長：19〜24cm

実物大

- 一腹卵数：2〜7卵
- 抱卵日数：12〜19日（平均14日）
- 卵のサイズ：18×13mm

[卵の特徴] 地色は白色で、茶褐色、灰色の斑がある。

[巣・繁殖] 木の上、石垣、人家の隙間などさまざまな場所に、小枝、草、根、綿毛などで椀形の巣を作る。産座には獣毛、羽根などを敷く。

[生息場所] カナダ南西部からアメリカ中南部、メキシコ北部で繁殖し、コスタリカなどで越冬する。

● スズメ目／ヤイロチョウ科　中型の鳥。体色はあざやかで、尾が短い。全30種。

ヤイロチョウ
Fairy Pitta

Pitta nympha
スズメ目ヤイロチョウ科
全長：18～20cm

- 一腹卵数：4～6卵
- 抱卵日数：14～16日
- 卵のサイズ：24×20mm

実物大

[卵の特徴]　球形に近い卵形。地色は灰白色で、紫と褐色、灰色の細かい斑がある。

[巣・繁殖]　木の根元の隙間や岩のくぼみ、太い木の枝の分かれ目などに、杉の小枝や苔、枯葉などを用いて、側面に出入口があるラグビーボールのような形の巣を作る。樹上にのせるように作ることもある。産座には、細根や松葉などを敷く。雌雄で抱卵。

[生息場所]　日本、朝鮮半島、台湾で繁殖。ボルネオで越冬。

● スズメ目／コトドリ科　大型の鳥。雄は竪琴のような尾を持つ。全2種。

コトドリ
Superb Lyrebird

Menura novaehollandiae
スズメ目コトドリ科
全長：100～105cm

- 一腹卵数：1卵
- 抱卵日数：約50日
- 卵のサイズ：65×44mm

実物大

[卵の特徴]　長卵形。地色は褐色で、黒っぽい灰色の斑やまだら模様がある。あせた金箔のような色合いをしている。

[巣・繁殖]　森の小川近くに営巣。木の枝を積んだ土台に、枝、枯草、苔などを積み上げて巣を作る。内部は細い根を内張りにし、中心部に羽毛を敷いて産座にする。雌が抱卵。

[生息場所]　オーストラリア東部のクイーンズランド州からビクトリア州、タスマニア島（1934年に移入）の森林に生息。

● スズメ目／ヒバリ科　　小型の鳥。後趾が長い。全96種。

ヒバリ
Skylark

Alauda arvensis
スズメ目ヒバリ科
全長：16〜19cm

- 一腹卵数：1〜7卵（通常3〜5卵）
- 抱卵日数：10〜13日
- 卵のサイズ：23×17mm

実物大

［卵の特徴］さまざまな色や模様があるが、おもに地色は灰白色や灰色で、褐色、緑褐色、青色などの斑が密に覆う。

［巣・繁殖］おもに開けた草地や農地、低木の林、泥炭湿原に、草などの根元を少し掘り、枝草や細根などを用いて浅い椀形の巣を作る。巣作りと抱卵は雌が行う。

［生息場所］北極圏以南のユーラシアと北アフリカ、インド北部、中国に分布し、北方のものは冬に南へ渡る。日本では九州以北の全域で繁殖し、多くは留鳥だが、北海道や雪の多い地方では冬期に南へ移動する。

鳥メモ
茨城県、熊本県の県鳥。

スナヒバリ
Desert Lark

Ammomanes deserti
スズメ目ヒバリ科
全長：15〜17cm

- 一腹卵数：1〜5卵
- 抱卵日数：10〜14日
- 卵のサイズ：18×13mm

実物大

［卵の特徴］地色は淡い灰褐色で、赤褐色の小さな斑が散らばる。鈍端部に斑が帯状に集中するものもある。

［巣・繁殖］岩がゴロゴロとあるような荒れた砂漠で、強風から巣を守るために大きな岩の陰に小石を積み、その中に枯草や毛などを集めて皿形の巣を作る。雌が抱卵。

［生息場所］アフリカ北部、アラビア半島、イラン、アフガニスタンからインド北西部に分布。

ハシブトヒバリ
Thick-billed Lark

Ramphocoris clotbey
スズメ目ヒバリ科
全長：17〜18cm

- 一腹卵数：3〜5卵
- 抱卵日数：約16日
- 卵のサイズ：25×18mm

[卵の特徴]　地色は白色かクリーム色、または淡いピンク色を帯びた薄い赤色で、栗色や赤褐色の小さなまだら模様が全面に広がり、なかには鈍端部に密集しているものもある。

[巣・繁殖]　砂利場の石陰や藪地の陰などで、植物質の巣材を平たく積み、小石で縁取った皿形の巣を作る。

[生息場所]　アフリカ北西部、アラビア半島北部、シリアの砂漠に生息する。

モリヒバリ
Woodlark

Lullula arborea
スズメ目ヒバリ科
全長：約15cm

- 一腹卵数：2〜6卵（通常3〜5卵）
- 抱卵日数：12〜15日
- 卵のサイズ：19×14mm

[卵の特徴]　地色は灰白色か黄褐色を帯びた白色で、赤褐色やオリーブ色、紫色がかった灰色などの斑が全体を覆う。鈍端部には褐色の密集帯が帯状に見られる。

[巣・繁殖]　雄と雌で藪や木の株の下など、いくつかの場所を引っ掻いてくぼみを作る。その中から雌が気に入った場所に枯草、松葉、苔などを敷き、最後に細かい草を敷いて巣を作る。雌が抱卵。

[生息場所]　ヨーロッパ、アフリカ北部、アジア南西部に分布。開けた林や木のまばらな草地などに生息。

ハマヒバリ
Horned Lark

Eremophila alpestris
スズメ目ヒバリ科
全長：14〜17cm

- 一腹卵数：2〜5卵
- 抱卵日数：11〜12日
- 卵のサイズ：23×16mm

実物大

[卵の特徴] 地色は淡い緑色を帯びた灰色や淡褐色で、茶褐色、黄褐色の多量の細かい斑がある。なかには、暗い色の斑が一部分に密集するものもある。

[巣・繁殖] 開けたツンドラ地帯や山岳の植物地帯、岩の陰などにくぼみを作り、枯草や茎を組んで浅い椀形の巣を作る。内部に獣毛や植物の綿毛などを敷いて産座とする。雌が抱卵。

[生息場所] ユーラシアの北極圏とその南部、中国北部、モンゴルから近東まで、モロッコ、北米の北極圏からメキシコまで、南米のコロンビアにも分布し、農地や砂漠などの開けた場所に生息。

鳥メモ
ヒバリ科のなかでアメリカ大陸に分布する唯一の種。

● スズメ目／ツバメ科　　小型の鳥。体は流線形で、おもに空中で暮らす。全83種。

ツバメ
Barn swallow

Hirundo rustica
スズメ目ツバメ科
全長：17〜19cm

- 一腹卵数：2〜7卵
- 抱卵日数：13〜16日
- 卵のサイズ：19×12mm

実物大

[卵の特徴] 地色は白色で、赤褐色や淡紫色の斑が点在している。

[巣・繁殖] 人家の軒下や屋内の壁面に、土と枯草を混ぜ、半椀形の巣を作り、産座に枯草、羽根などを集める。おもに雌が抱卵。巣材を取るとき以外はほとんど地上に降りない。

[生息場所] 北部と南部を除いたユーラシア、アフリカ北部、北部を除いた北アメリカで繁殖し、冬はアフリカ南部、インド、東南アジア、フィリピン、インドネシア、オーストラリア、南アメリカなどに渡る。日本には夏鳥として3月下旬から見られ、11月中旬に日本を去る。沖縄では渡りの時期に多数見られるが、繁殖はしない。千葉県、静岡県、京都府、九州南部で、集団で越冬するものもいる。

アフリカカワツバメ
African River Martin

Pseudochelidon eurystomina
スズメ目ツバメ科
全長：13〜15cm

- 一腹卵数：2〜3卵
- 抱卵日数：14〜15日
- 卵のサイズ：15×10mm

実物大

［卵の特徴］淡い青色がかった白色で、無斑。

［巣・繁殖］コンゴ盆地を流れるコンゴ川の中流〜上流や、支流のウバンギ川下流など大河の流域に大きなコロニーを形成。河原の砂地をトンネルのように掘り、穴の奥に小枝と木の葉を敷いて浅い椀形の巣を作る。雌雄で抱卵。

［生息場所］アフリカ中西部のガボン、コンゴ共和国、中央アフリカ、コンゴ、ウバンギ両河川の下流域および湖沼岸に生息。

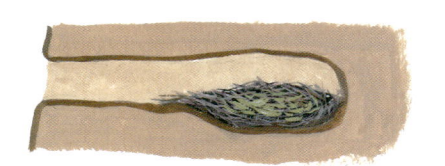

チリールリツバメ
Chilean Swallow

Tachycineta meyeni
スズメ目ツバメ科
全長：11〜13cm

実物大

- 一腹卵数：3〜6卵
- 抱卵日数：約17日
- 卵のサイズ：15×10mm

［卵の特徴］白色で、無斑。

［巣・繁殖］樹洞の中、キツツキの古巣、人家のひさしや隙間などに、枯草や羽根を集めて皿形の巣を作る。雌雄で抱卵。

［生息場所］南アメリカのチリ、アルゼンチンに生息。

ショウドウツバメ
Sand Martin

Riparia riparia
スズメ目ツバメ科
全長：11〜13cm

- 一腹卵数：3〜6卵
- 抱卵日数：12〜16日
- 卵のサイズ：17×11.5mm

実物大

［卵の特徴］　白色で、無斑。

［巣・繁殖］　集団で海岸や河岸の崖に奥行き20〜100cmの横穴を掘り、内部に枯草や獣毛、紙くずなどを敷いて巣を作る。雌雄で抱卵。

［生息場所］　極北地域を除くユーラシア、北アメリカの大部分で繁殖し、冬にアフリカの熱帯地域やインド、東南アジア、中国南部、南アメリカなどへ渡る。日本には夏鳥として飛来する。

コシアカツバメ
Red-rumped Swallow

Hirundo daurica
スズメ目ツバメ科
全長：16〜17cm

- 一腹卵数：4〜5卵
- 抱卵日数：11〜16日
- 卵のサイズ：21×13.5mm

実物大

［卵の特徴］　白色で、おもに無斑。淡褐色の斑があるものもある。

［巣・繁殖］　繁殖は年に2回。人家の軒下に、土や枯草などを使って、とっくりを縦に割ったような形の巣を作る。産座には羽根や獣毛などを敷く。雌雄で抱卵。

［生息場所］　ユーラシア大陸の温帯で繁殖し、冬季はインド、東南アジア、アフリカ大陸中部などへ渡る。日本には夏鳥として、3月下旬〜4月下旬に本州以南に飛来し、11月までに去る。北海道にも一部繁殖する地域があり、農村地帯や市街地、海岸などに生息する。

ナンアサンショクツバメ
South African Swallow

Petrochelidon spilodera
スズメ目ツバメ科
全長：13〜15cm

● 一腹卵数：1〜4卵
● 抱卵日数：14〜16日
● 卵のサイズ：20×14mm

[卵の特徴]　地色はクリーム色で、褐色、灰色のまだら模様の小斑が散らばる。鈍端部に小斑が密集したものもある。

[巣・繁殖]　高いビルや崖、陸橋などで集団繁殖する。垂直の壁に、上部に出入口のある壺型の巣を泥で作り、内部に草や綿毛、羊毛を敷く。雌雄で抱卵。

[生息場所]　アフリカのナミビア、ジンバブエ、南アフリカで繁殖。コンゴなどへ渡る。

実物大

サンショクツバメ
Cliff Swallow

Petrochelidon pyrrhonota
スズメ目ツバメ科
全長：13〜15cm

● 一腹卵数：1〜6卵
● 抱卵日数：10〜19日
● 卵のサイズ：20×13mm

[卵の特徴]　地色は淡い青灰色で、褐色、灰色の斑が全体に散らばる。

[巣・繁殖]　崖や渓谷、河川などに近い橋の下、建物の軒下や崖の壁面などに、泥を積み上げて瓢箪形の巣を作る。雌雄で抱卵。

[生息場所]　北アメリカのほぼ全域で繁殖し、冬はブラジル、アルゼンチン、チリなどへ渡る。

実物大

ズアカガケツバメ
Fairy Martin

Petrochelidon ariel
スズメ目ツバメ科
全長：10〜12cm

実物大

- 一腹卵数：2〜5卵
- 抱卵日数：12〜18日
- 卵のサイズ：17×11.5mm

［卵の特徴］　地色は白色で、淡い黄茶色の小斑がある。

［巣・繁殖］　洞窟や崖、古いお城、橋、鉄橋などで集団繁殖する。ひさしの下向き部分に泥と藁を混ぜ、とっくりを半分にしたような巣を作り、中に枯草や羽を入れる。雌雄で抱卵。

［生息場所］　オーストラリアに生息。

イワツバメ
Asian House Martin

Delichon dasypus
スズメ目ツバメ科
全長：12〜14cm

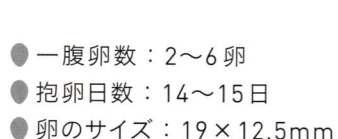

巣内での破損

実物大

- 一腹卵数：2〜6卵
- 抱卵日数：14〜15日
- 卵のサイズ：19×12.5mm

［卵の特徴］　白色で、無斑。

［巣・繁殖］　海岸や山地の岸壁、河川の橋梁、山麓の人家などに、泥と枯草を混ぜ合わせた壺形の巣を作る。雌雄で抱卵。

［生息場所］　ユーラシアの温帯、亜寒帯で繁殖し、冬は南アジア、東南アジア、中国南部などへ渡る。日本では4〜6月にかけて九州から北海道まで繁殖する。

● スズメ目／セキレイ科　小型の鳥。体は細く、尾が長い。全65種。

ツメナガセキレイ
Yellow Wagtail

Motacilla flava
スズメ目セキレイ科
全長：16〜17cm

- 一腹卵数：4〜6卵
- 抱卵日数：11〜13日
- 卵のサイズ：19×14mm

実物大

[卵の特徴]　地色は淡褐色や薄い灰色で、褐色や黄褐色の斑点が全体にある。

[巣・繁殖]　繁殖期には草原、荒地などに生息し、水辺近くのくぼみや隙間に枯茎などの植物片、細根、獣毛で皿形の巣を作る。雌が抱卵。

[生息場所]　ヨーロッパとアジアの多くの地域で繁殖し、アフリカ中部、南部、インド、スリランカ、インドネシアなどで越冬する。

キセキレイ
Grey Wagtail

Motacilla cinerea
スズメ目セキレイ科
全長：17〜20cm

- 一腹卵数：3〜7卵（通常4〜6卵）
- 抱卵日数：11〜13日
- 卵のサイズ：19×15mm

実物大

[卵の特徴]　地色はクリーム色か灰色で、淡い青色や淡い黄茶色のシミ斑がところどころにある。なかには、地色が淡い茶色や淡褐色で小斑のあるものや、白色で無斑のものもある。

[巣・繁殖]　山地の急流付近、湖の土手、崖のくぼみ、枝の茂みなどに、枯草、細根などで浅い椀形の巣を作る。産座には獣毛などを敷く。雌雄で抱卵。

[生息場所]　アフリカ大陸のサハラ以南、ヨーロッパからアジアの温帯、亜寒帯、大西洋のアゾレス諸島などで繁殖。アジアで繁殖するものは、熱帯アジアへ渡って越冬する。日本では全国の平地や低山に生息。

ハクセキレイ
White Wagtail

Motacilla alba
スズメ目セキレイ科
全長：16〜18cm

- 一腹卵数：3〜8卵
- 抱卵日数：11〜13日
- 卵のサイズ：22×16mm

実物大

［卵の特徴］　地色は灰白色で、暗褐色や灰色などの小斑が全体にある。

［巣・繁殖］　地面のくぼみや人家の隙間などに、枯草や小枝、細根、ビニール材などを使い、中央を椀形にくぼませた皿形の巣を作る。おもに雌が抱卵。

［生息場所］　おもにユーラシアに分布し、アラスカ、アイスランド、グリーンランドなどでも繁殖。寒冷地のものは南下して越冬し、ヨーロッパからアフリカの赤道付近まで渡るものもいる。日本では本州中部以北で繁殖。

セグロセキレイ
Japanese Wagtail

Motacilla grandis
スズメ目セキレイ科
全長：21〜23cm

- 一腹卵数：4〜7卵
- 抱卵日数：11〜13日
- 卵のサイズ：20×15mm

実物大

［卵の特徴］　地色は灰白色で、黄緑褐色のぼやけた小斑が全体に点在する。

［巣・繁殖］　土手のくぼみや地上の草の根元、人工の建造物の隙間などに、枯草や樹皮、細根で浅い椀形の巣を作る。産座には獣毛も使う。おもに雌が抱卵。

［生息場所］　日本の固有種で、九州以北の平地から山地の河川、湖畔などに生息。

マキバタヒバリ
Meadow Pipit

Anthus pratensis
スズメ目セキレイ科
全長：14〜15cm

● 一腹卵数：2〜7卵
● 抱卵日数：約13日
● 卵のサイズ：22×16.5mm

実物大

[卵の特徴] 地色はオリーブ色を帯びた淡い緑色で、紫褐色の斑やシミ状斑が全体に広がる。

[巣・繁殖] 草原の地面にくぼみを作り、枯草を集めて浅い椀形にした巣を作る。雌が抱卵。

[生息場所] ヨーロッパ北部から西シベリア北部、アイルランド、グリーンランド南東部に繁殖分布。アフリカ、トルコ、イランなどで越冬する。

ヨーロッパビンズイ
Tree Pipit

Anthus trivialis
スズメ目セキレイ科
全長：14〜15cm

● 一腹卵数：2〜8卵
● 抱卵日数：12〜14日
● 卵のサイズ：22×16mm

実物大

[卵の特徴] 地色は緑褐色か淡い黄褐色で、褐色の細かいシミ模様が全体を覆う。

[巣・繁殖] 灌木林や林縁などの地面に、枯草などで浅い椀形の巣を作る。産座には草や植物の繊維、獣毛などを敷く。雌が抱卵。

[生息場所] ヨーロッパから中央シベリア高原で繁殖、分布し、アフリカ、インドなどへ渡って越冬する。

ビンズイ
Olive-backed Pipit

Anthus hodgsoni
スズメ目セキレイ科
全長：15〜17cm

● 一腹卵数：3〜5卵
● 抱卵日数：12〜13日
● 卵のサイズ：22×17mm

[卵の特徴] 地色は灰白色で、赤褐色や紫褐色などの小斑が密にある。

[巣・繁殖] 繁殖期に、山地の明るい林や林縁で、地面のくぼみや草陰に、枯草、細根などを用いて浅い椀形の巣を作る。雌が抱卵。まれにカッコウに托卵されることがある。

[生息場所] アジアの温帯から亜寒帯で繁殖し、インド南部、ボルネオ島へ渡って越冬する。日本では一年を通して生息する。四国・本州以北では留鳥、または漂鳥。関東以南では多くは冬鳥。

実物大

ムネアカタヒバリ
Red-throated Pipit

Anthus cervinus
スズメ目セキレイ科
全長：14〜15cm

● 一腹卵数：2〜7卵
● 抱卵日数：11〜14日
● 卵のサイズ：20×15mm

[卵の特徴] 地色は淡褐色、青灰色などで、赤褐色や黄褐色の雲形の模様が全体に広がる。

[巣・繁殖] ツンドラ地帯の湿った草原のくぼみに、イネ科植物の茎などで浅い椀形の巣を作る。雌が抱卵。

[生息場所] 西ヨーロッパを除くユーラシア大陸の北極圏で繁殖分布。アフリカ、東南アジアなどで越冬。

実物大

タヒバリ
Water Pipit

Anthus rubescens
スズメ目セキレイ科
全長：15〜17cm

- 一腹卵数：4〜6卵
- 抱卵日数：14〜15日
- 卵のサイズ：20×15mm

実物大

[卵の特徴] 地色は灰褐色、灰白色で、黒みを帯びた紫褐色や灰色の斑点とシミ斑が全体を覆う。

[巣・繁殖] 草地の地面で、枯葉や茎、苔、獣毛などを用いて浅い椀形の巣を作る。雌が抱卵。

[生息場所] ヨーロッパ、アジア、北アメリカなどで局地的に繁殖分布し、やや南下して越冬。日本には冬鳥として飛来する。

● スズメ目／サンショウクイ科　　小〜中型の鳥。羽色は灰色や黒が多い。全86種。

ムナジロオオサンショウクイ
White-breasted Cuckoo-shrike

Coracina pectoralis
スズメ目サンショウクイ科
全長：25〜27cm

- 一腹卵数：1〜2卵
- 抱卵日数：約23日
- 卵のサイズ：27×18mm

実物大

[卵の特徴] 少し長めの卵形。地色は淡い青色で、灰青色、薄い紫色、灰色のシミ模様が密に覆う。

[巣・繁殖] 枝の股に、茎、蔓、葉脈などをクモの糸でまとめて浅い椀形の巣を作る。外側は苔を貼りつけ、木のこぶのように見える。雌雄で抱卵。

[生息場所] アフリカの中部から南部にかけて生息。

サンショウクイ
Ashy Minivet

Pericrocotus divaricatus
スズメ目サンショウクイ科
全長：17〜19cm

- 一腹卵数：4〜5卵
- 抱卵日数：17〜18日
- 卵のサイズ：20×15mm

実物大

[卵の特徴] 地色は青灰色で、暗褐色や灰色の斑点が広がり、鈍端部にはシミ斑がキャップ状に集中する。

[巣・繁殖] 高木の枝の分かれ目などに、樹皮やシュロ、獣毛、穂などで椀形の巣を作る。外側はクモの糸でウメノキゴケがつけられ、一見、木のこぶのように見える。雌が抱卵。

[生息場所] ウスリー川流域から朝鮮半島にかけて繁殖し、中国南部からインドシナ半島、ボルネオ島などへ渡って越冬する。日本には夏鳥として飛来し、九州以南で繁殖する。

● スズメ目／ヒヨドリ科　　小〜中型の鳥。体色は暗褐色で、ずきん状の冠毛があるものが多い。全138種。

ヒヨドリ
Brown-eared Bulbul

Hypsipetes amaurotis
スズメ目ヒヨドリ科
全長：26〜30cm

- 一腹卵数：3〜5卵
- 抱卵日数：13〜14日
- 卵のサイズ：29×21mm

実物大

[卵の特徴] 地色は淡紅色で、赤褐色や黒色、淡灰色の細かい斑点がある。鈍端部に斑が集まったものもある。

[巣・繁殖] 木の枝上に、ツタや笹の葉、ビニールひもなどを使って椀形の巣を作る。雌が抱卵。

[生息場所] 日本全土と朝鮮半島南部、台湾、フィリピンのルソン島に分布（多くは留鳥）。

シロガシラ
Light-vented Bulbul

Pycnonotus sinensis
スズメ目ヒヨドリ科
全長：18〜20cm

- 一腹卵数：3〜4卵（まれに5卵）
- 抱卵日数：13〜15日
- 卵のサイズ：22×17mm

実物大

[卵の特徴]　地色は淡い赤色を帯びた白色で、灰色、灰青色、褐色のシミ状の斑が覆う。

[巣・繁殖]　低木の樹上に、枯草や小枝、紙くずなどを使って深い椀形の巣を作る。雌が抱卵。

[生息場所]　四川省、長江下流域以南の中国南部や海南島、ベトナム北部、台湾、沖縄南部に分布、農耕地や人家周辺などの灌木や林縁部に生息する。

クロガシラ
Styan's Bulbul

Pycnonotus taivanus
スズメ目ヒヨドリ科
全長：18〜20cm

- 一腹卵数：3〜4卵
- 抱卵日数：11〜12日
- 卵のサイズ：18×14mm

実物大

[卵の特徴]　地色は淡い灰白色、淡褐色、クリーム色などで、赤褐色、茶褐色、灰色の大小の斑が全体を覆う。

[巣・繁殖]　樹上や藪の中などの枝に、枯葉や茎、細根などで椀形の巣を作る。雌雄で抱卵。

[生息場所]　台湾の東海岸および南端付近に分布。

鳥メモ
台湾の特産種。

アフリカヒヨドリ
Common Bulbul

Pycnonotus barbatus
スズメ目ヒヨドリ科
全長：15〜20cm

● 一腹卵数：2〜5卵
● 抱卵日数：12〜15日
● 卵のサイズ：22×15mm

実物大

[卵の特徴] 少し長めの卵形。地色は淡い灰色で、赤褐色、紫がかった赤色の小斑やシミ斑が全体を覆う。

[巣・繁殖] 枝の分かれ目などに、小枝、枯葉、蔓などを使って椀形の巣を作る。産座に羽毛や木の細根、草を敷き詰める。雌雄で抱卵。

[生息場所] アフリカ北部からタンザニアに至る地域に分布。アフリカで最も頻繁に見られる鳥といわれているが、激しい伐採の影響で生息数が減少した地域もある。

イシガキヒヨドリ
Brown-eared Bulbul

Hypsipetes amaurotis stejinegeri
スズメ目ヒヨドリ科
全長：26〜30cm

● 一腹卵数：3〜5卵
● 抱卵日数：約14日
● 卵のサイズ：27×19mm

実物大

[卵の特徴] 地色は淡い黄茶色で、美しいシミ状の斑が全体に広がる。

[巣・繁殖] 木の枝や蔓が込み入った場所に、枯枝、枯葉、蔓、シダの葉などを用いて椀形の巣を作る。

[生息場所] 留鳥として、沖縄県の石垣島、西表島の低地や低山の樹林、木の多い林や公園に生息。

🐦 鳥メモ
ホバリングできる数少ない鳥の一種で、空中停止しながら花の蜜を吸う。

クロヒヨドリ
Madagascar Black Bulbul

Hypsipetes madagascariensis
スズメ目ヒヨドリ科
全長：23〜25cm

実物大

- 一腹卵数：2〜3卵
- 抱卵日数：12〜13日
- 卵のサイズ：16.5×13mm

[卵の特徴] 地色は淡い緑青色か淡い赤褐色で、灰色、濃い茶褐色の大小のシミ斑がある。

[巣・繁殖] 木の枝の上に、枯葉、枝、細根、茎、苔などで椀形の巣を作る。雌が抱卵。

[生息場所] マダガスカルの森林や雑木林などに生息。

● スズメ目／レンジャク科　　小〜中型の鳥。群れで暮らすことが多い。全3種。

キレンジャク
Bohemian Waxwing

Bombycilla garrulus
スズメ目レンジャク科
全長：19〜23cm

実物大

- 一腹卵数：3〜7卵（通常5卵）
- 抱卵日数：14〜15日
- 卵のサイズ：25×17mm

[卵の特徴] 地色は灰白色か灰青色で、薄い灰色のシミ斑や、黒色か黒褐色の斑がまばらにある。

[巣・繁殖] 枝の付け根などに、細い枝や草の茎などを用いて椀形の巣を作る。松、モミなど針葉樹に作ることが多い。雌が抱卵。

[生息場所] 北アメリカ北西部とスカンジナビア半島北部からシベリアを経て、カムチャツカ半島までのタイガ地帯で繁殖。多くは渡り鳥で、北アメリカ中西部、ヨーロッパ中部および南西部、トルコ、イラン、中国北部、朝鮮半島、日本などで越冬する。日本には冬鳥として渡来。

● スズメ目／カワガラス科　　中型の鳥。体は丸く、尾が短い。全4種。

カワガラス
Brown Dipper

Cinclus pallasii
スズメ目カワガラス科
全長：21〜23cm

- 一腹卵数：3〜6卵
- 抱卵日数：19〜20日
- 卵のサイズ：26×20mm

実物大

［卵の特徴］白色で、無斑。

［巣・繁殖］山地の渓流沿いにある岩の間やくぼみ、ダムの水抜き穴などで営巣。大量の苔類と細根、細い茎などを使って、側面に出入口を設けた球形または楕円形の巣を作る。産座には枯葉を敷く。雌が抱卵。

［生息場所］アフガニスタン、トルキスタンからヒマラヤ、インドシナ半島北部、中国、朝鮮半島、ウスリー川流域、アムール川下流域、サハリン、カムチャツカ半島、千島列島、日本、台湾に分布する。

ムナジロカワガラス
White-throated Dipper

Cinclus cinclus　　● 一腹卵数：3〜6卵（通常5卵）
スズメ目カワガラス科　● 抱卵日数：15〜18日
全長：17〜20cm　　　● 卵のサイズ：25×18mm

実物大

［卵の特徴］純白色で、無斑。

［巣・繁殖］山の急流や水辺の岩の隙間などに、苔を用いて大きなドーム形の巣を作る。産室には枯葉が敷かれ、巣の出入口の上には張り出しが斜め下向きにあり、巣の中に水が入らないようになっている。雌が抱卵。

［生息場所］ヨーロッパからアジア中部、小アジア、アフリカ大陸北西部の生息地域の急流に生息。チベット東部の標高5200mほどのところにも分布する。

鳥メモ
水の澄んだ急流や小川の辺で一生を過ごす。潜水して泳ぐため、潜水中に鼻孔をふさぐための鱗片が発達した。ノルウェーの国鳥。

● スズメ目／ミソサザイ科　小型の鳥。尾を立てているものが多い。全84種。

サボテンミソサザイ
Cactus Wren

Campylorhynchus brunneicapillus
スズメ目ミソサザイ科
全長：18〜19cm

● 一腹卵数：3〜7卵
● 抱卵日数：約16日
● 卵のサイズ：22×15mm

鳥メモ
アメリカのアリゾナ州の州鳥。

実物大

[卵の特徴]　地色は淡黄褐色で、薄紫色などのまだらな模様がある。地色がわからないほど模様が密なものや、鈍端部に密集したものなどがある。

[巣・繁殖]　枯草や木の枝、根などを使い、フラスコ形でドーム状の巣を作る。中には羽毛、綿毛、草を使う。入口は横向きにあり、砂漠地帯の棘のある木やサボテンに営巣し、外敵が近づけないようになっている。雌が抱卵する。

[生息場所]　アメリカ南西部からメキシコのユカタン半島に留鳥として分布。

ミソサザイ
Northern Wren

Troglodytes troglodytes
スズメ目ミソサザイ科
全長：9〜10cm

● 一腹卵数：3〜9卵（最高17卵）
● 抱卵日数：約16日
● 卵のサイズ：17×12mm

実物大

鳥メモ
ミソサザイ科のなかでユーラシアに分布する唯一の種。

[卵の特徴]　白色で無斑か、淡褐色に小斑がある。

[巣・繁殖]　雄は木の根元や崖、人家の隙間などに、蘚類を主とした巣材をはめ込むようにして球形の求愛巣※をいくつも作る。雌はその中から気に入ったものを選び、内部は雌が羽毛や細い根で産座を作って完成させる。雌が抱卵。
※求愛巣…雌へのディスプレイ用に作る巣

[生息場所]　ヨーロッパ、アフリカ北部から中近東、イラン、ヒマラヤを経て、シベリア南東部、カムチャツカ半島、中国、台湾、日本および北アメリカ西岸と東部で繁殖し、一部は冬期に南へ渡る。

● スズメ目／マネシツグミ科　　小〜中型の鳥。尾が長い。全34種。

ネコマネドリ
Grey Catbird

Dumetella carolinensis
スズメ目マネシツグミ科
全長：21〜24cm

● 一腹卵数：3〜5卵（通常4卵）
● 抱卵日数：12〜15日
● 卵のサイズ：24.5×18mm

実物大

鳥メモ
鳴き声がネコの鳴き声に似ている。

[卵の特徴]　つやのある灰青色で、無斑。

[巣・繁殖]　おもに、藪のあるところや灌木林の樹上で営巣。小枝や雑多な草、イネ科の草などを用いて椀形の巣を作り、産座に綿や布切れなどを敷く。雌が抱卵。

[生息場所]　カナダ南部とアメリカ中部および東部で繁殖し、冬はアメリカ南部、中央アメリカ、西インド諸島で過ごす。

オオムジツグミモドキ
California Thrasher

Toxostoma redivivum
スズメ目マネシツグミ科
全長：28〜32cm

● 一腹卵数：3〜4卵
● 抱卵日数：約14日
● 卵のサイズ：26×16mm

実物大

[卵の特徴]　長卵形。地色は青色で、褐色や灰色の小斑が鈍端部を中心に全体に散らばる。

[巣・繁殖]　藪の中の樹上1.5〜3mほどの枝に、小枝を用いて椀形の巣を作り、産座に細根や草などを敷く。雌雄で抱卵。

[生息場所]　アメリカ合衆国のカリフォルニア、メキシコに生息。

● スズメ目／イワヒバリ科　　小型の鳥。体色はスズメに似た地味な色。全13種。

ヤマヒバリ
Siberian Accentor

Prunella montanella
スズメ目イワヒバリ科
全長：14〜15cm

● 一腹卵数：4〜6卵
● 抱卵日数：約10日
● 卵のサイズ：18×12mm

実物大

[卵の特徴]　つやのある淡い青緑色で、無斑。

[巣・繁殖]　岩の割れ目や低い藪地、地面の物陰に、枯草や細根、苔、獣毛などを用いて浅い椀形の巣を作る。

[生息場所]　シベリア山岳地帯の高山帯、寒帯地域で繁殖し、冬季にはモンゴル、中国北東部、朝鮮半島へ渡る。日本には冬鳥としてまれに飛来する。

ヨーロッパカヤクグリ
Dunnock

Prunella modularis
スズメ目イワヒバリ科
全長：14〜15cm

● 一腹卵数：3〜6卵（通常4〜5卵）
● 抱卵日数：12〜13日
● 卵のサイズ：19×15mm

[卵の特徴]　青色で、無斑。

[巣・繁殖]　藪や開けた林に、枝や葉、細根、苔などを用いて丈夫な椀形の巣を作る。産座には獣毛や毛糸を敷く。雌が抱卵。

[生息場所]　西アジアとヨーロッパに分布。越冬時は、北アフリカ、地中海沿岸まで南下する。

実物大

カヤクグリ
Japanese Accentor

Prunella rubida
スズメ目イワヒバリ科
全長：約15cm

- 一腹卵数：3〜4卵
- 抱卵日数：12〜13日
- 卵のサイズ：18×13mm

実物大

[卵の特徴] 青色で、無斑。

[巣・繁殖] 6〜8月頃に、ハイマツ、カラマツなどの低木林の樹上約1mの枝に、枯枝、細根、苔類などを用いて椀形の巣を作る。産座には羽毛、枯葉などを敷く。雌が抱卵。

[生息場所] おもに日本の本州から北海道までの高山帯の下部地域に生息。本州中部以南では冬鳥。

● スズメ目／モズ科　　大きな頭と鋭く曲がったくちばし、長い尾が特徴。全314種。

カタジロオナガモズ
Common Fiscal

Lanius collaris
スズメ目モズ科
全長：21〜23cm

- 一腹卵数：2〜4卵（まれに6卵）
- 抱卵日数：14〜15日
- 卵のサイズ：23×17mm

実物大

[卵の特徴] 地色は灰白色や淡褐色で、灰褐色、褐色の斑やシミ斑が鈍端部に帯状に集中する。

[巣・繁殖] 木立ちや低木林の樹上に、枯草、小枝、根、クモの糸、樹皮などを使って椀形の巣を作る。最近ではビニールひもが巣材に使われることもある。巣作りは雌雄で、抱卵はおもに雌が行う。

[生息場所] サハラ砂漠以南のアフリカに分布。

チゴモズ
Tiger Shrike

Lanius tigrinus
スズメ目モズ科
全長：17〜19cm

- 一腹卵数：3〜6卵
- 抱卵日数：15〜16日
- 卵のサイズ：25×17mm

実物大

[卵の特徴] 地色は淡い黄灰色で、褐色や灰色、緑褐色の小斑が散らばる。

[巣・繁殖] 樹上の枝の分かれ目に、樹皮、枯枝、細根などを用いて椀形の巣を作る。産座には細根や細い植物繊維を敷く。雌が抱卵。

[生息場所] ウスリー川流域、朝鮮半島、中国北東部で繁殖し、冬はマレー半島やインドネシアへ渡る。日本では夏鳥として、5月上旬頃から本州中部以北に局地的に飛来する。

アカモズ
Brown Shrike

Lanius cristatus
スズメ目モズ科
全長：17〜20cm

- 一腹卵数：3〜8卵
- 抱卵日数：12〜16日
- 卵のサイズ：23×17mm

実物大

[卵の特徴] 地色は淡い青灰色、クリーム色、淡い灰白色で、赤褐色、茶褐色、灰色の小斑が鈍端部に集まる。

[巣・繁殖] 樹上で営巣。低木の茂みや樹上に、枯草、根、小枝、樹皮などを使って椀形の巣を作り、産座に細根や羽毛などを敷く。雌が抱卵。

[生息場所] カムチャツカ半島からシベリア、モンゴル、中国北東部、朝鮮半島、日本で繁殖する。日本では夏鳥として九州以北に渡来する。インド、東南アジアで越冬。

タカサゴモズ
Long-tailed Shrike

Lanius schach
スズメ目モズ科
全長：20〜25cm

実物大

● 一腹卵数：2〜6卵
● 抱卵日数：13〜16日
● 卵のサイズ：22×17mm

[卵の特徴]　地色はやや淡い灰色で、全面に淡黄褐色の灰斑とシミ状の灰色の斑がある。

[巣・繁殖]　樹上の低い枝に、樹皮、枯草、棘のある枝、細根などで椀形の巣を作る。抱卵は雌が行い、子育ては雌雄で行う。日本ではまれに迷行例がある。

[生息場所]　中国、インド、スリランカ、インドネシア、フィリピン、ニューギニア東部の留鳥で、開けた林や耕地に生息。

モズ
Bull-headed Shrike

Lanius bucephalus
スズメ目モズ科
全長：19〜20cm

実物大

● 一腹卵数：3〜6卵
● 抱卵日数：13〜16日
● 卵のサイズ：22×17mm

鳥メモ
秋冬に餌を枝先や有刺鉄線に刺す"はやにえ"の習性がある。

[卵の特徴]　地色は淡褐色や淡いクリーム色で、褐色や灰色の大小の斑、シミ模様が鈍端部か鋭端部に帯状やキャップ状に集中する。

[巣・繁殖]　樹上に枯枝や細根、樹皮、茎、ビニール材などを用いて椀形の巣を作る。産座には枯穂や羽毛などを敷く。抱卵は雌が、子育ては雌雄で行う。

[生息場所]　ウスリー川流域南部、中国北東部、朝鮮半島、日本で繁殖し、北方のものは冬に朝鮮半島南部、中国南東部、日本の南部などへ渡る。日本では全国的に分布。

オオモズ
Great Grey Shrike

Lanius excubitor
スズメ目モズ科
全長：24〜25cm

- 一腹卵数：3〜9卵
- 抱卵日数：14〜19日
- 卵のサイズ：27×19mm

実物大

[卵の特徴]　地色は淡い灰白色で、褐色、灰色の斑やシミ模様が鈍端部にキャップ状に集まる。

[巣・繁殖]　高い木の上に、小枝や樹皮、葉、枯草、苔などで椀形の巣を作る。産座には細根や羽毛、獣毛などを敷く。おもに雌が抱卵。

[生息場所]　極北部、カムチャツカ半島、アジアの南半分を除くユーラシア、アフリカ北部、北アメリカの大部分で繁殖。北方のものは、冬季に少し南へ移動する。日本には冬鳥として少数が北海道に、本州以南では九州にまれに飛来する。

アメリカオオモズ
Loggerhead Shrike

Lanius ludovicianus
スズメ目モズ科
全長：18〜22cm

- 一腹卵数：3〜9卵
- 抱卵日数：15〜17日
- 卵のサイズ：24×17mm

実物大

[卵の特徴]　地色は淡い青灰色で、褐色や灰色の斑が散らばり、鋭端部か鈍端部に特に集中する。

[巣・繁殖]　低木林の木の枝の股に、小枝や草、樹皮、支根などを使って椀形の巣を作る。雌が抱卵。

[生息場所]　カナダ南部からメキシコに分布。アメリカ合衆国北部に生息する集団は渡りの習性があるが、南部に生息する集団はほとんどが留鳥である。本種の基産地はアメリカ合衆国ルイジアナ州。

オオカラモズ
Chinese Great-grey Shrike

Lanius sphenocercus
スズメ目モズ科
全長：29〜31cm

一腹卵数：5〜9卵
抱卵日数：16〜19日
卵のサイズ：28×21mm

実物大

[卵の特徴] 地色は灰白色で、淡褐色、淡い灰色の斑が全体を覆う。

[巣・繁殖] 樹上に小枝や細根、枯草、枯茎などを用いて皿形の巣を作り、細根、羽毛、獣毛を敷いて産座とする。おもに雌が抱卵。

[生息場所] ウスリー川流域、朝鮮半島北部、中国北東部、モンゴルなどで繁殖し、冬季は朝鮮半島南部、中国南東部へ渡る。

●スズメ目／ヤブモズ科　中型の鳥。体はスラッとしている。全48種。

チャイロヤブモズ
Black-crowned Tchagra

Tchagra senegalus
スズメ目ヤブモズ科
全長：19〜23cm

● 一腹卵数：2〜4卵
● 抱卵日数：12〜15日
● 卵のサイズ：25×18mm

実物大

[卵の特徴] 地色は白色かピンク色を帯びた白色で、暗めの赤褐色と薄い赤紫色の筋やシミ斑が覆う。

[巣・繁殖] 低木の水平に伸びた枝の上に、小枝や根、蔓の巻きひげなどで浅い椀形の巣を作る。内部に柔らかい細根を敷く。雌が抱卵。

[生息場所] 南アフリカの南端を除くアフリカ大陸、その東のアラビア半島に生息。

● スズメ目／メガネモズ科　　小〜中型の鳥。目の周囲に肉垂れがある。全8種。

エボシメガネモズ
White Helmetshrike

Prionops plumatus
スズメ目メガネモズ科
全長：19〜25cm

- 一腹卵数：2〜5卵
- 抱卵日数：16〜21日
- 卵のサイズ：20×16mm

実物大

［卵の特徴］地色は淡い緑色か薄いピンク色、あるいは淡い黄褐色で、赤紫色や褐色、灰色の斑やシミ斑が覆う。

［巣・繁殖］落葉広葉樹林の樹上に、樹皮片をクモの糸でつむいだ小さな椀形の巣を作る。数羽で1巣を共有して、巣に暮らす全員が交代で抱卵する。親密な家族群を形成する。

［生息場所］アフリカ大陸の南端を除くサハラ砂漠以南の開けた林に、周年群れをなして生息する。

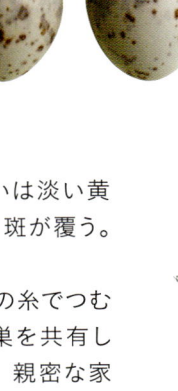

● スズメ目／オーストラリアヒタキ科　　小型の鳥。少し頭が大きい。全46種。

ヒガシキバラヒタキ
Eastern Yellow Robin

Eopsaltria australis
スズメ目オーストラリアヒタキ科
全長：13〜17cm

実物大

- 一腹卵数：2〜3卵（まれに4卵）
- 抱卵日数：15〜17日
- 卵のサイズ：15×11mm

［卵の特徴］地色は淡い青色で、褐色の斑が全体に散らばる。

［巣・繁殖］細い枝の股に、細い枝や葉脈、地衣類や苔、樹皮片などをクモの糸で椀形にまとめて巣を作る。外側には苔を貼る。おもに雌が抱卵。

［生息場所］オーストラリアの乾燥したサバンナから山地の森林に生息する。

● スズメ目／ヒタキ科　　小〜中型の鳥。全452種。

イソヒヨドリ
Blue Rock Thrush

Monticola solitarius
スズメ目ヒタキ科
全長：20〜23cm

- 一腹卵数：3〜6卵
- 抱卵日数：12〜15日
- 卵のサイズ：27×20mm

実物大

[卵の特徴]　地色は淡い緑青色で、淡い黄褐色の微小斑がわずかにある。なかには無斑のものもある。

[巣・繁殖]　海岸の岩棚の割れ目や建物の隙間などに、枯草や細根などを使って皿形の巣を作る。雌が抱卵。

[生息場所]　地中海沿岸からヒマラヤ、中国、アフリカ北部で繁殖分布し、一部はアフリカ中部、アラビア半島、インド、インドネシアで越冬する。日本では海岸地域や島嶼部に分布。

マミジロ
Siberian Thrush

Zoothera sibirica
スズメ目ヒタキ科
全長：20〜23cm

- 一腹卵数：3〜4卵（まれに5卵）
- 抱卵日数：約11日
- 卵のサイズ：29×20mm

[卵の特徴]　地色は淡い青緑色で、青灰色と赤褐色、茶褐色の斑が散らばる。

[巣・繁殖]　低山から亜高山までに位置する森林で、樹上5m付近の枝の分かれ目に、枯草や樹根などを泥で固めて椀形の巣を作る。雌雄で抱卵。

[生息場所]　シベリア南部および南西部、サハリンで繁殖し、ミャンマー、タイ、中国南部、マレーシア、ボルネオ島で越冬する。日本には夏鳥として本州の中部以北に飛来し、北海道から本州中部の産地で繁殖。標高約1500mに位置する林に生息する。

実物大

トラツグミ
White's Thrush

Zoothera dauma
スズメ目ヒタキ科
全長：24〜30cm

- 一腹卵数：3〜5卵
- 抱卵日数：約14日
- 卵のサイズ：34×24mm

実物大

［卵の特徴］地色は淡い緑青色で、淡い赤褐色の小斑が全体にある。

［巣・繁殖］スギ、コナラなどの樹上の枝の股に、細い茎や蘚苔類を用いて椀形にし、産座には松葉などを敷いた巣を作る。クロツグミの巣の倍くらいの大きさ。雌が抱卵。

［生息場所］ユーラシア東部、インド、東南アジア、オーストラリア、タスマニア島などで繁殖し、シベリアで繁殖するものは中国南部などで越冬。日本では全国に分布。

オリーブツグミ
Olive Thrush

Turdus olivaceus
スズメ目ヒタキ科
全長：20〜24cm

- 一腹卵数：1〜4卵
- 抱卵日数：約14日
- 卵のサイズ：29×23.5mm

親鳥の爪の傷

実物大

［卵の特徴］地色はオリーブ色で、褐色のシミ模様が覆う。

［巣・繁殖］地上2〜9mの樹上に、枯草、樹皮、土、根などで椀形の巣を作る。雌が抱卵。

［生息場所］アフリカ東部から南部に生息。

カラアカハラ
Grey-backed Thrush

Turdus hortulorum
スズメ目ヒタキ科
全長：20〜23cm

- 一腹卵数：3〜5卵
- 抱卵日数：12〜13日
- 卵のサイズ：24×18mm

実物大

[卵の特徴] 地色は淡い緑色で、褐色の斑が全体に広がる。

[巣・繁殖] 灌木などの枝の分かれ目に、土や枯草、細根、茎などと土を混ぜ、椀形の巣を作る。

[生息場所] シベリア南東部から中国北東部で繁殖し、中国南東部からベトナムで越冬する。

クロツグミ
Japanese Thrush

Turdus cardis
スズメ目ヒタキ科
全長：21〜22cm

- 一腹卵数：2〜5卵
- 抱卵日数：12〜13日
- 卵のサイズ：27×20mm

実物大

[卵の特徴] 地色は淡い緑青色で、赤褐色のシミ状の斑がある。

[巣・繁殖] 細い枝、枯草、細根と苔を混ぜて椀形の巣を作る。抱卵は雌のみ、子育ては雌雄で行う。

[生息場所] 日本と中国の安徽、湖北、貴州で繁殖し、中国南部、インドシナ、タイ北部で越冬する。日本では、おもに夏鳥として低山や平地の林などで繁殖する。

クビワツグミ
Ring Ouzel

Turdus torquatus
スズメ目ヒタキ科
全長：23〜24cm

● 一腹卵数：3〜6卵
● 抱卵日数：13〜14日
● 卵のサイズ：23×16mm

実物大

[卵の特徴] 地色は淡い青色で、赤褐色の斑やシミ斑が全体を覆う。

[巣・繁殖] 標高1000m以上の針葉樹林や灌木地で繁殖。木の枝の股などに、細根、茎、樹皮などを泥と混ぜ、椀形にした巣を作る。おもに雌が抱卵。

[生息場所] ノルウェー、イギリス北部、アルプスの高地、小アジアで繁殖。一部は留鳥だが、多くはヨーロッパ南部およびアフリカ北部などの地中海沿岸地方で越冬する。

クロウタドリ
Eurasian Blackbird

Turdus merula
スズメ目ヒタキ科
全長：24〜27cm

● 一腹卵数：2〜6卵（通常3〜4卵）
● 抱卵日数：10〜19日
● 卵のサイズ：27×20mm

実物大

[卵の特徴] 地色は薄い青色で、赤褐色の斑が全体に散らばっている。

[巣・繁殖] 地上近くの茂みや棚のなどに、茎や草、根、枝などを用いて椀形の巣を作る。内部の底は泥と藁を混ぜて枝としっかりくっつけてあるため、壊れにくい。雌が抱卵。

[生息場所] 極地方を除くヨーロッパ全域と、アフリカ北部、西アジア、中央アジア、中国南部、インド北部などに分布。

アカハラ
Brown-headed Thrush

Turdus chrysolaus
スズメ目ヒタキ科
全長：23〜24cm

● 一腹卵数：2〜5卵（通常3〜4卵）
● 抱卵日数：13〜14日
● 卵のサイズ：25×19mm

実物大

[卵の特徴] 地色は淡い褐色で、茶褐色や淡い紫色の中〜小の細かいシミ斑がある。

[巣・繁殖] 樹上に、枯草や細い木の根などを腐葉土で固めた椀形の巣を作る。雌が抱卵。

[生息場所] サハリン、南千島と日本の本州、北海道で繁殖し、本州中部以西から中国南部、台湾、フィリピンで越冬。日本では低山から亜高山帯で繁殖する。

アカコッコ
Izu Thrush

Turdus celaenops
スズメ目ヒタキ科
全長：22〜24cm

● 一腹卵数：2〜5卵
● 抱卵日数：約14日
● 卵のサイズ：29×20mm

実物大

鳥メモ
伊豆諸島の特産種で、同諸島に生息するアカハラ（日本の固有種）によく似ている。

[卵の特徴] 地色は淡い緑色、淡い灰褐色などで、淡い紫色や赤褐色の稍粗斑（やや粗い斑）が全面に散らばる。

[巣・繁殖] 繁殖期は4月上旬〜6月下旬。樹上1〜3mの枝の股に、枯葉や茎、細根などで椀形の巣を作る。産座には枯草の細い茎や穂、繊維などを敷き詰める。おもに雌が抱卵。

[生息場所] 利島から青ヶ島にいたる伊豆諸島に分布。

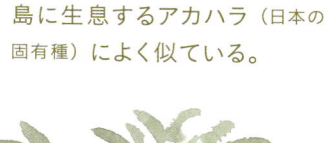

マミチャジナイ
Eyebrowed Thrush

Turdus obscurus
スズメ目ヒタキ科
全長：21〜23cm

- 一腹卵数：4〜6卵
- 抱卵日数：不明
- 卵のサイズ：21×16mm

実物大

[卵の特徴] 地色は青緑色で、褐色の小斑が全体を覆う。

[巣・繁殖] 樹上に、枯草や木の細根などと泥で椀形の巣を作る。雌が抱卵。

[生息場所] シベリアのエニセイ川以東および南部、カムチャツカ半島南部、中国北東部で繁殖し、フィリピン、台湾、中国南部、ボルネオ島などで越冬する。日本では旅鳥としてほぼ全国に渡来。西日本では少数が越冬。

ノハラツグミ
Fieldfare

Turdus pilaris
スズメ目ヒタキ科
全長：24〜28cm

- 一腹卵数：3〜7卵
- 抱卵日数：12〜15日
- 卵のサイズ：25×18mm

実物大

[卵の特徴] 地色は淡い緑色で、細かい褐色斑が全体に広がる。

[巣・繁殖] コロニーで繁殖。大小の木の枝の股に、枯草や根を泥で補強した椀形の巣を作る。地上に営巣することもある。雌が抱卵。

[生息場所] 西ヨーロッパからシベリアのレナ川、モンゴル高原までで繁殖分布。冬季に南下してヨーロッパ中部および南部、黒海、カスピ海周辺で過ごすため、繁殖地は西方に拡大している。

ヤドリギツグミ
Mistle Thrush

Turdus viscivorus
スズメ目ヒタキ科
全長：27〜28cm

- 一腹卵数：3〜5卵（通常4卵）
- 抱卵日数：12〜15日
- 卵のサイズ：31×23mm

実物大

[卵の特徴] 地色は淡い緑青色で、褐色、灰色、赤紫色の大小のシミ模様や斑がある。

[巣・繁殖] 根や苔、枯草などを泥と混ぜ、塗り固めて椀形の巣を作る。布切れ、毛糸、羽毛などを産座に敷くこともある。雌雄で抱卵。

[生息場所] アフリカ北西部、小アジア、ヨーロッパからバイカル湖周辺までで繁殖。ヨーロッパ北部のものはヨーロッパ南西部で、シベリアのものはインド北部で越冬する。

フォークランドツグミ
Austral Thrush

Turdus falcklandii
スズメ目ヒタキ科
全長：23〜27cm

- 一腹卵数：2〜3卵
- 抱卵日数：14〜16日
- 卵のサイズ：29×19mm

実物大

[卵の特徴] 地色は青色で、褐色の斑が全体を覆う。

[巣・繁殖] 岩陰などに、枯草、細根を泥や糞で固めて椀形の巣を作る。雌が抱卵。

[生息場所] チリ、アルゼンチン、フォークランド諸島、ファン・フェルナンデス諸島に分布。

コマドリ
Japanese Robin

Luscinia akahige
スズメ目ヒタキ科
全長：14〜15cm

- 一腹卵数：3〜5卵
- 抱卵日数：12〜14日
- 卵のサイズ：21×15.5mm

実物大

[卵の特徴] 緑青色、淡い黄みを帯びた青色で、無斑。

[巣・繁殖] 亜高山帯の針葉樹および広葉樹の森林で営巣。沢沿いの土手のくぼみや木の根元、枯木の樹洞の中などに、広葉樹の枯葉を主材に、細根、樹皮、細枝を使って浅い椀形の巣を作る。雌が抱卵。

[生息場所] サハリン、日本の北海道および本州、四国、九州で繁殖し、中国南部の福建省、広東省、広西チュワン族自治区で越冬する。

鳥メモ
奈良県、愛媛県の県鳥。

ヨーロッパコマドリ
European Robin

Erithacus rubecula
スズメ目ヒタキ科
全長：13〜15cm

- 一腹卵数：4〜7卵（通常5〜6卵）
- 抱卵日数：12〜21日
- 卵のサイズ：20×14mm

実物大

[卵の特徴] 地色は薄い赤褐色や薄い茶色で、まだら模様や小斑に覆われている。なかには白色で無斑のものや、まだら模様が多いため地色がわからないものもある。

[巣・繁殖] 地面のくぼみ、苔や根の間、樹洞の中などに、小枝や枯葉、細根、草を用いて浅い椀形の巣を作る。雌が抱卵。

[生息場所] 北は北緯67度、東はオビリ川までのヨーロッパと小アジアから北アフリカなどで繁殖し、冬はヨーロッパ南部、北アフリカ、中近東へ渡るものもいる。

サヨナキドリ（ナイチンゲール）
Common Nightingale

Luscinia megarhynchos
スズメ目ヒタキ科
全長：16〜17cm

- 一腹卵数：4〜5卵
- 抱卵日数：13〜14日
- 卵のサイズ：20×15mm

［卵の特徴］地色はくすんだ青緑色で、なかには灰白色や青色の地に褐色の模様がついたものもある。

［巣・繁殖］地面や地面に近い低めの枝に、枯葉、茎、獣毛などで椀形の巣を作る。雌が抱卵。

［生息場所］ヨーロッパ中南部、小アジア、アフリカ北部で繁殖し、アフリカ中央部で越冬。低地の広葉樹林や庭園などの茂みに生息。

ノゴマ
Siberian Rubythroat

Luscinia calliope
スズメ目ヒタキ科
全長：14〜16cm

- 一腹卵数：3〜5卵
- 抱卵日数：13〜14日
- 卵のサイズ：21×14.5mm

［卵の特徴］青緑色で、無斑。あるいは褐色の微小斑がある。

［巣・繁殖］おもに枯草を使った横向きの壺形の巣を作る。産座には細い枯草や細根を敷く。雌が抱卵。

［生息場所］西はウラル山脈から、東はカムチャツカ半島に至るシベリア全域（極地は除く）、中国北東部および中央部、モンゴル北部、サハリンなどで繁殖し、冬はインド、インドシナ半島、中国南部、フィリピンへ渡る。日本では北海道のみで繁殖。

オガワコマドリ
Bluethroat

Luscinia svecica
スズメ目ヒタキ科
全長：13～15cm

- 一腹卵数：4～7卵
- 抱卵日数：約13日
- 卵のサイズ：18×13mm

実物大

［卵の特徴］　地色は緑色を帯びた青色で、赤褐色の小斑や薄い小さなシミ斑が広がる。

［巣・繁殖］　薮の中などで地面にくぼみを作り、枯葉、細根、獣毛などを用いて浅い椀形の巣を地面に埋め込むように作る。雌が抱卵。

［生息場所］　ユーラシアの亜寒帯に繁殖分布し、アフリカ北部からインド、インドシナ半島で越冬する。

コルリ
Siberian Blue Robin

Luscinia cyane
スズメ目ヒタキ科
全長：13～14cm

- 一腹卵数：3～5卵（まれに6卵）
- 抱卵日数：約14日
- 卵のサイズ：18×13mm

実物大

［卵の特徴］　淡い青色で、無斑。

［巣・繁殖］　草木の根元や倒木の下などに、落葉、苔類、樹根、枯枝などを組み合わせて、浅い椀形の巣を作る。産座には細根、苔類を敷く。おもに雌が抱卵。

［生息場所］　シベリア南部、ロシアの極東地方、中国北東部、サハリンで繁殖し、中国南部や東南アジアで越冬する。日本では、夏鳥として本州中部以北の山地で繁殖。

ルリビタキ
Red-flanked Bluetail

Tarsiger cyanura
スズメ目ヒタキ科
全長：13～15cm

- 一腹卵数：3～5卵（まれに7卵まで）
- 抱卵日数：約15日
- 卵のサイズ：17×14mm

［卵の特徴］　地色は白色で、赤褐色か紫色の斑模様や小斑があるものがおもだが、無斑のものや、鈍端部のまわりに斑が密集したものもある。

［巣・繁殖］　針葉樹林や灌木林の地面に、草や細根、苔などを用いて浅い椀形の巣を作る。産座には羊などの獣毛やマツ葉を敷く。雌が抱卵。

［生息場所］　ラップランドからカムチャツカ半島、日本、南はアフガニスタン、ヒマラヤ地方、中国西部などで繁殖。東南アジアで越冬するものもいる。

実物大

アリサンヒタキ
Collared Bush Robin

Luscinia johnstoniae
スズメ目ヒタキ科
全長：11～13cm

- 一腹卵数：2～3卵
- 抱卵日数：14～15日
- 卵のサイズ：22×15mm

［卵の特徴］　淡い灰青色で、無斑。

［巣・繁殖］　灌木の多い森林で、木の根の隙間や岩壁の割れ目、草むらなどに浅い椀形の巣を作る。巣材には、苔、根、枯葉、ナイロンテープなどを使う。雌が巣作り、抱卵を行う。

［生息場所］　台湾にのみ生息。標高2000mほどの所にいて、冬になると標高1000mほどの所に下る。

実物大

クロジョウビタキ
Black Redstart

Phoenicurus ochruros
スズメ目ヒタキ科
全長：14〜15cm

- 一腹卵数：4〜6卵
- 抱卵日数：12〜13日
- 卵のサイズ：19×13mm

[卵の特徴］　白色で、無斑。

[巣・繁殖］　山地の崖、岩場の外からは見えにくい岩穴や隙間などに、枯草、苔、植物の繊維などを用いて椀形の巣を作る。雌が抱卵。

[生息場所］　ヨーロッパ中央部や南部から、東はアジア大陸、中国西部で繁殖。北アフリカ、インドなどで越冬。

実物大

マミジロノビタキ
Whinchat

Saxicola rubetra
スズメ目ヒタキ科
全長：12〜14cm

- 一腹卵数：4〜7卵
- 抱卵日数：12〜13日
- 卵のサイズ：15×12 mm

[卵の特徴］　地色は緑色を帯びた青色で、褐色の小斑が散らばる。

[巣・繁殖］　草原の地上にくぼみを作り、枯草、苔、細い蔓などで浅い椀形の巣を地面に埋め込むように作る。雌が抱卵。

[生息場所］　ヨーロッパ、西アジア、ロシア南西部で繁殖し、アフリカ中部および東部で越冬する。

実物大

ノビタキ
Stonechat

Saxicola torquatus
スズメ目ヒタキ科
全長：11〜13cm

- 一腹卵数：4〜6卵
- 抱卵日数：14〜15日
- 卵のサイズ：18×14mm

実物大

[卵の特徴]　地色は淡い青緑色で、淡い紫色、赤褐色の微小斑が散らばる。鈍端部にシミ斑が集中するものもある。

[巣・繁殖]　草地や藪地などで繁殖。上部が庇状になった雨露がかかりにくい場所で、おもに細長い枯草の茎や葉を使い、浅い椀形の巣を作る。産座には細根や繊維状の枯草を敷き詰める。雌が抱卵。

[生息場所]　ユーラシア中部および南部、アフリカ東部および南部で繁殖し、北のものは冬季に南方へ渡り越冬する。日本では本州の高原、北海道の平地で繁殖し、中国南部やミャンマーで越冬。

キビタキ
Narcissus Flycatcher

Ficedula narcissina
スズメ目ヒタキ科
全長：13〜14cm

- 一腹卵数：3〜5卵
- 抱卵日数：12〜13日
- 卵のサイズ：18×14mm

実物大

鳥メモ
福島県の県鳥。

[卵の特徴]　地色はクリーム色や淡い青色で、褐色の斑が散らばる。

[巣・繁殖]　おもに落葉広葉樹林で繁殖し、樹洞の中や人工物の隙間などに、枯葉や細根を集め、上部を椀形にくぼませた巣を作る。雌が抱卵。

[生息場所]　サハリン、日本、中国の河北省で繁殖し、中国南部および海南島、フィリピン、ボルネオ島などで越冬する。日本には夏鳥として全国に飛来。

オジロビタキ
Taiga Flycatcher

Ficedula albicilla
スズメ目ヒタキ科
全長：10〜12cm

- 一腹卵数：4〜7卵
- 抱卵日数：12〜15日
- 卵のサイズ：12×9mm

実物大

[卵の特徴] 地色は淡い黄茶色で、淡い赤褐色の小斑が全体を覆う。

[巣・繁殖] 針葉樹や広葉樹が茂った樹高の高い林の枯木や岩の割れ目などに、苔、枯草、根、細い繊維などをクモの糸でまとめて椀形の巣を作る。雌が抱卵。

[生息場所] ヨーロッパ東部からカムチャツカ半島で繁殖分布し、インド、インドシナ半島で越冬する。

オオルリ
Blue-and-white Flycatcher

Cyanoptila cyanomelana
スズメ目ヒタキ科
全長：16〜17cm

- 一腹卵数：4〜6卵
- 抱卵日数：14〜15日
- 卵のサイズ：21×15.5mm

実物大

鳥メモ
栃木県の県鳥。

[卵の特徴] 白色や黄白色で、無斑。淡い黄褐色の細かい斑点が見られるものもある。

[巣・繁殖] 崖のくぼみや樹洞の中、建物のすき間などに、枯草と多量の蘚苔類を集め、座布団のようにして中央を椀形にくぼませた巣を作る。産座には細い植物繊維などを敷く。雌が抱卵。

[生息場所] 中国北東部およびアムール地方、日本で繁殖し、フィリピン、インドシナ、ボルネオ島で越冬する。日本では夏鳥として渡来し、九州以北で繁殖、渓谷に面した低山の林に生息する。

ムナフヒタキ
Spotted Flycatcher

Muscicapa striata
スズメ目ヒタキ科
全長：13〜15cm

- 一腹卵数：2〜7卵（通常4〜5卵）
- 抱卵日数：12〜17日
- 卵のサイズ：20×13mm

実物大

[卵の特徴] 地色は緑色を帯びた灰色か淡い青緑色で、黄褐色と赤褐色の斑が全体を覆う。

[巣・繁殖] 壁の隙間や果樹の幹に、苔や枯葉、獣毛などをクモの糸でまとめて浅い椀形の巣を作る。雌雄で抱卵。

[生息場所] ユーラシア大陸、北はロシア北部およびシベリア西部、東はモンゴル北部、南はアフリカの北西部などで繁殖。アフリカ南部で越冬。

コサメビタキ
Asian Brown Flycatcher

実物大

Muscicapa dauurica
スズメ目ヒタキ科
全長：12〜14cm

- 一腹卵数：2〜4卵
- 抱卵日数：12〜14日
- 卵のサイズ：17×13mm

[卵の特徴] 地色は淡い灰青色か淡褐色で、おもに無斑。淡褐色のシミ斑があるものもある。

[巣・繁殖] 平地から低山の森林で、樹上3〜8mにある横枝の上に、苔を主材にクモの巣の糸をからめて椀形の巣を作る。周りにあるウメノキゴケなどを外側に貼るので、巣は一見、木のコブのように見える。雌が抱卵。

[生息場所] ロシアのバイカル湖付近から極東地域、中国北東部、サハリン、日本、インド、ヒマラヤで繁殖し、東南アジア、中国南部、インドなどで越冬する。インドでは留鳥として周年見られる。

● スズメ目／オウギビタキ科　　小型の鳥。長い尾羽を扇のように広げる。全44種。

ヨコフリオウギビタキ
Willie-wagtail

Rhipidura leucophrys
スズメ目オウギビタキ科
全長：19〜21cm

● 一腹卵数：3〜4卵
● 抱卵日数：12〜16日
● 卵のサイズ：20×16mm

実物大

[卵の特徴]　地色は淡い灰褐色で、淡い黄褐色や褐色、灰色の小斑が中央部に散らばる。

[巣・繁殖]　細い枝の股に、樹皮や苔、獣毛などをクモの糸で椀形にまとめて巣を作る。雌が抱卵。

[生息場所]　オーストラリアに分布し、タスマニア島、ニューギニア、マルク諸島、ソロモン諸島でも見られる。

ハイイロオウギビタキ
New Zealand Fantail

Rhipidura fuliginosa
スズメ目オウギビタキ科
全長：14〜17cm

実物大

● 一腹卵数：3〜4卵
● 抱卵日数：14〜15日
● 卵のサイズ：20×15mm

[卵の特徴]　地色はクリーム色で、淡い茶褐色の帯状の斑や小斑が散らばる。

[巣・繁殖]　地上近くの細い枝の上に、細い植物繊維などをクモの糸で丁寧にまとめ、小さな椀形の巣を作る。雌が抱卵。

[生息場所]　オーストラリアのほぼ全域、タスマニア島、ニュージーランド、ニューカレドニア、バヌアツに分布。

● スズメ目／カササギヒタキ科　　小〜中型の鳥。尾は長く、足は短い。冠羽を持つ種が多い。全97種。

サンコウチョウ
Japanese Paradise Flycatcher

Terpsiphone atrocaudata
スズメ目カササギヒタキ科
全長：約45cm(♂)　約18cm(♀)

- 一腹卵数：3〜5卵
- 抱卵日数：12〜14日
- 卵のサイズ：20×15mm

実物大

鳥メモ
静岡県の県鳥。

[卵の特徴]　地色は淡いクリーム色、白色、淡褐色で、黒みを帯びた褐色、灰色、赤茶色の小斑が散らばる。

[巣・繁殖]　低山の薄暗い森で、高木の下枝や下生えの低木の樹上1.5〜5mにある細い枝の股に、樹皮、ウメノキゴケなどをクモの糸でかがってコップ形の巣を作る。雌雄で抱卵。

[生息場所]　日本、台湾、フィリピンに繁殖分布し、中国南部からスマトラで越冬する。

カワリサンコウチョウ
Asian Paradise Flycatcher

Terpsiphone paradisi
スズメ目カササギヒタキ科
全長：約50cm(♂)

- 一腹卵数：2〜5卵
- 抱卵日数：13〜16日
- 卵のサイズ：20×15mm

実物大

[卵の特徴]　地色は淡い桃色か白色で、赤褐色や黒褐色の斑やまだら模様があり、鈍端部に帯状に集まる。

[巣・繁殖]　水上に張り出したマングローブ林の細い枝の股に、草や細根、繊維、葉などをクモの糸などで束ねた深い円錐形の巣を作る。雌雄で抱卵。

[生息場所]　ウスリー川沿域、中国、朝鮮半島、マレー半島からインド、ヒマラヤに繁殖分布。それぞれ南部に移動して越冬。

● スズメ目／モズヒタキ科　　小〜中型の鳥。体はがっしりしている。全56種。

キバラモズヒタキ
Golden Whistler

Pachycephala pectoralis
スズメ目モズヒタキ科
全長：16〜19cm

- 一腹卵数：2〜3卵
- 抱卵日数：15〜16日
- 卵のサイズ：21×16mm

実物大

[卵の特徴]　地色はクリーム色か淡い黄茶色で、褐色と暗褐色の斑やシミ模様がある。鈍端部に斑が集中しているものもある。

[巣・繁殖]　藪の木の枝の股に、細い木の枝や枯草、樹皮を使って浅い椀形の巣を作る。クモの糸で固定し、産座に細かい草を敷く。抱卵と子育ては雌雄で行う。

[生息場所]　インドネシア、オーストラリア南部と東部、タスマニア、フィジーに幅広く分布する。

ハイイロモズツグミ
Grey Shrike-thrush

Colluricincla harmonica
スズメ目モズヒタキ科
全長：22〜25cm

- 一腹卵数：1〜4卵
- 抱卵日数：15〜19日
- 卵のサイズ：27×21mm

[卵の特徴]　地色はクリーム色や桃色を帯びた白色で、褐色や灰色の大きな斑やシミ模様が広がっている。薄茶色の地に、茶色の細かい斑が全体に広がっているものもある。

[巣・繁殖]　木の割れ目、壁に絡んだ蔓植物の中、密生した下生えの中などに、長い樹皮片や枯葉を用いて椀形の巣を作る。産座には細根や細かい草を敷く。雌が抱卵。

[生息場所]　オーストラリアの大部分、タスマニア島、ニューギニアの一部に生息。

実物大

● スズメ目／セッカ科　　小型の鳥。くちばしと尾が細く長いのが特徴。全145種。

セッカ
Zitting Cisticola

Cisticola juncidis
スズメ目セッカ科
全長：約10cm

- 一腹卵数：4〜6卵
- 抱卵日数：11〜15日
- 卵のサイズ：16×11.5mm

[卵の特徴]　地色は白色または淡い青緑色で、灰青色や淡紫褐色の小斑がある。

[巣・繁殖]　河川などの草原で、雄がクモの糸で葉を筒状に縫い合わせる。雌はそれが気に入ると雄と交尾し、チガヤの穂などで袋状の内装をする。一夫多妻で、雌が抱卵。

[生息場所]　ヨーロッパ南部、アフリカ、インド、東南アジア、中国、日本、フィリピン、インドネシア、オーストラリアなどに分布。日本では本州以南で繁殖。冬は温暖な地方へ移動する。低地から山地の草原に生息。

オナガサイホウチョウ
Common Tailorbird

Orthotomus sutorius
スズメ目セッカ科
全長：10〜14cm

- 一腹卵数：3〜5卵（通常3卵）
- 抱卵日数：約12日
- 卵のサイズ：15×11mm

[卵の特徴]　地色は白色、クリーム色、青色、褐色、淡い緑色などで、ピンク色か赤みを帯びた褐色、薄茶色、灰色を帯びた小さな斑やシミ、まだら様がある。鈍端部に小斑が集中しているものもある。

[巣・繁殖]　木の葉をクモの糸や綿などで縫い合わせて（大きい葉なら1枚で）袋状にし、その中に細い繊維でカップ形の巣を作る。産座に柔らかな繊維を敷き詰める。雄が巣材を運び、雌が巣を作る。雌雄で抱卵。

[生息場所]　インド、スリランカから中国南部、マレーシア、ジャワ島までの東南アジアに分布する。

マミハウチワドリ
Plain Prinia

Prinia inornata
スズメ目セッカ科
全長：10～12cm

● 一腹卵数：3～6卵（通常4～5卵）
● 抱卵日数：約12日
● 卵のサイズ：15×10mm

実物大

［卵の特徴］　地色は薄い青色で、薄い赤色、紫色などの斑やシミ模様があり、鈍端部にシミ模様がキャップ状にある。

［巣・繁殖］　低木林や草原、棘のある木の藪や農地などに営巣。枯草の細片を細かく編み込み、細長い球形の巣を作る。産座にクモの糸や獣毛などを敷く。雌雄で抱卵。

［生息場所］　インドから、東は中国南部、海南島から台湾まで、南は東南アジア、ジャワ島までに生息。

アオハウチワドリ
Yellow-bellied Prinia

Prinia flaviventris
スズメ目セッカ科
全長：12～14cm

● 一腹卵数：3～5卵
● 抱卵日数：12～15日
● 卵のサイズ：15×11mm

実物大

［卵の特徴］　地色は淡い赤黄色で、赤茶色のシミ斑や多様な模様が覆う。

［巣・繁殖］　葦やスゲが生える湿原で、背の高い植物の茎に、細い草などをクモの糸と織り込んだ細長い球形の巣を作る。雌雄で抱卵。

［生息場所］　台湾、ボルネオ、ジャワからパキスタンにかけて分布。

● スズメ目／オーストラリアムシクイ科　　小型の鳥。足と尾が細く長いのが特徴。全27種。

ルリオーストラリアムシクイ
Superb Fairywren

Malurus cyaneus
スズメ目オーストラリアムシクイ科
全長：15〜20cm

- 一腹卵数：2〜4卵
- 抱卵日数：約14日
- 卵のサイズ：16×12mm

実物大

[卵の特徴]　地色は白色から淡い黄土色で、褐色の細かい斑が広がる。鈍端部に斑が集中しているものもある。

[巣・繁殖]　柔らかな枯草をクモの糸で固定し、球形の巣を作る。横に出入口を設け、産座には細かい草や植物の毛、少量の羽毛、獣毛を敷く。雌が抱卵。

[生息場所]　オーストラリア南東部、クイーンズランド州の南部からニューサウスウェールズ州、ビクトリア州の沿岸域、バス海峡のカンガルー島、キング島などの森に生息。

● スズメ目／キクイタダキ科　　小型の鳥。冠羽が目立つ。全6種。

キクイタダキ
Goldcrest

実物大

Regulus regulus
スズメ目キクイタダキ科
全長：8〜10cm

- 一腹卵数：6〜13卵
- 抱卵日数：14〜17日
- 卵のサイズ：14×10.5mm

[卵の特徴]　地色は白色か黄白色、クリーム色で、薄い黄茶色の細かい斑が散らばる。斑は鈍端部に密集し帯状になっている。

[巣・繁殖]　繁殖地は針葉樹林のみに限られる。青苔などをクモの糸で絡め、産座に羽毛を敷いた球形で椀形の巣を針葉樹の枝先に吊り下げる。雌が抱卵。

[生息場所]　ヨーロッパから日本までのユーラシア温帯地域に分布。

鳥メモ
日本で見られる最小の鳥。

● スズメ目／トゲハシムシクイ科　小〜中型の鳥。くちばしと尾が細く短いのが特徴。全63種。

キイロモフアムシクイ
Yellowhead

Mohoua ochrocephala
スズメ目トゲハシムシクイ科
全長：14〜15cm

● 一腹卵数：2〜4卵
● 抱卵日数：約21日
● 卵のサイズ：21.5×17mm

実物大

[卵の特徴]　地色は淡い桃色を帯びた白色で、淡い茶色、淡褐色の斑が散らばる。

[巣・繁殖]　林の中の高いところにある樹洞の中や岩の裂け目に、枯草、根、植物繊維、羽を使って浅い椀形の巣を作る。雌が抱卵。

[生息場所]　ニュージーランド南島の自然林に分布。

コモントゲハシムシクイ
Yellow-rumped Thornbill

Acanthiza chrysorrhoa
スズメ目トゲハシムシクイ科
全長：9〜12cm

実物大

● 一腹卵数：2〜5卵
● 抱卵日数：16〜18日
● 卵のサイズ：18×13mm

[卵の特徴]　地色は白色で、鈍端部に褐色の小斑がある。

[巣・繁殖]　出入口を草と樹皮で隠したドーム形の巣を作る。ドームの上部分には天敵を欺くための「偽の巣」と思われる椀形のくぼみを施す。雌が抱卵。

[生息場所]　オーストラリア南部・東部・タスマニア島のおもに草地に生息する。

● スズメ目／ウグイス科　小型の鳥。体色は目立たない。全78種。

ウグイス
Japanese Bush Warbler

Cettia diphone
スズメ目ウグイス科
全長：15〜18cm

● 一腹卵数：3〜5卵
● 抱卵日数：約16日
● 卵のサイズ：18×14mm

［卵の特徴］暗褐色で、無斑。

［巣・繁殖］日本では全国で見られ、低地から山地などで繁殖する。笹藪や灌木林のなかで、地上から1.5mほどまでの高さの枝に、枯れた笹やススキの茎葉などを使って壺状の巣を作る。雌が巣作り、抱卵、子育てを行う。

［生息場所］旧北区※、中国東北部から南東部、サハリン、ウスリー川流域、朝鮮半島、日本などで生息し、繁殖する。
※旧北区…ユーラシア大陸のヒマラヤ山脈以北とアフリカ大陸のサハラ砂漠以北を含む地区

実物大

鳥メモ
山梨県、福岡県の県鳥。

ヤブサメ
Asian Stubtail

Urosphena squameiceps
スズメ目ウグイス科
全長：9〜11cm

● 一腹卵数：5〜7卵
● 抱卵日数：約13日
● 卵のサイズ：16×12mm

実物大

［卵の特徴］地色は白色で、淡い灰色や赤褐色の斑が全体を覆う。

［巣・繁殖］低山帯の森林で、木の根元などのくぼみに、蘚苔類、枯葉などで浅い椀形の巣を作る。雌が抱卵。

［生息場所］ウスリー川流域、中国北東部、朝鮮半島、日本で繁殖し、冬は中国南部、東南アジアへ渡る。日本では九州以北から北海道に分布。

チャイロオウギセッカ
Brown Bush Warbler

Bradypterus luteoventris
スズメ目ウグイス科
全長：12〜14cm

- 一腹卵数：3〜5卵
- 抱卵日数：12〜13日
- 卵のサイズ：14×11mm

実物大

［卵の特徴］ 地色は淡い赤色で、赤褐色のまだら模様があり、鈍端部に帯状やキャップ状の斑がある。

［巣・繁殖］ 茂みの中などに枯草の葉で編んだ椀形の巣を作る。産座には草の細い茎を敷く。巣はドーム形のものもあるといわれている。巣作りは雌が行うことが多く、抱卵は雌雄で行うが、おもに雌が担当する。

［生息場所］ インド、ブータン、ミャンマー、中国、ベトナムに生息。

●スズメ目／センニュウ科　　小型の鳥。体色は目立たない。全8種。

エゾセンニュウ
Gray's Grasshopper Warbler

Locustella fasciolata
スズメ目センニュウ科
全長：16〜18cm

- 一腹卵数：3〜4卵
- 抱卵日数：約15日
- 卵のサイズ：22×16mm

実物大

［卵の特徴］ 地色は灰白色で、灰青色、暗い紫色、紫褐色などの小斑が全面に散らばる。

［巣・繁殖］ 低木の枝や草の茎に、枯茎やイネ科植物の葉で椀形の巣を作る。産座には細い枯葉や根、獣毛を敷く。雌が抱卵。

［生息場所］ 西シベリアの低地、東南部からウスリー川流域にかけて、サハリンと北海道で繁殖分布。冬季は、フィリピン、スラウェシ島、ニューギニアへ渡る。

ウチヤマセンニュウ
Styan's Grasshopper Warbler

Locustella pleskei
スズメ目センニュウ科
全長：16〜17cm

● 一腹卵数：3〜6卵（通常4卵）
● 抱卵日数：14〜15日
● 卵のサイズ：21×14mm

実物大

［卵の特徴］地色は淡い青灰色で、青灰色、茶褐色の斑や糸状斑がある。

［巣・繁殖］ススキの枯葉や茎を粗雑に折り曲げて編み、産座に細い枯草、細根などを敷き詰めた椀形の巣を作る。雌が抱卵。

［生息場所］伊豆諸島、九州北部、朝鮮半島西岸の島々で繁殖分布。中国南東部、ベトナムで越冬すると考えられている。

マキノセンニュウ
Lanceolated Grasshopper Warbler

Locustella lanceolata
スズメ目センニュウ科
全長：11〜13cm

● 一腹卵数：3〜5卵
● 抱卵日数：12〜14日
● 卵のサイズ：18×13mm

［卵の特徴］地色は淡い青白色で、全体に褐色や赤褐色の斑点があり、鈍端部に密集帯が見られる。

［巣・繁殖］海岸付近などの草原や藪の中に、細い枯草を巻きつけた椀形の巣を作る。雌が抱卵。

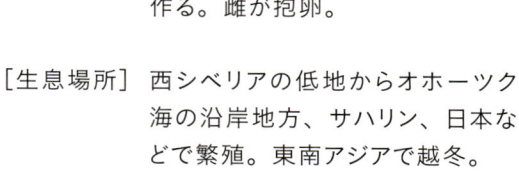

実物大

［生息場所］西シベリアの低地からオホーツク海の沿岸地方、サハリン、日本などで繁殖。東南アジアで越冬。

● スズメ目／ヨシキリ科　　小型の鳥。体色は目立たない。全48種。

スゲヨシキリ
Sedge Warbler

Acrocephalus schoenobaenus
スズメ目ヨシキリ科
全長：12〜14cm

● 一腹卵数：2〜7卵
● 抱卵日数；13〜15日
● 卵のサイズ：16×12mm

実物大

[卵の特徴]　地色は淡い黄褐色で、褐色の小さな斑やシミ斑が密に覆う。

[巣・繁殖]　藪の中や葦原に、細い茎や枯草、柳の穂などを使って椀形の巣を作る。雌が抱卵。

[生息場所]　ヨーロッパの東はシベリアまで、南東はイランなどで繁殖（スペイン、ポルトガル、地中海沿岸地方の一部除く）。サハラ砂漠南部、ナイジェリア東部で越冬。

ヨーロッパヨシキリ
Eurasian Reed Warbler

Acrocephalus scirpaceus
スズメ目ヨシキリ科
全長：12〜14cm

● 一腹卵数：3〜5卵
● 抱卵日数：8〜13日
● 卵のサイズ：16×12.5mm

実物大

[卵の特徴]　地色は淡い青色や淡いオリーブ色で、青灰色、淡い緑色、茶褐色の斑やシミ斑が覆う。

[巣・繁殖]　葦原や水辺で、枯草、穂を使って椀形にし、3〜4本の葦の茎の間にくくりつけるようにして巣を作る。雌が抱卵。

[生息場所]　ヨーロッパ、ロシア西部、中央アジア、小アジアに繁殖分布し、アフリカ北部および西部で越冬する。

311

コヨシキリ
Black-browed Reed Warbler

Acrocephalus bistrigiceps
スズメ目ヨシキリ科
全長：12〜14cm

- 一腹卵数：4〜6卵
- 抱卵日数：13〜14日
- 卵のサイズ：17×13mm

実物大

[卵の特徴]　地色は淡いオリーブ色を帯びた褐色や黄緑色を帯びた褐色で、黒褐色の小さなシミ状の斑がところどころにある。

[巣・繁殖]　草原で、葦の茎に葦、ススキなどの枯葉を絡ませるように椀形の巣を作る。おもに雌が抱卵。

[生息場所]　バイカル湖東部、モンゴル北東部、ウスリー川流域、中国北東部、オホーツク海沿岸とサハリン、日本で繁殖し、中国南部、インドシナ北部、タイ、ミャンマーで越冬する。日本には夏鳥として、4〜5月頃に九州以北に渡来して繁殖。

オオヨシキリ
Oriental Great Reed Warbler

Acrocephalus orientalis
スズメ目ヨシキリ科
全長：19〜20cm

- 一腹卵数：3〜6卵
- 抱卵日数：13〜15日
- 卵のサイズ：20×15mm

実物大

[卵の特徴]　地色は淡い青灰色で、暗褐色の斑や淡い紫を帯びた灰色のぼかし斑や小斑が散らばる。鈍端部に斑が集中するものもある。

[巣・繁殖]　繁殖期は5〜8月に1〜2回。イネ科植物の枯葉や穂、茎、根などをからませた椀形の巣を、葦の茎と茎の間にくくりつけるようにして作る。低木にも営巣することがある。巣作りと抱卵は雌が行う。

[生息場所]　アフリカ北部、中央アジア、ロシアのアムール川流域から中国東部、日本などで繁殖。日本には夏鳥として渡来し、冬は東南アジアへ渡る。

● スズメ目／ズグロムシクイ科　小型の鳥。体色は目立たない。全25種。

ニワムシクイ
Garden Warbler

Sylvia borin
スズメ目ズグロムシクイ科
全長：13〜15cm

● 一腹卵数：4〜5卵
● 抱卵日数：11〜12日
● 卵のサイズ：19×14mm

実物大

[卵の特徴]　地色は淡い灰色か淡い黄褐色、淡い青色などで、褐色、灰色、淡い紫色の斑やシミ模様が鈍端部を中心に散らばる。

[巣・繁殖]　落葉樹林や針広混交林、低木林、果樹園などの生い茂った藪の中の低い場所に、枯草で椀形の巣を作る。産座に細かい草や細根、獣毛を敷く。雌雄で抱卵。

[生息場所]　ヨーロッパのほぼ全域、エニセイ川以西の西シベリアに繁殖分布し、アフリカ中部および南部で越冬する。林の下生えや茂みに生息。

ノドジロムシクイ
Common Whitethroat

Sylvia communis
スズメ目ズグロムシクイ科
全長：13〜15cm

● 一腹卵数：4〜6卵（通常5卵）
● 抱卵日数：9〜14日
● 卵のサイズ：19×13.5mm

実物大

[卵の特徴]　地色は淡い灰白色、淡い緑色を帯びた白色で、淡い緑色や淡い黄褐色のシミ斑が全体に散らばる。

[巣・繁殖]　雄がいくつもの求愛巣を作り、雌がそれを気に入ると、新たに別の場所に営巣する。低木や野原の周縁の茂みの深い場所に、枯草、根、毛などをクモの糸でまとめて椀形の巣を作る。雌雄で抱卵。

[生息場所]　北極地域を除くヨーロッパから西シベリア、アフリカ北部、小アジア、モンゴル北部、西アジア北部で繁殖し、サハラ以南のアフリカ南部で越冬する。

コノドジロムシクイ
Lesser Whitethroat

Sylvia curruca
スズメ目ズグロムシクイ科
全長：12〜14cm

- 一腹卵数：3〜7卵
- 抱卵日数：11〜12日
- 卵のサイズ：16×12.5mm

実物大

[卵の特徴]　地色はオリーブ色で、淡い黄褐色や褐色、灰色などの多様な色合いの小斑やシミ模様がある。

[巣・繁殖]　まず雄が藪の中などにいくつもの皿形の求愛巣を作り、その後、雌と共同で椀形の巣を作る。産座には細根、苔、毛、クモの糸やマユの糸を敷く。雌雄で抱卵。

[生息場所]　フランス以東のヨーロッパからシベリアのレナ川、バイカル湖周辺の地域まで、および中国北部などで繁殖し、アフリカ北東部、イラン、インド北西部で越冬する。

● スズメ目／ムシクイ科　　小型の鳥。体色は目立たない。全111種。

キタヤナギムシクイ
Willow Warbler

Phylloscopus trochilus
スズメ目ムシクイ科
全長：11〜13cm

- 一腹卵数：4〜8卵
- 抱卵日数：12〜14日
- 卵のサイズ：15×12mm

実物大

[卵の特徴]　地色は白色か淡い赤色で、赤みを帯びた淡い黄褐色の小斑が殻全体を覆う。

[巣・繁殖]　背の高い大小の木が生い茂る草原の地面に、草や葉柄、苔、樹皮片、細根などでドーム形の巣を作る。巣作りは雌が行うが、巣材探しは雄も手伝う。雌が抱卵。

[生息場所]　イベリア半島、バルカン半島を除く西ヨーロッパから、スカンジナビア半島、西シベリア、北東シベリアのアナジール川までで繁殖し、アフリカ東部および中部、西部で越冬する。

チフチャフ
Commn Chiffchaff

Phylloscopus collybita
スズメ目ムシクイ科
全長：11〜12cm

● 一腹卵数：5〜6卵
● 抱卵日数：13〜15日
● 卵のサイズ：16×13mm

[卵の特徴]　地色は白色で、赤褐色の小斑が散らばる。

[巣・繁殖]　地面に近い藪の中に、枯葉や蔓、苔、羽などを使い、横向きに入口のある球形の巣を作る。雄はテリトリーを守ることに専念し、雌が巣作り、抱卵、子育てを行う。

[生息場所]　ヨーロッパの南部を除く地域からシベリアのコリマ川、カフカス地方、カスピ海地方で繁殖し、アフリカ北部および東部、西部、アラビア半島、インドで越冬する。

実物大

メボソムシクイ
Japanese Leaf Warbler

Phylloscopus xanthodryas
スズメ目ムシクイ科
全長：12〜13cm

● 一腹卵数：5〜6卵
● 抱卵日数：11〜13日
● 卵のサイズ：18×14mm

実物大

[卵の特徴]　地色は白灰色で、薄茶色と赤褐色のシミ状の小斑点が鈍端部を中心に全体に散らばる。

[巣・繁殖]　林縁で地表が蘚苔類に覆われた場所に営巣。斜面になった地面のくぼみに、蘚苔類を主材にした球形の巣を作り、産座には枯葉、細根などを使う。雌が抱卵。

[生息場所]　ヨーロッパ北部から森林限界近くに至るシベリアやカムチャツカ半島、サハリン、日本で繁殖し、インドシナ、フィリピンなどで越冬。日本では本州、四国の高山のほか、夏鳥として渡った北海道で少数が繁殖する。

センダイムシクイ
Eastern Crowned Leaf Warbler

Phylloscopus coronatus
スズメ目ムシクイ科
全長：11〜12cm

- 一腹卵数：4〜7卵
- 抱卵日数：11〜13日
- 卵のサイズ：17×12.5mm

実物大

[卵の特徴] 白色で、無斑。

[巣・繁殖] 低山の落葉広葉樹林の草の根元や崖のくぼみに、蘚類や枯草などで側面に出入口のある球形の巣を作る。雌が抱卵から子育てまでを行う。ツツドリに托卵を受けることがある。

[生息場所] ロシアの極東地域や中国北東部、朝鮮半島、日本で繁殖し、インドシナ、マレーシアなどで越冬する。日本では夏鳥として、九州以北の低山で生息。

イイジマムシクイ
Ijima's Leaf Warbler

Phylloscopus ijimae
スズメ目ムシクイ科
全長：11〜12cm

実物大

- 一腹卵数：3〜4卵
- 抱卵日数：約14日
- 卵のサイズ：17×13mm

鳥メモ
和名は、動物学者の飯島魁（いいじまいさお・1861〜1921年）に由来。

[卵の特徴] 純白色で、無斑。

[巣・繁殖] 山地の森林や灌木林などで、樹上約2mの葉の生い茂る枝上に、朽ちた葉や細い蔓植物を使って、側面に出入口のある球形の巣を作る。雌が抱卵。

[生息場所] 伊豆諸島の大島から、青ヶ島、トカラ列島の一部に夏鳥または留鳥として生息。フィリピンで越冬すると考えられているが、詳細は不明。

● スズメ目／チメドリ科　体色や体形は多種多様。全309種。

ムナフジチメドリ
Puff-throated Babbler

Pellorneum ruficeps
スズメ目チメドリ科
全長：15〜17cm

● 一腹卵数：2〜5卵
● 抱卵日数：不明
● 卵のサイズ：20×15mm

実物大

[卵の特徴]　地色は白色で、褐色、赤褐色、黒紫色を帯びた斑やシミ模様が鈍端部を中心に全体を覆う。

[巣・繁殖]　低木の茂みや竹林などの傾斜した地面に、枯草や草、苔、細根を用いてボール形の大きな巣を作る。雌が抱卵。

[生息場所]　インド、ヒマラヤからタイ、ミャンマー、マレーシアに分布。標高0〜1300mに生息する。

メジロチメドリ
Grey-cheeked Fulvetta

Alcippe morrisonia
スズメ目チメドリ科
全長：12〜14cm

● 一腹卵数：2〜4卵
● 抱卵日数：12〜14日
● 卵のサイズ：13×10mm

実物大

[卵の特徴]　地色はクリーム色で、褐色や灰色のシミ模様や斑がまばらに広がり、スジ模様が見られるものもある。

[巣・繁殖]　2mほどの木の枝の分かれ目に、樹皮、柔らかい蔓、笹の葉などを巻き付け、笹の葉、苔、根、シダなどをクモの糸で椀形にまとめ、吊るすようにして巣を作る。雌雄で抱卵。

[生息場所]　中国、台湾、ミャンマー、ベトナム、タイ、ラオスに生息。

● スズメ目／シジュウカラ科　　全長22cmのサルタンガラを除き、小型の鳥。全56種。

シジュウカラ
Japanese Tit

Parus minor
スズメ目シジュウカラ科
全長：12〜14cm

- 一腹卵数：5〜12卵（通常7〜10卵）
- 抱卵日数：12〜15日
- 卵のサイズ：16×12mm

[卵の特徴]　地色は純白色で、赤褐色の小斑が全体に広がる。無斑のものもある。

[巣・繁殖]　樹洞の中やキツツキの古巣、リスの古巣などに苔を加えて巣を作る。産座に獣毛や綿羽などを敷く。雌のみが抱卵し、抱卵中は雄が給餌する。親鳥が巣を離れるときには、産座の敷物を卵にかける。

[生息場所]　ヨーロッパから北アフリカ、中東、イラン、マレー半島、ジャワ島、東は中国、日本。

コガラ
Willow Tit

Poecile montanus
スズメ目シジュウカラ科
全長：11〜12cm

- 一腹卵数：5〜9卵
- 抱卵日数：13〜15日
- 卵のサイズ：16×13mm

[卵の特徴]　地色は白色で、赤褐色、暗褐色の小斑がある。

[巣・繁殖]　枯木に穴を掘り、ゼンマイの毛や獣毛を集めて浅い椀形の巣を作る。雌が抱卵。

[生息場所]　ユーラシアの温帯北部と亜寒帯に分布。日本では北海道、本州、九州に分布する。

ヒガラ
Coal Tit

Periparus ater
スズメ目シジュウカラ科
全長：10〜12cm

- 一腹卵数：5〜13卵
- 抱卵日数：14〜16日
- 卵のサイズ：15×11mm

[卵の特徴] 地色は白色で、赤褐色やシミ状の赤褐色斑が鈍端部を中心に散在する。

[巣・繁殖] 樹洞の中やキツツキの古巣に多量の蘚苔類などを入れ、椀形の巣を作る。おもに雌が抱卵し、雌と雄が共同で子育てをする。

[生息場所] ユーラシアの温帯、亜寒帯とアフリカ北部に分布。日本では4〜5月に屋久島以北に分布し、亜高山の針葉樹林や針広混合林に生息。

実物大

● スズメ目／ゴジュウカラ科　　小型の鳥。くちばしがしっかりしていて、尾が短い。全27種。

ゴジュウカラ
European Nuthatch

Sitta europaea
スズメ目ゴジュウカラ科
全長：13〜15cm

- 一腹卵数：4〜13卵
- 抱卵日数：13〜15日
- 卵のサイズ：20×15mm

[卵の特徴] 地色は白色で、淡い黄色、赤褐色の小斑が全体に広がる。

[巣・繁殖] おもに樹洞の中に営巣。多量の樹皮や枯草を集めて巣にする。立ち枯れの木に穴を開けたり、キツツキ類の古巣を利用することもある。穴の出入口が大きい場合には、泥を唾液で固めた壁で調節する。雌が抱卵。

[生息場所] 寒帯とインド南部を除くユーラシアに分布。日本では留鳥として九州以北に生息。

実物大

● スズメ目／エナガ科　　小型の鳥。尾が長く、くちばしが小さいのが特徴。群れで暮らす。全13種。

エナガ
Long-tailed Tit

Aegithalos caudatus
スズメ目エナガ科
全長：13〜16cm

- 一腹卵数：6〜15卵（通常7〜12卵）
- 抱卵日数：12〜18日
- 卵のサイズ：14×10mm

実物大

[卵の特徴]　地色は白色で、赤褐色の斑が鈍端部を中心に散らばる。

[巣・繁殖]　よく茂った常緑樹の枝先か枝の根元に、スギゴケ類を蛾の繭の糸などでまとめ、木のこぶに似せた洋梨形の巣を作る。横の上部を出入口とし、巣の中や産座には羽毛をたくさん敷く。おもに雌が抱卵するが、雄も協力する。いつもは20〜30羽のグループだが、繁殖期には、つがいで生活する。

[生息場所]　ユーラシア大陸の温帯から亜寒帯で広く繁殖し、日本でも北海道から九州までの全国に留鳥として分布し、繁殖する。

ヤブガラ
Bushtit

Psaltriparus minimus
スズメ目エナガ科
全長：10〜11cm

- 一腹卵数：4〜8卵
- 抱卵日数：12〜13日
- 卵のサイズ：13×9mm

実物大

[卵の特徴]　白色で、無斑。

[巣・繁殖]　樹上の枝に、植物繊維や苔、細い葉や枝などをクモの糸でつむぎ、中に綿毛や羽毛を入れ、上部側面に出入口がある長さ18〜30cmほどの瓢箪形の巣を作る。雌雄で抱卵。雛がかえると、両親以外の鳥もヘルパーとして餌運びをする。

[生息場所]　アメリカ西部からメキシコ、グアテマラの灌木林、荒地や樹木が多い住宅地などで群れをつくって生息する。

● スズメ目／ツリスガラ科　　小型の鳥。くちばしが細く、とがっている。全13種。

ツリスガラ
Eurasian Penduline Tit

Remiz pendulinus
スズメ目ツリスガラ科
全長：10〜11cm

● 一腹卵数：2〜7卵
● 抱卵日数：13〜14日
● 卵のサイズ：14×9mm

実物大

[卵の特徴] 産卵後1〜2年ほどは淡い桃色をしているが、時間経過とともに白色になる。

[巣・繁殖] ツリス（吊り巣）という名のとおり、袋状の巣を水辺の樹木の枝先にぶら下げる。巣材は、ヤナギやポプラの種子、羊毛などをくちばしで絡ませてフェルト状にしたもの。雌が抱卵。

[生息場所] ヨーロッパの南部と東部から、南は地中海地方、中東のイラン、中央アジア、中国の北部に生息。

アメリカツリスガラ
Verdin

Auriparus flaviceps
スズメ目ツリスガラ科
全長：10〜11cm

● 一腹卵数：3〜4卵
● 抱卵日数：14〜17日
● 卵のサイズ：14×10mm

実物大

[卵の特徴] 地色は淡い青緑色で、褐色の小斑が鈍端部に多く散らばる。

[巣・繁殖] サボテンの棘や樹木の梢に、植物繊維や細い枝をクモの糸でからめ、側面に直径20cmほどの横向きに入口のある球形の巣を作る。非繁殖期には、この巣をねぐらとして活用する。雌雄で抱卵。

[生息場所] アメリカ南西部とメキシコに分布し、樹木が散在する半砂漠地帯の乾燥地に生息する。

鳥メモ
アメリカ大陸に生息する唯一のツリスガラ。まったく水を飲まず、水浴もしない鳥と言われている。

● スズメ目／キバシリ科　小型の鳥。かたい尾羽を支えにして木に登ることで知られる。全10種。

キバシリ
Eurasian Treecreeper

Certhia familiaris
スズメ目キバシリ科
全長：11〜13cm

- 一腹卵数：5〜6卵
- 抱卵日数：13〜17日
- 卵のサイズ：15×11mm

実物大

[卵の特徴]　地色は白色で、赤褐色、褐色の小斑が鈍端部に集まる。

[巣・繁殖]　立ち枯れた木の幹の割れ目や蔦類がからまったくぼみ、樹洞の中などに営巣。小枝や苔、樹皮、木片などを詰め込んでクモの巣でかがり、上部を椀形にくぼませ羽を敷いて巣にする。おもに雌が抱卵。

[生息場所]　ユーラシアの温帯から亜寒帯に繁殖分布し、北のものは南下して越冬する。日本では北海道から九州までの山地に留鳥として分布するが、個体数は少ない。

● スズメ目／ダルマエナガ科　小型の鳥。くちばしが短く、丸い。全21種。

ダルマエナガ
Vinous-throated Parrotbill

Paradoxornis webbianus
スズメ目ダルマエナガ科
全長：11〜13cm

- 一腹卵数：3〜7卵
- 抱卵日数：13〜15日
- 卵のサイズ：17×14mm

[卵の特徴]　おもに淡い青色か緑青色で、白色のものもある。無斑。

[巣・繁殖]　小川のそばの低木や草藪に営巣。竹の葉や草の茎などの植物材をクモの糸でからめ、深い椀形の巣を作る。雌が抱卵。

[生息場所]　ウスリー川流域、中国、朝鮮半島、ミャンマー、台湾に分布。

実物大

● スズメ目／タイヨウチョウ科　小型の鳥。くちばしが長く、羽に光沢があるのが特徴。全132種。

ヒムネタイヨウチョウ
Scarlet-chested Sunbird

Chalcomitra senegalensis
スズメ目タイヨウチョウ科
全長：13〜15cm

- 一腹卵数：1〜3卵
- 抱卵日数：約14日
- 卵のサイズ：15×10mm

[卵の特徴]　地色は白色で、淡褐色、淡い紫褐色のぼやけたシミ斑がある。

[巣・繁殖]　熱帯雨林や薮などの中で営巣。小枝の先から吊り下げるようにして、枯葉、葉脈、羽、獣毛、紙、虫などをクモの糸でまとめた袋状の巣を作る。側面に出入口がある。雌が抱卵。

[生息場所]　セネガルからエチオピア以南のアフリカに分布。

実物大

キノドタイヨウチョウ
Buff-throated Sunbird

Chalcomitra adelberti
スズメ目タイヨウチョウ科
全長：11〜12cm

- 一腹卵数：1〜4卵
- 抱卵日数：約14日
- 卵のサイズ：14×10mm

実物大

[卵の特徴]　地色は淡い褐色で、茶褐色のスジ模様がある。

[巣・繁殖]　樹上2〜5mの枝に、枯草や枯葉で作った袋形の巣を吊るし、産座に綿毛を敷く。雌が抱卵。

[生息場所]　西アフリカのギニア、シエラレオネ、ガーナ、トーゴなどに生息。

ムネアカタイヨウチョウ
Purple-throated Sunbird

Leptocoma sperata
スズメ目タイヨウチョウ科
全長：9〜10cm

- 一腹卵数：2卵
- 抱卵日数：約14日
- 卵のサイズ：16×10mm

実物大

［卵の特徴］　地色は白色で、淡い青色、淡い灰色の斑がある。

［巣・繁殖］　枝先に吊り下げるようにして、草、苔、羽、毛などをクモの糸で袋状にまとめた巣を作る。おもに雌が抱卵するが、まれに雄が協力するケースもある。

［生息場所］　ミャンマー、インドシナ半島、マレー半島、フィリピンのパラワン島、アナンバス諸島、ボルネオ島、大スンダ列島に分布。

カワリタイヨウチョウ
Variable Sunbird

Cinnyris venustus
スズメ目タイヨウチョウ科
全長：10〜11cm

実物大

- 一腹卵数：1〜3卵
- 抱卵日数：約14日
- 卵のサイズ：15×10mm

［卵の特徴］　地色は淡い黄色を帯びたクリーム色で、紫褐色の短いスジ模様があり、鈍端部に密集帯があるものもある。

［巣・繁殖］　小枝や草の蔓、枯葉などで袋形の巣を作り、枝などに固定する。内部に綿毛や羽毛を敷く。雌が抱卵。

［生息場所］　アフリカのセネガルからナイジェリア、カメルーン、スーダン、エチオピア、ケニアに生息。

ミナミゴシキタイヨウチョウ
Southern Double-collared Sunbird

Cinnyris chalybeus
スズメ目タイヨウチョウ科
全長：11〜13cm

● 一腹卵数：1〜3卵
● 抱卵日数：約14日
● 卵のサイズ：16×11mm

［卵の特徴］　地色はクリーム色で、鈍端部には茶褐色の密集帯がある。

［巣・繁殖］　草や苔、クモの糸、小枝、枯草で袋形の巣を作り、枝などに固定する。外側にクモの糸を貼りつけ、産座には羽毛や綿毛を敷く。雌が抱卵。

［生息場所］　アフリカのナミビアから南アフリカに生息。

実物大

ミドリオナガタイヨウチョウ
Malachite Sunbird

Nectarinia famosa
スズメ目タイヨウチョウ科
全長：24〜27cm

● 一腹卵数：1〜3卵
● 抱卵日数：約13日
● 卵のサイズ：18×12mm

実物大

［卵の特徴］　地色は白色で、褐色のスジ模様がある。

［巣・繁殖］　藪の中や土手に生える植物などに、枯草、樹皮、苔、羽をクモの糸でまとめ、しっかりした屋根と、側面に出入口のある洋梨形の巣を作る。吊るさず、枝などに巻き付けて固定する。おもに雌が抱卵。

［生息場所］　エチオピア、スーダンから南アフリカまでのアフリカ東部および南部に分布。

キゴシタイヨウチョウ
Crimson Sunbird

Aethopyga siparaja
スズメ目タイヨウチョウ科
全長：12〜15cm

- 一腹卵数：1〜3卵
- 抱卵日数：18〜19日
- 卵のサイズ：16×12mm

実物大

[卵の特徴] 地色は淡いクリーム色で、赤褐色や黒みを帯びた灰色の斑が全体に広がる。

[巣・繁殖] 標高1000m前後に位置する疎林や果樹園、マングローブ林などで営巣。草を丁寧に編み込んで覆いの付いた袋状の巣を作り、枝に固定させる。雌が抱卵。

[生息場所] インドからインドネシア、マレー半島、フィリピン、ボルネオ島、スラウェシ島、ナトゥナ諸島、ニコバル諸島、大スンダ列島に分布。

ハシナガクモカリドリ
Long-billed Spiderhunter

Arachnothera robusta
スズメ目タイヨウチョウ科
全長：21〜22cm

- 一腹卵数：2卵
- 抱卵日数：不明
- 卵のサイズ：20×13mm

実物大

[卵の特徴] 地色は白色で、黒灰色の細長い曲がりくねった糸状斑が鈍端部に帯状に複数ある。

[巣・繁殖] 葉脈や細い植物繊維をからませ、筒状にした巣を、バナナなど大きな葉の裏側にクモの糸で縫いつける。雨の多い地域のため、雨から卵を守ると同時に、天敵のサルからも見つかりづらい。

[生息場所] タイ、マレー半島、マレーシア、スマトラ、ボルネオに生息。

タテジマクモカリドリ
Streaked Spiderhunter

Arachnothera magna
スズメ目タイヨウチョウ科
全長：17〜21cm

- 一腹卵数：2〜3卵
- 抱卵日数：不明
- 卵のサイズ：21×14.5mm

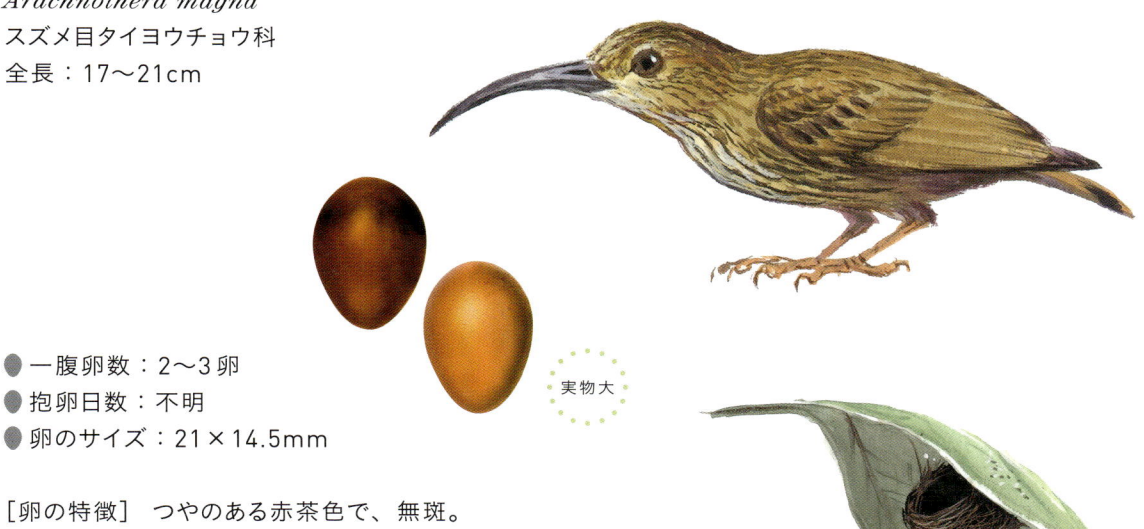

実物大

[卵の特徴] つやのある赤茶色で、無斑。

[巣・繁殖] 葉脈など細い植物繊維を編んでドーム形の巣を作り、バナナの葉の裏にクモの糸で縫いつける。

[生息場所] ネパール、ミャンマー、タイ、ベトナムに生息。

● スズメ目／ミツスイ科　　小〜中型の鳥。舌がブラシ状になっている。全85種。

カオジロオーストラリアヒタキ
White-fronted Chat

Epthianura albifrons
スズメ目ミツスイ科
全長：11〜13cm

- 一腹卵数：2〜4卵
- 抱卵日数：13〜14日
- 卵のサイズ：19×14mm

実物大

[卵の特徴] 地色は白色か、桃色がかった白色で、赤みがかった暗褐色の斑や小さなシミがまばらにあり、鈍端部に帯状に集中する。

[巣・繁殖] 地面近くの灌木に、枯草、細い小枝、細根などを使って椀形の巣を作る。細かい草や、獣毛、花の穂を集めて産座に敷く。雌が抱卵。

[生息場所] オーストラリア北東部のクイーンズランド州および南部、タスマニア島に分布。

ミミジロコバシミツスイ
White-plumed Honeyeater

Lichenostomus penicillatus
スズメ目ミツスイ科
全長：13～18cm

実物大

- 一腹卵数：2～3卵
- 抱卵日数：13～15日
- 卵のサイズ：21×15mm

[卵の特徴] 　地色は淡い黄褐色で、金褐色の小斑やシミ斑がある。

[巣・繁殖] 　裂いた樹皮や細根、苔などをクモの糸で椀形にまとめ、木の枝の股にぶらさげるように巣を作る。雌が抱卵。

[生息場所] 　オーストラリアに生息。

オナガミツスイ
Cape Sugarbird

Promerops cafer
スズメ目ミツスイ科
全長：24～44cm

- 一腹卵数：2卵（まれに3卵）
- 抱卵日数：17日
- 卵のサイズ：23×18mm

実物大

[卵の特徴] 　地色はクリーム色か淡い灰色で、灰色や褐色の小斑が鈍端部に散らばっている。墨流し模様のものもある。

[巣・繁殖] 　藪の木の枝の股などに、枯葉、細い茎、植物繊維、プロテア※の綿毛などを使って椀形の巣を作る。山地に生える灌木のプロテアを好み、この花の蜜を吸ったり花に集まる小さな昆虫を食べたりするほか、この木の茂みに営巣することもある。抱卵は雌のみが行い、子育ては雌雄で行う。
※プロテア…南アフリカ共和国の国花。

[生息場所] 　南アフリカのケープ岬付近にだけ分布。

● スズメ目／メジロ科　　小型の鳥。舌先がブラシ状になっている。全98種。

メジロ
Japanese White-eye

Zosterops japonicus
スズメ目メジロ科
全長：10〜12cm

● 一腹卵数：2〜6卵
● 抱卵日数：約11日
● 卵のサイズ：17×12.5mm

実物大

[卵の特徴]　純白色か淡い青緑色で、無斑。

[巣・繁殖]　平地から低山帯の林で、樹上2〜10mの梢の二又に分かれた枝に、シュロや苔などをクモの糸でかがって小さな椀形の巣を作る。雌雄で抱卵。

[生息場所]　日本、朝鮮半島南部、中国南部（おもに海南島）からベトナム北部、ミャンマーに分布。日本では北海道から沖縄、小笠原諸島に分布。

鳥メモ
大分県、和歌山県の県鳥。

ハイムネメジロ
Silvereye

Zosterops lateralis
スズメ目メジロ科
全長：11〜13cm

● 一腹卵数：2〜4卵
● 抱卵日数：約14日
● 卵のサイズ：17×12mm

実物大

[卵の特徴]　独特な色合いの青色で、無斑。

[巣・繁殖]　樹上1〜12mの二又の枝に、枯草、シュロなどをクモの糸でまとめ、外側を苔で覆って椀形の巣を作る。雌雄で抱卵。

[生息場所]　オーストラリア、タスマニア島、ニュージーランド、フィジー諸島やニューカレドニアなどを含むメラネシアの島々に分布。

鳥メモ
メジロ科としては珍しく、地上で採食することがある。

コビトメジロ
Pygmy White-eye

Oculocincta squamifrons
スズメ目メジロ科
全長：9〜10cm

- 一腹卵数：不明
- 抱卵日数：不明
- 卵のサイズ：12×9mm

[卵の特徴] 淡い灰青色で、無斑。

[巣・繁殖] 樹上で営巣し、木の股に枯草や苔、クモの糸などを使って椀形の巣を作る。雌が抱卵。

[生息場所] ボルネオ島北部および西部に位置する標高200〜1200mの山地の森林に生息。

● スズメ目／スズメ科　　小型の鳥。群れで暮らす。全40種。

イエスズメ
House Sparrow

Passer domesticus
スズメ目スズメ科
全長：16〜18cm

- 一腹卵数：2〜5卵
- 抱卵日数：11〜14日
- 卵のサイズ：20×13.5mm

[卵の特徴] 地色は青緑色を帯びた淡い灰色で、黒や茶褐色のシミ状斑や細かい斑点がところどころにある。

[巣・繁殖] 警戒心が薄く、繁殖期に入ると建物の穴や隙間、樹洞の中、木の茂みに、草、茎、羽毛などを詰め込んで巣にする。雌雄で抱卵。

[生息場所] 中国周辺とロシア北部を除くユーラシアとオーストラリア東部、南北アメリカなど世界的に分布するが、ユーラシア以外は人為的に移入されたものが定着して繁殖分布が拡大した。日本におけるスズメと同じ生態的地位にある。ヨーロッパなどではイエスズメが分布拡大して、スズメを周辺の林や山地林に追いやった。

スズメ
Eurasian Tree Sparrow

Passer montanus
スズメ目スズメ科
全長：14〜15cm

- 一腹卵数：2〜7卵
- 抱卵日数：11〜14日
- 卵のサイズ：20×14mm

実物大

[卵の特徴] 黄色がかった灰青色の地に、暗褐色、灰青色の微小斑が全体に広がるものや、青緑色がかった淡い灰色の地に、黒や茶褐色の微小斑が点在したものがある。なかには鈍端部に斑が集中しているものもある。

[巣・繁殖] 屋根瓦の下の雨どい裏、樹洞の中や木の茂みに、枯草や茎、藁くず、布切れなどを隙間に詰め込んで椀形の巣を作る。雌雄で抱卵。

[生息場所] 旧北区、東洋区※、ヨーロッパ、シベリア、中国、韓国、小笠原諸島を除く日本全土、チベット、東南アジアに留鳥として生息。
※東洋区…東南アジアとインドを含む地区。

＜排水口の中に3回巣作りした巣＞

ニュウナイスズメ
Russet Sparrow

Passer rutilans
スズメ目スズメ科
全長：14〜15cm

- 一腹卵数：4〜6卵
- 抱卵日数：約13日
- 卵のサイズ：19×14mm

親鳥の爪の傷　実物大

[卵の特徴] 地色は灰色を帯びたクリーム色で、褐色、灰色、黒紫色の斑やシミが広がり、鈍端部にシミ斑が集中する。

[巣・繁殖] 落葉広葉樹林や樹木が散在する草原などで繁殖し、樹洞やキツツキ類の巣穴、人工の巣箱の中に枯草などを入れて巣にする。雌雄で抱卵。

[生息場所] ヒマラヤから中国、台湾、日本、サハリン、南はミャンマーおよびベトナム北部に分布。

331

● スズメ目／カエデチョウ科　小型の鳥。群れで暮らす。全134種。

カエデチョウ
Black-rumped Waxbill

Estrilda troglodytes
スズメ目カエデチョウ科
全長：約10cm

● 一腹卵数：4～5卵
● 抱卵日数：11～12日
● 卵のサイズ：14×11mm

実物大

[卵の特徴]　白色で、無斑。

[巣・繁殖]　藪地の草の根元に、草を粗く編んで側面に出入口がある洋梨形の巣を作る。雌雄で抱卵、子育てを行う。

[生息場所]　アフリカ西部のモーリタニア、リベリアから、北東部のエチオピア南部にかけてのサハラ南縁に分布。

ベニスズメ
Red Avadavat

Amandava amandava
スズメ目カエデチョウ科
全長：8～10cm

● 一腹卵数：4～6卵
● 抱卵日数：11～13日
● 卵のサイズ：15×11mm

実物大

[卵の特徴]　淡い青色か白色で、無斑。

[巣・繁殖]　チャガ※、ススキなどの枯草を丸め、側面に出入口がある球形の巣を作る。産座には、ススキの花穂、綿、羽毛などを敷き詰める。雌雄で抱卵。
※チャガ…寒冷地の白樺に寄生するキノコの一種。

[生息場所]　インド、パキスタン、ミャンマー、インドシナ半島、ジャワ島からティモール島にかけて分布。日本ではかご抜け鳥が河原などで繁殖する。

キンカチョウ
Zebra Finch

Taeniopygia guttata
スズメ目カエデチョウ科
全長：約10cm

- 一腹卵数：5〜6卵
- 抱卵日数：約12日
- 卵のサイズ：20×15mm

実物大

[卵の特徴]　白色か、わずかに青みを帯びた白色で、無斑。

[巣・繁殖]　雨季に、内陸部にある樹木の低い枝に草を編んで、側面に短いトンネル状の出入口のある球形の巣を作る。雌が抱卵。

[生息場所]　オーストラリア内陸部、小スンダ諸島に分布。

コキンチョウ
Gouldian Finch

Erythrura gouldiae
スズメ目カエデチョウ科
全長：約15cm

- 一腹卵数：4〜8卵
- 抱卵日数：14〜15日
- 卵のサイズ：17×13mm

実物大

[卵の特徴]　つやのある白色で、無斑。

[巣・繁殖]　春から夏にかけて、樹洞の中、白アリの塚穴、葉が茂った枝などに半球形の巣を作る。雌が抱卵。

[生息場所]　オーストラリア北部のみに分布。

● スズメ目／アトリ科　小型の鳥。くちばしとあごがしっかりしている。全144種。

ズアオアトリ
Common Chaffinch

Fringilla coelebs
スズメ目アトリ科
全長：14〜18cm

- 一腹卵数：4〜5卵
- 抱卵日数：10〜16日
- 卵のサイズ：19×15mm

実物大

[卵の特徴]　地色は薄い青緑色かオリーブ色で、暗い栗色の丸い斑やシミがある。まれに無斑のものもある。

[巣・繁殖]　落葉樹や針葉樹の灌木林の木の股に、苔や地衣類、樹皮片などで、木のこぶに似せた椀形の巣を作る。産座には細根や獣毛、羽毛、植物を敷く。雌が抱卵。

[生息場所]　ヨーロッパ、アフリカ北部、中央アジア、シベリアに分布。

セリン
European Serin

Serinus serinus
スズメ目アトリ科
全長：11〜12cm

- 一腹卵数：3〜4卵
- 抱卵日数：12〜13日
- 卵のサイズ：15×11mm

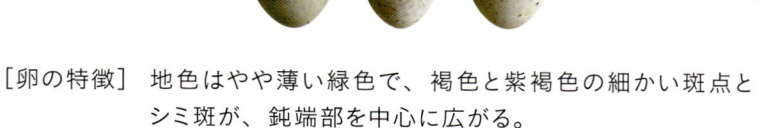

実物大

[卵の特徴]　地色はやや薄い緑色で、褐色と紫褐色の細かい斑点とシミ斑が、鈍端部を中心に広がる。

[巣・繁殖]　雑草や雑木などが密生する藪の中で、地上2〜7mほどの高さの枝の先に、苔や細根、クモの糸で編み込んだ椀形の巣を作る。産座には獣毛や羽毛を敷く。雌が抱卵。

[生息場所]　ヨーロッパ西部および中央部、小アジア、北アフリカの平地から山地に分布。

カナリア
Island Canary

Serinus canaria
スズメ目アトリ科
全長：12〜14cm

- 一腹卵数：3〜4卵
- 抱卵日数：13〜14日
- 卵のサイズ：18×13mm

実物大

[卵の特徴] 地色は白色か淡い青白色で、紫褐色、灰色、淡褐色の斑が散らばっている。

[巣・繁殖] 樹上2mほどの木の枝に、細い枯枝などを使って椀形の巣を作る。産座には獣毛や羽毛を敷く。雌が抱卵、子育てを行う。

[生息場所] 北アフリカ沖合に位置するカナリア諸島、アゾレス諸島、マデイラ諸島に分布する。

カワラヒワ
Oriental Greenfinch

Chloris sinica
スズメ目アトリ科
全長：12〜14cm

- 一腹卵数：3〜5卵（通常4卵）
- 抱卵日数：12〜15日
- 卵のサイズ：19×14mm

実物大

[卵の特徴] 地色は淡い緑青色を帯びた灰白色で、紫褐色などの小斑が点在する。

[巣・繁殖] 平地の住宅地から低山の松林、杉林などで、地上から3〜7mほどの枝先に、草木の細根、綿、羽毛、獣毛、樹皮や枯茎などを使って椀形の巣を作る。一夫多妻で、繁殖は年に2回のこともある。雌が抱卵し、雄が餌を運ぶ。

[生息場所] 中国、モンゴル、朝鮮半島、カムチャツカ半島、サハリン、日本に分布。日本では九州以北、北海道（北海道以外は留鳥）まで繁殖。

ゴシキヒワ
European Goldfinch

Carduelis carduelis
スズメ目アトリ科
全長：10〜14cm

- 一腹卵数：4〜6卵
- 抱卵日数：9〜12日
- 卵のサイズ：16×11mm

実物大

[卵の特徴] 地色は薄い青色で、褐色、赤褐色などの大小の斑が鈍端部を中心に広がる。

[巣・繁殖] 木の枝の分かれ目に、苔や根、草、羊毛などで小さな椀形の巣を作る。雌が抱卵。

[生息場所] ヨーロッパ、トルコ、エジプト、中央アジア、パキスタン、ヒマラヤなどに、多くは留鳥として分布。

キバシヒワ
Twite

Carduelis flavirostris
スズメ目アトリ科
全長：12〜14cm

- 一腹卵数：3〜6卵
- 抱卵日数：12〜13日
- 卵のサイズ：14×10mm

[卵の特徴] 地色は淡い青色で、褐色、淡い赤茶色のまだら模様が鈍端部に集中するものもある。

[巣・繁殖] 低い藪の中や草むら、岩の割れ目などに、獣毛、羽毛、枯葉、茎、苔などで椀形の巣を作る。雌が抱卵。

[生息場所] 北ヨーロッパから中央アジアにかけて生息。

実物大

ムネアカヒワ
Eurasian Linnet

Carduelis cannabina
スズメ目アトリ科
全長：13〜14cm

- 一腹卵数：4〜6卵
- 抱卵日数：11〜13日
- 卵のサイズ：15×10mm

実物大

[卵の特徴] 地色は淡い灰色で、褐色や灰色の小斑がある。

[巣・繁殖] 藪の中などに、枯草、苔などを使って椀形の巣を作り、産座に羊毛や羽毛、植物の穂などを敷く。雌が抱卵。

[生息場所] ヨーロッパから東はアフガニスタンの農地や低木地、ヒースの生えた荒地、疎林（針葉樹林と落葉樹林）などに生息する。

ベニマシコ
Long-tailed Rosefinch

Uragus sibiricus
スズメ目アトリ科
全長：16〜18cm

- 一腹卵数：3〜6卵
- 抱卵日数：11〜12日
- 卵のサイズ：19×13mm

実物大

[卵の特徴] 地色は淡い群青色で、褐色の小斑が鈍端部にわずかに集中する。

[巣・繁殖] 低木の枝の分かれ目に、枯草や細根などを使って椀形の巣を作る。産座には細かい枯草の繊維、綿や獣毛、羽毛などを敷き詰める。雌雄で抱卵。

[生息場所] シベリア、モンゴル、中国、サハリン、千島列島、日本などに分布。日本では北海道、本州北部で繁殖する。

メキシコマシコ
House Finch

Carpodacus mexicanus
スズメ目アトリ科
全長：12〜15cm

- 一腹卵数：4〜6卵
- 抱卵日数：13〜14日
- 卵のサイズ：15×11mm

実物大

［卵の特徴］　地色は淡い青色で、褐色の小斑がある。

［巣・繁殖］　農場から都会までさまざまな場所に営巣する。疎林や低木林の樹上などで、草や苔、根、羽、毛などを用いた椀形の巣を作る。おもに雌が抱卵。

［生息場所］　北アメリカおよびメキシコ以北の中央アメリカに分布。

ウソ
Eurasian Bullfinch

Pyrrhula pyrrhula
スズメ目アトリ科
全長：14〜16cm

- 一腹卵数：4〜6卵
- 抱卵日数：12〜14日
- 卵のサイズ：20×16mm

実物大

［卵の特徴］　地色は青色で、黒紫色や薄い褐色、灰色の斑やシミ状の模様が鈍端部を中心に広がる。

［巣・繁殖］　針葉樹の低所に、枯枝、枯蔓、苔、サルオガセなどを用いた浅めの椀形の巣を作る。雌が抱卵。

［生息場所］　ヨーロッパからシベリアを経て、オホーツク沿岸、アムール川、ウスリー川流域、カムチャツカ半島、千島列島、日本に分布。

コイカル
Yellow-billed Grosbeak

Eophona migratoria
スズメ目アトリ科
全長：15〜18cm

- 一腹卵数：3〜5卵
- 抱卵日数：不明
- 卵のサイズ：22×15mm

[卵の特徴] 地色は淡い青色で、紫褐色や淡い紫色の斑や糸状斑がある。

[巣・繁殖] 地上3mほどの枝上に、小枝や枯葉、枯蔓、木の皮、苔などをからめて小さな椀形の巣を作る。抱卵は雌が、子育ては雌雄で行う。

[生息場所] シベリアのアムール川南側、ウスリー川流域、中国北東部に繁殖分布。日本には冬鳥として、本州、四国、九州など局地的に少数が飛来する。

イカル
Japanese Grosbeak

Eophona personata
スズメ目アトリ科
全長：18〜23cm

- 一腹卵数：3〜4卵
- 抱卵日数：約14日
- 卵のサイズ：24×18mm

[卵の特徴] 地色は淡い青緑色で、暗い色の斑と糸状斑がある。

[巣・繁殖] 低山や高原などの落葉広葉樹林に営巣。あまり高くない木の枝に、小枝や苔などで浅い椀形の巣を作る。抱卵は雌のみ、子育ては雌雄で行う。

[生息場所] アムール川東側、ウスリー川流域、中国北東部、日本に分布。日本では、北海道、本州、九州で繁殖する。

シメ
Hawfinch

Coccothraustes coccothraustes
スズメ目アトリ科
全長：16〜18cm

● 一腹卵数：3〜5卵
● 抱卵日数：11〜13日
● 卵のサイズ：24×17mm

[卵の特徴]　地色は薄い青色か灰緑色で、黒褐色、灰色の斑やシミ状の模様がまばらにある。なかには、地色が淡い黄褐色か灰色のものもある。

[巣・繁殖]　木の枝の分かれ目に、枯枝、細根、馬毛などの獣毛、茎を用いて浅い椀形の巣を作る。雌が抱卵する。

[生息場所]　ヨーロッパ、北アフリカ、中東からインド、パミール高原を経てウスリー川流域、アムール川流域とサハリン、千島列島、日本などで繁殖、分布する。

実物大

● スズメ目／コウライウグイス科　　中型の鳥。雄の体色が黄と黒の種が多い。全30種。

ニシコウライウグイス
Golden Oriole

Oriolus oriolus
スズメ目コウライウグイス科
全長：24〜25cm

● 一腹卵数：2〜6卵
● 抱卵日数：13〜20日
● 卵のサイズ：30×22mm

実物大

[卵の特徴]　地色は白色で、淡い桃色を帯びた黒色の小斑が散らばる。

[巣・繁殖]　樹上の二又の枝に、枯葉、樹皮、蔓、紙などを使って深い椀形の巣を作る。雌が抱卵。

[生息場所]　ヨーロッパからアジア中南部で繁殖し、北方のものはアフリカやインド南部へ渡る。

● スズメ目／ハタオリドリ科
小型の鳥。しっかりしたくちばしと短い尾が特徴。全116種。

ハシブトハタオリ
Grosbeak Weaver

Amblyospiza albifrons
スズメ目ハタオリドリ科
全長：17〜19cm

- 一腹卵数：3卵
- 抱卵日数：14〜16日
- 卵のサイズ：22×15mm

[卵の特徴]　地色は淡いピンク色か白色で、薄い赤色、紫色、褐色などの小さな斑が鈍端部に多く集まる。無斑のものもある。

[巣・繁殖]　水辺に生える葦などの茎に、細く裂いた葉を編んで横向きに出入口のある球形の巣を作る。雌が抱卵。

[生息場所]　アフリカ中部および南部の沼沢地などの水辺に留鳥として分布。

親鳥の爪の傷

実物大

柔らかい青葉を使って作るが、日に当たって巣は茶色になる。

＜営巣場所＞

＜巣ができるまでの様子＞

341

ズグロウロコハタオリ
Village Weaver

Ploceus cucullatus
スズメ目ハタオリドリ科
全長：16〜18cm

● 一腹卵数：2〜4卵
● 抱卵日数：約12日
● 卵のサイズ：22×14mm

実物大

［卵の特徴］地色は白色で、桃色、淡い緑色、褐色、紫色の斑やシミが全体にある。

［巣・繁殖］枝先に葉を細く裂いたものを編み、下向きに出入口のある巣を作る。雄が途中まで作った段階で雌が見に訪れ、巣作りが上手かどうか判断する。上手でない雄は最初から作りなおす。1本の木に100羽以上が集まる。

［生息場所］アフリカの中部および南部に分布。

＜営巣場所＞

＜断面図＞

＜巣作りの様子＞

342

オオコガネハタオリ
Holub's Golden Weaver

Ploceus xanthops
スズメ目ハタオリドリ科
全長：17〜18cm

- 一腹卵数：1〜3卵
- 抱卵日数：14〜15日
- 卵のサイズ：24×16mm

実物大

[卵の特徴]　地色は青色で、褐色の斑や淡い褐色の小斑が全体に散らばる。

[巣・繁殖]　細く裂いた葉を使って下部に出入口のあるキドニー形の巣を編み、樹上約2〜2.5mの枝先にぶら下げるようにして作る。雄が巣の外側を作り、雌は産座に穂などを敷く。雌が抱卵。

[生息場所]　アフリカのコンゴ、アンゴラ、ウガンダ、タンザニア、ナミビアなどに生息。

ベニノジコ
Madagascar Red Fody

Foudia madagascariensis
スズメ目ハタオリドリ科
全長：12〜14cm

- 一腹卵数：2〜4卵
- 抱卵日数：11〜14日
- 卵のサイズ：17×11mm

実物大

[卵の特徴]　淡い灰白色で、無斑。

[巣・繁殖]　藪の中の枝先に細い茎を編み、出入口が下向きのフラスコのような形の巣を作る。雌雄で抱卵。

[生息場所]　アフリカ大陸南東のインド洋西部に位置するマダガスカル島に留鳥として生息。

● スズメ目／ホオジロ科　　小型の鳥。くちばしが円錐形。全326種。

ホオジロ
Siberian Meadow Bunting

Emberiza cioides
スズメ目ホオジロ科
全長：16〜18cm

実物大

- 一腹卵数：3〜6卵
- 抱卵日数：約11日
- 卵のサイズ：20×15.5mm

[卵の特徴]　淡褐色、灰青色、灰白色などの地に、黒紫色、褐色、灰色などの特徴的な糸状斑が鈍端部に集中する。

[巣・繁殖]　農耕地や丘陵地、公園の灌木、藪の中に、枯草などを用いて椀形の巣を作る。おもに雌が抱卵。

[生息場所]　シベリア南部からアムール川およびウスリー川流域、アルタイ、モンゴル、中国、朝鮮半島、国後島、択捉島、日本に分布。日本では北海道から種子島以北で、おもに留鳥として生息。

ノドグロアオジ
Cirl Bunting

Emberiza cirlus
スズメ目ホオジロ科
全長：15〜17cm

実物大

- 一腹卵数：2〜5卵
- 抱卵日数：12〜13日
- 卵のサイズ：21×16mm

[卵の特徴]　地色は淡い青灰色で、紫褐色の絡み合った糸状斑や斑がまばらにある。

[巣・繁殖]　草むらや藪の中の地面に、枯草や細根で椀形の巣を作り、内部に草の細根や獣毛などを敷く。

[生息場所]　南ヨーロッパから地中海、北アフリカに生息。

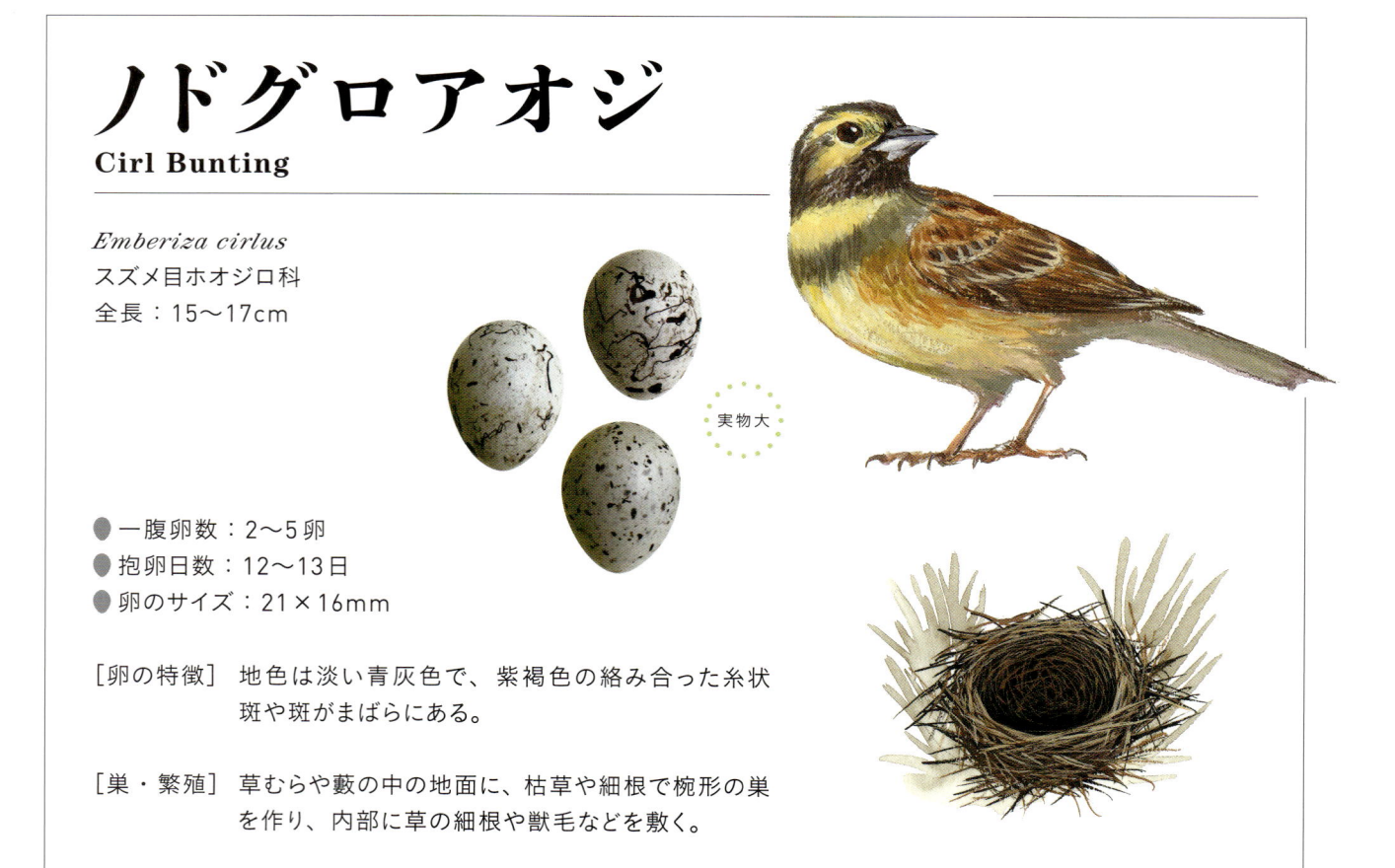

コジュリン
Japanese Reed Bunting

Emberiza yessoensis
スズメ目ホオジロ科
全長：14〜15cm

- 一腹卵数：3〜5卵
- 抱卵日数：12〜14日
- 卵のサイズ：19×14mm

実物大

[卵の特徴]　地色は灰白色や灰褐色で、紫褐色の糸状斑がある。

[巣・繁殖]　平地の草原や山地の草原で、草の株間や根元に、枯草を主材にした椀形の巣を作る。産座には細かい繊維を敷く。雌雄で抱卵。

[生息場所]　中国北東部、ウスリー川流域、朝鮮半島、日本で繁殖。中国のものは冬季に国内南部の福建省などへ渡る。日本では本州と九州で局地的に繁殖する。

ホオアカ
Chestnut-eared Bunting

Emberiza fucata
スズメ目ホオジロ科
全長：15〜17cm

- 一腹卵数：3〜6卵
- 抱卵日数：約12日
- 卵のサイズ：19×15mm

実物大

[卵の特徴]　地色は灰青色、灰白色などで、赤褐色、黒褐色の大小の斑が全体を覆う。

[巣・繁殖]　平地の草原や山地の高原で、灌木の入り混じった草原や、灌木の低い枝上に枯草を主材にして椀形の巣を作る。雌が抱卵。

[生息場所]　ロシア中南部および東部シベリアのバイカル湖流域、モンゴル、アムール川流域、中国東部、朝鮮半島、日本に分布。冬は温暖地へ移動し、日本のものは九州以北で繁殖する。

カシラダカ
Rustic Bunting

Emberiza rustica
スズメ目ホオジロ科
全長：13〜15cm

- 一腹卵数：4〜6卵
- 抱卵日数：11〜13日
- 卵のサイズ：20×16mm

実物大

[卵の特徴]　地色は淡い青色やオリーブ色で、褐色、紫褐色、灰色の斑やシミ斑が全体を覆う。

[巣・繁殖]　茂みの地面の近くに、枯草などで椀形の巣を作る。おもに雌が抱卵。

[生息場所]　スカンジナビア半島のスウェーデンからシベリアのオホーツク海沿岸、カムチャツカ半島に至るユーラシア北部で繁殖し、冬は中国南部や日本などへ渡る。

シマアオジ
Yellow-breasted Bunting

Emberiza aureola
スズメ目ホオジロ科
全長：14〜16cm

- 一腹卵数：4〜5卵
- 抱卵日数：13〜14日
- 卵のサイズ：21×15mm

実物大

[卵の特徴]　地色は灰色を帯びた緑青色や淡褐色、淡い緑を帯びた灰色などで、褐色斑や薄いシミ斑がある。

[巣・繁殖]　平地や海岸の草原で、木や草の根元に枯草や細根などを使って椀形の巣を作る。雌雄で抱卵。

[生息場所]　フィンランドからカムチャツカ半島、オホーツク海沿岸、モンゴル北部、中国北東部、ウスリー川流域に分布。日本には5〜6月に、北海道北部および東部に夏鳥として飛来する。

ノジコ
Yellow Bunting

Emberiza sulphurata
スズメ目ホオジロ科
全長：13〜14cm

実物大

- 一腹卵数：3〜4卵
- 抱卵日数：約14日
- 卵のサイズ：18×15mm

[卵の特徴]　地色は灰白色で、灰色を帯びた紫色の斑や糸状斑がある。

[巣・繁殖]　低山帯の湿地や池の周辺にある雑木林で営巣する。低木が茂った比較的光が差す明るい場所に、枯草などを使って椀形の小さな巣を作る。雌雄で抱卵。

[生息場所]　日本のみで繁殖分布し、本州中部および北部の低山帯に位置する落葉樹林や灌木の草原に生息する。フィリピンなどで越冬。

アオジ
Black-faced Bunting

Emberiza spodocephala
スズメ目ホオジロ科
全長：13〜16cm

- 一腹卵数：4〜5卵
- 抱卵日数：12〜14日
- 卵のサイズ：20×16mm

実物大

[卵の特徴]　地色は灰白色や淡い青色などで、赤褐色や紫がかった黒色などのシミ斑やまだら模様が覆う。

[巣・繁殖]　日本では本州中部以北、北海道で7〜8月にかけて繁殖。標高700〜1600mの山地や高原の灌木まじりの草原などに、枯草の茎、根、葉などを折り曲げるようにして椀形の巣を作る。雌が抱卵。

[生息場所]　ロシア南東部とアルタイ共和国を流れるレナ川上流からオホーツク海沿岸、アムール川下流までの南シベリア、サハリン、中国北東部、朝鮮半島、日本に生息する。日本では本州中部以北で繁殖し、本州以南で越冬。

ズグロチャキンチョウ
Black-headed Bunting

Emberiza melanocephala
スズメ目ホオジロ科
全長：15〜18cm

- 一腹卵数：4〜5卵
- 抱卵日数：10〜16日
- 卵のサイズ：20×15mm

実物大

［卵の特徴］地色は淡い青色で、褐色の小斑やシミ斑が散らばる。

［巣・繁殖］草の根元や、地上より少し上の藪の中などに、枯茎や細根、枯葉で椀形の巣を作る。産座には獣毛を敷く。雌が抱卵。

［生息場所］ヨーロッパの地中海沿岸やカフカス、イラン、ドナウ川、ボルガ川下流域で繁殖。冬季はインドへ、まれに西ヨーロッパやイギリスへ渡る。

アカエリシトド
Rufous-collared Sparrow

Zonotrichia capensis
スズメ目ホオジロ科
全長：12〜14cm

- 一腹卵数：2〜3卵
- 抱卵日数：12〜14日
- 卵のサイズ：19×13mm

実物大

［卵の特徴］地色は灰色がかった青色や淡い緑色がかった青色で、褐色のシミ斑紋が鈍端部を中心に全体に広がる。

［巣・繁殖］地面の近くに、草や木の枝を用いて椀形の巣を作る。産座に細かい草の茎や獣毛を敷く。雌が抱卵。

［生息場所］メキシコ南部からティエラ・デル・フエゴ島、イスパニョーラ島、オランダ領アンティル。

チャバライカル
Black-headed Grosbeak

Pheucticus melanocephalus
スズメ目ホオジロ科
全長：18〜21cm

- 一腹卵数：2〜5卵
- 抱卵日数：12〜14日
- 卵のサイズ：21×15mm

［卵の特徴］　地色は淡い青色で、茶褐色の小斑が散らばり、鈍端部には密集帯がある。

［巣・繁殖］　藪の中などの木の枝の分かれ目に、細い葉、根、小枝、樹皮、松葉などで椀形の巣を作る。産座には、細根、獣毛を敷く。雌雄で抱卵。

［生息場所］　北米大陸の中部から太平洋岸にかけて生息。北部のものは冬にメキシコへ渡る。

● スズメ目／フエガラス科　　中型の鳥。しっかりとした体つきで、くちばしもしっかりしている。全10種。

カササギフエガラス
Australian Magpie

Gymnorhina tibicen
スズメ目フエガラス科
全長：37〜43cm

- 一腹卵数：3〜4卵
- 抱卵日数：約21日
- 卵のサイズ：38×27mm

［卵の特徴］　地色は赤みがかった灰色で、褐色や灰色の大小のシミ斑が全体を覆う。

［巣・繁殖］　木の枝の分かれ目に、細い枝、枯草、針金などを使い、洗面器のような形の巣を作る。産座には獣毛や柔らかい樹皮などを敷く。巣作り、抱卵は雌が行う。

［生息場所］　オーストラリア、タスマニア島、ニューギニアに生息。

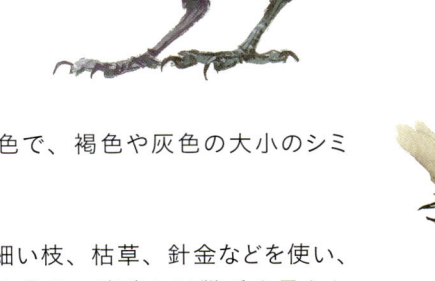

● スズメ目／ハワイミツスイ科　　小型の鳥。くちばしが太い。全23種。

レイサンハワイマシコ
Laysan Finch

Telespiza cantans
スズメ目ハワイミツスイ科
全長：18〜20cm

実物大

● 一腹卵数：3〜5卵
● 抱卵日数：16日
● 卵のサイズ：20×15mm

［卵の特徴］　地色は灰白色で、紫褐色のまだら模様や、褐色の大きな斑が見られるものもある。

［巣・繁殖］　雌が樹上あるいは藪や草むらの地面に近い所に、細長い草を草の茎で巻きつけたり、編み込んだりして椀形の巣を作る。雌が抱卵し、雌雄で子育てをする。

［生息場所］　ハワイ諸島レイサン島。

キムネハワイマシコ
Palila

Loxioides bailleui
スズメ目ハワイミツスイ科
全長：18〜20cm

● 一腹卵数：1〜3卵
● 抱卵日数：約16日
● 卵のサイズ：22×15mm

実物大

［卵の特徴］　地色は淡い灰白色で、褐色の斑がある。

［巣・繁殖］　藪地や草原の低地で、枝の分かれ目などに木の枝や葉、細根、苔を用いた椀形の巣を作る。雌が抱卵。

［生息場所］　ハワイ諸島のハワイ島のみに分布。

● スズメ目／ムクドリモドキ科　　小〜中型の鳥。羽に光沢がある種が多い。全111種。

ハゴロモガラス
Red-winged Blackbird

Agelaius phoeniceus
スズメ目ムクドリモドキ科
全長：22〜24cm

- 一腹卵数：3〜5卵（通常4卵）
- 抱卵日数：12〜14日
- 卵のサイズ：25×17mm

実物大

[卵の特徴]　地色は淡い青色で、薄い灰色と黒褐色の斑が鈍端部に集まる。

[巣・繁殖]　湿原や草原のイグサやスゲが生い茂る場所で、何本かの枝や草の茎に枯草などを巻き付け、枯草、細根、苔などで椀形の巣を作る。雌が抱卵。

[生息場所]　おもに北アメリカに生息するが、中央アメリカ、バハマ諸島に24亜種が生息。

オオクロムクドリモドキ
Common Grackle

Quiscalus quiscula
スズメ目ムクドリモドキ科
全長：26〜29cm

- 一腹卵数：4〜5卵
- 抱卵日数：13〜14日
- 卵のサイズ：28×20mm

実物大

[卵の特徴]　地色は淡い藤色、明るい青色、パールグレーなどで、黒褐色、淡褐色の大小の斑や、点状斑、スジ状斑がある。

[巣・繁殖]　繁殖期に小さなコロニーを形成して営巣する。樹上1〜4mほどのところで、小枝や草、茎を使って椀形の巣を作る。産座には枯草や羽毛、ひも、布切れなどを敷く。雌が巣作り、抱卵を行う。

[生息場所]　カナダから北アメリカ北部で繁殖し、冬季に南へ渡る。

● スズメ目／ムクドリ科　小〜中型の鳥。金属光沢のある羽を持つ種がいる。全112種。

ムクドリ
White-cheeked Starling

Spodiopsar cineraceus
スズメ目ムクドリ科
全長：21〜23cm

- 一腹卵数：2〜10卵
- 抱卵日数：12〜13日
- 卵のサイズ：29×21mm

実物大

[卵の特徴]　青緑色の美しい卵で、無斑。写真は時間が経って色が消えている。

[巣・繁殖]　人家付近にある疎林の樹洞の中、建物の戸袋や隙間などに、枯草や羽毛、樹皮、獣毛、落葉を積み上げて巣を作る。雌雄で抱卵。1つの樹洞を複数のつがいが奪い合い、営巣中の鳥の卵を外へ放り出すことがある。

[生息場所]　日本、中国北部、プリモルスキー※で繁殖し、冬は中国南部、台湾、日本に南下する。日本では一年を通して全国で見られ、おもに中部地方以北で繁殖。
※プリモルスキー…ロシア、シベリアの南東端の地域。

コムクドリ
Chestnut-cheeked Starling

Agropsar philippensis
スズメ目ムクドリ科
全長：16〜18cm

- 一腹卵数：4〜6卵
- 抱卵日数：10〜14日
- 卵のサイズ：25×17mm

実物大

[卵の特徴]　青緑色を帯びた白色で、無斑。

[巣・繁殖]　森林の中に入ることが多く、樹洞の中やキツツキなどの古巣、建物の隙間に枯草や羽毛などを集め、中央をくぼませて巣を作る。おもに雌が抱卵。日本では北海道や本州中部以北に生息し、疎林や開けた環境を好む。

[生息場所]　日本の本州中部からサハリン南部にかけて繁殖。冬期はフィリピンやボルネオ島の北部に渡り、越冬する。平地や低山の落葉広葉樹林に生息。

ホシムクドリ
Common Starling

Sturnus vulgaris
スズメ目ムクドリ科
全長：20〜22cm

実物大

- 一腹卵数：4〜6卵
- 抱卵日数：11〜14日
- 卵のサイズ：31×23.5mm

［卵の特徴］　淡い青色で、無斑。

［巣・繁殖］　樹洞や建物の隙間の中に、藁や枯草を積み上げ、産座には羽毛や獣毛、苔などを敷いて、くぼませた巣を作る。雌雄で抱卵。

［生息場所］　イベリア半島中部および南部を除くヨーロッパ、西アジア、中央アジア、ヒマラヤ西部などで繁殖、分布する。

ミドリカラスモドキ
Asian Glossy Starling

Aplonis panayensis
スズメ目ムクドリ科
全長：約20cm

実物大

- 一腹卵数：1〜4卵
- 抱卵日数：11〜15日
- 卵のサイズ：22×14mm

［卵の特徴］　地色は淡い青色で、赤褐色、灰色の斑やシミ模様が鈍端部を中心に広がる。

［巣・繁殖］　天敵が近づきにくい高い場所にある樹洞の中、ヤシの樹冠、キツツキの古巣、崖の隙間などに、細根や草、木の葉などで椀形の巣を作る。ビルや鉄塔など人工物を利用することもある。

［生息場所］　インド東部からマレー半島、フィリピン、インドネシア中部のスラウェシ島まで。

キュウカンチョウ
Hill Myna

Gracula religiosa
スズメ目ムクドリ科
全長：約30cm

実物大

- 一腹卵数：2〜3卵
- 抱卵日数：13〜17日
- 卵のサイズ：34×23mm

［卵の特徴］地色は緑青色で、濃・淡褐色の大小の斑が広く散らばる。斑の少ないものもある。

［巣・繁殖］林縁にある地上10mほど高さの樹洞の中に小枝や葉を入れ、内部に羽毛を敷き詰めて巣を作る。キツツキ類の古巣の間口を大きく広げて利用することもある。雌雄で巣作り、抱卵、子育てを行う。4〜7月に2、3回ほど繁殖する。

［生息場所］ヒマラヤ南部からインド北東部、タイ、ミャンマー、中国南部に分布。

● スズメ目／オウチュウ科　　小〜中型の鳥。ほとんどの種が体色が黒く、尾が長い。全26種。

オウチュウ
Black Drongo

実物大

Dicrurus macrocercus
スズメ目オウチュウ科
全長：30〜31cm

- 一腹卵数：2〜5卵
- 抱卵日数：14〜16日
- 卵のサイズ：24×18mm

［卵の特徴］地色は淡い桃色がかった白色で、黒みを帯びた赤色や灰色の斑が鈍端部に集中する。

［巣・繁殖］樹上4〜12mにある梢の枝に、細い枯草などを巻いて椀形の巣を作る。雌が抱卵。

［生息場所］イラン南東部からインド、中国、東南アジアにかけて、低地から標高約1220mまでの広範囲に分布。

● スズメ目／ニワシドリ科

中型の鳥。体はがっしりしていて、体色はさまざま。雄はディスプレイ用のあずまや作りに専念し、巣作りや子育ては雌だけで行う。ネコドリ3種はあずまやは作らない。全20種。

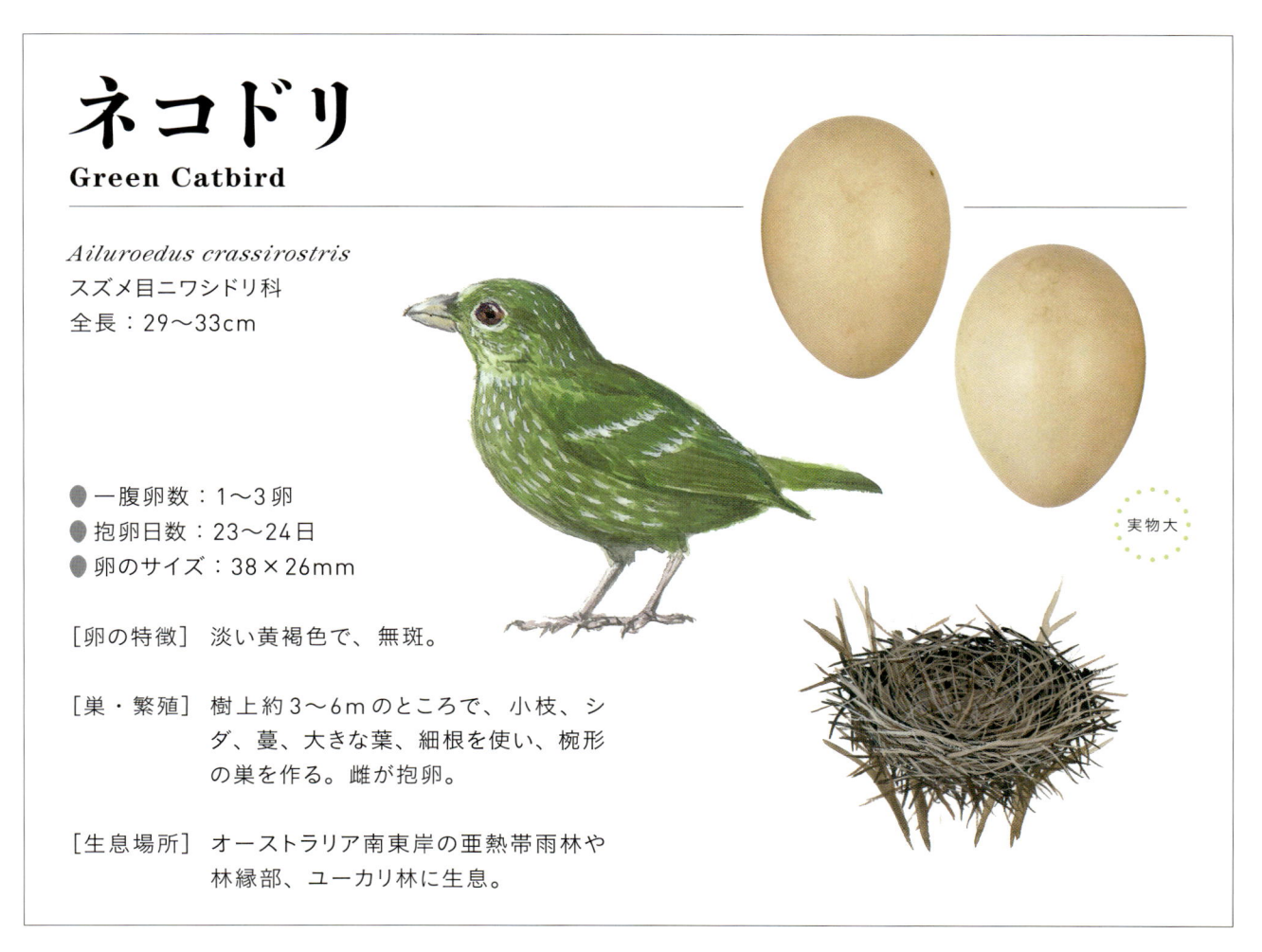

ミミジロネコドリ
White-eared Catbird

Ailuroedus buccoides
スズメ目ニワシドリ科
全長：23〜26cm

- 一腹卵数：1卵（飼育下では1〜3卵）
- 抱卵日数：17〜24日
- 卵のサイズ：38×23mm

[卵の特徴]　縦長で鋭端部に丸みのある特徴的な楕円形。淡い黄褐色で、無斑。

[巣・繁殖]　地上約2〜3mの樹上に、小枝、茎、葉、蔓などを集めて椀形の巣を作り、産座に数枚の大きな葉や苔を敷く。おもに雌が抱卵。

[生息場所]　ニューギニア島の西北部のチェンドラワシ湾に浮かぶヤーペン島とその西側に隣接するサラワティ島、バタンタ島、ワイゲオ島の標高約800mまでの森林に生息。

実物大

ネコドリ
Green Catbird

Ailuroedus crassirostris
スズメ目ニワシドリ科
全長：29〜33cm

- 一腹卵数：1〜3卵
- 抱卵日数：23〜24日
- 卵のサイズ：38×26mm

[卵の特徴]　淡い黄褐色で、無斑。

[巣・繁殖]　樹上約3〜6mのところで、小枝、シダ、蔓、大きな葉、細根を使い、椀形の巣を作る。雌が抱卵。

[生息場所]　オーストラリア南東岸の亜熱帯雨林や林縁部、ユーカリ林に生息。

実物大

フウチョウモドキ
Regent Bowerbird

Sericulus chrysocephalus
スズメ目ニワシドリ科
全長：約25cm

- 一腹卵数：1～3卵
- 抱卵日数：17～21日
- 卵のサイズ：37×25mm

[卵の特徴] 地色は淡黄褐色で、暗褐色や紫の縞のような、墨流し模様が鈍端部に集中して広がる。

[巣・繁殖] あずまやから少し離れた木の上か、近くの蔓の茂みの間に、細い枯枝で浅い椀形の巣を作る。巣作り、抱卵、子育ては雌が行う。

[生息場所] オーストラリア東海岸の亜熱帯雨林、林縁部、灌木、果樹園などに生息。繁殖期以外は数十羽の群れで行動している。

実物大

アオアズマヤドリ
Satin Bowerbird

Ptilonorhynchus violaceus
スズメ目ニワシドリ科
全長：30～35cm

- 一腹卵数：1～3卵
- 抱卵日数：21～22日
- 卵のサイズ：43×31mm

[卵の特徴] 地色は薄い黄褐色で、赤褐色や灰色のまだら模様がある。

[巣・繁殖] 樹上に小枝、茎、枯葉、蔓などを用いて椀形の巣を作る。営巣と抱卵は雌が行う。

[生息場所] オーストラリア南東部、�ーク岬半島のクイーンズランド州南部からビクトリア州にかけての熱帯雨林に生息。

実物大

鳥メモ
和名は、雄が作るディスプレイ用のあずまやに由来。青いもので飾って、訪れた複数の雌と交尾する。

〈あずまや〉

オオニワシドリ
Great Bowerbird

Chlamydera nuchalis
スズメ目ニワシドリ科
全長：約35cm

- 一腹卵数：1〜2卵
- 抱卵日数：約21日
- 卵のサイズ：39×28mm

実物大

[卵の特徴] 地色は淡い緑色か灰色を帯びたクリーム色で、暗褐色と青紫色がかった灰色の斑線模様が幾重もある。

[巣・繁殖] 繁殖期になると、雄はあずまやを作り、雌が来るのを待つ。地上6m以下のところに小枝で浅い椀形の巣を作る。雌が抱卵。

[生息場所] 南緯20度以北のオーストラリアや隣接した島のユーカリ林や灌木林、水辺の林に生息。

● スズメ目／フウチョウ科　　中型の鳥。雄はとても目立つ羽の色をしている。全42種。

ナキカラスフウチョウ
Trumpet Manucode

Phonygammus kerauarenii
スズメ目フウチョウ科
全長：29〜33cm

- 一腹卵数：1〜2卵
- 抱卵日数：15〜16日
- 卵のサイズ：35×24mm

実物大

[卵の特徴] 地色は淡いピンク色で、褐色や褐色を帯びた紫色、灰色の斑やシミ模様が覆う。

[巣・繁殖] 灌木やユーカリ林の樹上約7〜27mの大小の枝の股に、細い蔓を編んで洗面器形の巣を作る。産座に蔓性の細かい巻きひげを敷く。雌雄で抱卵。

[生息場所] ニューギニアとその南西に位置するアルー諸島、南東に隣接するダントルカストー諸島、オーストラリア北東部のヨーク岬半島北部に分布。

ベニフウチョウ
Red Bird-of-paradise

Paradisaea rubra
スズメ目フウチョウ科
全長：31〜35cm

- 一腹卵数：1〜2卵（飼育下）
- 抱卵日数：14〜17日（飼育下）
- 卵のサイズ：31×22mm

実物大

＜シロカザリフウチョウの巣＞

＜ディスプレイの様子＞

[卵の特徴] 地色はクリーム色を帯びた黄色で、褐色や赤褐色の筆で書いたようなスジ模様が鈍端部や鋭端部から広がる。

[巣・繁殖] 早朝、雄が気に入った枝上で舞い、雌にディスプレイする。交尾後、飼育下では雌が巣作りするが、野生での巣作りの観察記録はない（シロカザリフウチョウと似た巣を作ると考えられている）。一夫多妻。雌が抱卵。

[生息場所] ニューギニアの西に隣接するワイゲオ島、バタンタ島、ワイゲオ島の西と南に隣接するゲミエン島、サオネク島に分布。

シロカザリフウチョウ
Emperor Bird-of-paradise

Paradisaea guilielmi
スズメ目フウチョウ科
全長：31〜35cm

- 一腹卵数：1〜2卵
- 抱卵日数：不明
- 卵のサイズ：34×24mm

[卵の特徴] 地色は淡い黄褐色で、赤褐色の短いスジ模様や、鈍端部には灰色のスジ斑がある。

[巣・繁殖] 小枝や蔓、葉などを用いて深い椀形の巣を作る。雌が抱卵。

[生息場所] ニューギニア東部のフォン半島に分布し、標高約700〜1300mに位置する森林に生息。

実物大

鳥メモ
雄のディスプレイは鳥類のなかでも特徴的で、大きな声で鳴き交わし、飛び跳ねるなど体を上下に動かすしぐさが知られる。

● スズメ目／カラス科　　中～大型の鳥。強力なくちばしを持つ。全123種。

カケス
Eurasian Jay

Garrulus glandarius
スズメ目カラス科
全長：32～36cm

- 一腹卵数：3～10卵
- 抱卵日数：16～19日
- 卵のサイズ：30×20mm

実物大

[卵の特徴]　地色は灰緑色で、灰褐色の微小斑がある。

[巣・繁殖]　3～7mほどの高さの枝上に、細い枝、樹根、蘚苔類を使って、どんぶりぐらいの椀形の巣を作る。雌雄で抱卵。

[生息場所]　ユーラシア大陸の中・低緯度地域と東南アジア、日本では北海道から屋久島まで。

アメリカカケス
Scrub Jay

Aphelocoma coerulescens
スズメ目カラス科
全長：28～30cm

- 一腹卵数：1～5卵（通常3～4卵）
- 抱卵日数：16～18日
- 卵のサイズ：30×18mm

実物大

[卵の特徴]　やや長卵形。地色は青緑色からオリーブ色を帯びた薄い緑色で、黄褐色など多様な色合いの斑やシミ模様などがある。淡い緑色の地に、薄い赤色の斑が広がるものもある。

[巣・繁殖]　ブナ科の樫の木が生い茂る灌木の密集地帯で、灌木に小枝や布切れ、ひも、動物の毛などを絡ませて椀形の巣を作る。雌が抱卵し、雄が餌を運ぶ。

[生息場所]　アメリカの西部から、南はメキシコ南部とフロリダ半島。

鳥メモ
過去の経験を学習し活用できる賢い鳥と言われている。

ヤマヌレバカケス
Bushy-crested Jay

Cyanocorax melanocyaneus
スズメ目カラス科
全長：28〜33cm

● 一腹卵数：3〜4卵
● 抱卵日数：不明
● 卵のサイズ：29×21mm

実物大

[卵の特徴]　地色は赤色を帯びた淡い茶褐色で、赤レンガ色の斑やシミがあり、鈍端部には栗茶色の集合斑がある。

[巣・繁殖]　雌が灌木の茂み、コーヒーの木の枝や樹幹に絡む蔓に、木の枝を組んだ粗雑な椀形の巣を作る。産座には細根や細かい枝を使う。雛が巣立つ頃にはバラバラになるくらい簡単な作りの巣。グループで繁殖し、2羽の雌が交代で抱卵。ヘルパーが給餌を手伝う。

[生息場所]　中米のグアテマラから中南米のニカラグア中部に生息。

スミレヌレバカケス
Purplish-backed Jay

Cyanocorax beecheii
スズメ目カラス科
全長：35〜40cm

● 一腹卵数：3〜6卵
● 抱卵日数：18〜19日
● 卵のサイズ：30×21mm

実物大

[卵の特徴]　地色は淡い赤茶色で、褐色や灰色の大小の斑が全体に広がる。

[巣・繁殖]　高さ4〜7mほどの常緑樹の枝に、小枝などで皿形の巣を作る。カケスの仲間の巣にしては平たい巣。雌が抱卵。前年までに生まれた若い鳥がヘルパーとなって子育てに参加する。

[生息場所]　メキシコの太平洋岸に生息。

アカオカケス
Siberian Jay

Perisoreus infaustus
スズメ目カラス科
全長：25〜31cm

● 一腹卵数：3〜4卵
● 抱卵日数：約19日
● 卵のサイズ：30×22mm

実物大

[卵の特徴] 地色は灰緑色や黄灰色、緑色を帯びた淡い黄褐色などで、褐色、灰色の斑やシミ模様が覆う。鈍端部に褐色、灰色、赤紫色の斑が集中する。

[巣・繁殖] 枝の分かれ目や藪の中などに、枝、樹皮、植物繊維を織り交ぜて椀形の巣を作る。羽毛など細かく柔らかなものを産座に敷きつめるのは、寒いときから巣作りするため。雌が抱卵。

[生息場所] スカンジナビア半島からシベリア、プリモルスキー、サハリンに分布、生息する。

オナガ
Azure-winged Magpie

Cyanopica cyanus
スズメ目カラス科
全長：36〜38cm

● 一腹卵数：5〜8卵
● 抱卵日数：15〜16日
● 卵のサイズ：24×18mm

実物大

[卵の特徴] 地色は淡い緑色や淡い灰褐色などで、暗緑褐色や淡褐色の小斑がところどころにある。

[巣・繁殖] 林の中の樹上に小枝で骨組みを作り、蘚類や木の根を混ぜた巣材を使って椀形の巣を作る。雌が抱卵。近年、カッコウに托卵されるようになったが、その歴史は浅いため、防衛手段が確立されていない場合には容易に托卵されてしまう。子育てには、つがい相手が見つからなかった個体や前年に生まれた子がヘルパーとして、同じ群れの繁殖や給餌、巣にたまった糞の除去を手伝う。

[生息場所] おもにユーラシア西端部のイベリア半島と極東地方、中国東北部および中部、朝鮮半島に生息。日本でも関東、甲信越、東北などで見られるが、北海道や西日本では見られない。

カササギ
Eurasian Magpie

Pica pica
スズメ目カラス科
全長：46〜50cm

- 一腹卵数：2〜8卵
- 抱卵日数：21〜22日
- 卵のサイズ：33×23mm

実物大

鳥メモ
韓国の国鳥。佐賀県の県鳥。日本では佐賀平野を中心に狭い地域で生息し、地域性豊かなことから、1923年に生息地を定めた国の天然記念物に指定された。

[卵の特徴]　地色は青緑色か緑色を帯びた青色、またはクリーム色などで、褐色の多様な形の斑やシミ模様が覆う。

[巣・繁殖]　大木の高いところの枝などに、木の枝や竹を組み合わせて大きな球形の巣を作る。横向きの出入口が上部にあり、中は泥で固められる。産座には細かい根や茎、樹皮、獣毛や草を敷く。建物の高所や電柱、崖の棚上などに営巣することもある。韓国では町中の樹にたくさん見ることができる。雌が抱卵。

[生息場所]　ユーラシアの亜熱帯、温帯、亜寒帯、アラビア半島、アフリカ北部、イギリス、北アメリカの西部に分布。日本では九州の筑紫平野に生息する。

ホシガラス
Spotted Nutcracker

Nucifraga caryocatactes
スズメ目カラス科
全長：32〜34cm

- 一腹卵数：2〜5卵
- 抱卵日数：16〜18日
- 卵のサイズ：30×21mm

実物大

[卵の特徴]　地色は淡い青色か灰白色で、褐色、灰色、淡い青色の斑やシミ模様が全体を覆う。

[巣・繁殖]　小枝や根、雑草を厚めに積んで椀形の巣を作り、内部に草や繊維類、樹皮、細根、苔を敷き産座とする。寒さを防ぐため、苔を多く使う。巣作り、抱卵は雌雄で行う。

[生息場所]　ユーラシアの亜寒帯、中央アジア、日本、ヨーロッパの山岳部に分布。

キバシガラス
Yellow-billed Chough

Pyrrhocorax graculus
スズメ目カラス科
全長：34〜38cm

- 一腹卵数：4卵（まれに6卵）
- 抱卵日数：18〜21日
- 卵のサイズ：29×21mm

実物大

[卵の特徴]　地色は緑色を帯びた淡い茶褐色で、褐色や灰色の大小の薄いシミ模様が全体に散らばる。

[巣・繁殖]　岩のくぼみや隙間に、草の茎や根を積んで浅い椀形の巣を作り、内部に繊維質の植物を敷いて産座にする。雌が抱卵。

[生息場所]　ユーラシアの山岳地帯に分布し、ヨーロッパでは標高約1200〜2800m、ヒマラヤでは標高約8100mに飛来した記録がある。

ミヤマガラス
Rook

Corvus frugilegus
スズメ目カラス科
全長：44〜46cm

- 一腹卵数：2〜7卵
- 抱卵日数：16〜18日
- 卵のサイズ：35×24mm

実物大

[卵の特徴]　地色は淡い灰青色、淡い緑色、白灰色で、深緑色、淡い緑色のシミ状斑や深緑色の大小の斑が全体を埋め尽くす。

[巣・繁殖]　農地に近い林のルッカリー（集団繁殖地）に、枝、枯草、細根、毛などを使って椀形の巣を作る。巣作り、子育ては雌雄で、抱卵は雌が行う。

[生息場所]　ヨーロッパから中央アジア、プリモルスキー、中国に分布。日本には冬鳥として飛来する。

コクマルガラス
Daurian Jackdaw

Corvus dauuricus
スズメ目カラス科
全長：34〜36cm

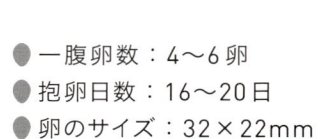

- 一腹卵数：4〜6卵
- 抱卵日数：16〜20日
- 卵のサイズ：32×22mm

実物大

[卵の特徴]　地色は淡い青色で、褐色や灰色の斑が全体を覆う。

[巣・繁殖]　樹洞の中や、壁、建物、岩の隙間などに枝を集め、泥で固めて椀形にくぼませた巣を作る。産座には、獣毛、羽、木片、羊毛などを敷く。おもに雌が抱卵。

[生息場所]　シベリア南部、プリモルスキー、中国南東部に分布。日本には冬鳥として少数が飛来する。

ニシコクマルガラス
Western Jackdaw

Corvus monedula
スズメ目カラス科
全長：34〜39cm

- 一腹卵数：3〜8卵
- 抱卵日数：17〜19日
- 卵のサイズ：32×23mm

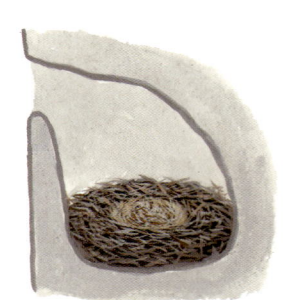

実物大

[卵の特徴]　地色は青緑色か青みを帯びた淡い灰色で、黒褐色と灰色の斑が全体を覆う。

[巣・繁殖]　樹洞や崖、建物の隙間や穴の中に、小枝や木片の茎を積み上げて泥や糞を塗り、椀形のくぼみを作って巣にする。産座には羊毛などの獣毛や布切れなどを敷く。抱卵中も産座には柔らかい材料が加えられていく。雌が抱卵。

[生息場所]　ヨーロッパから中央アジア、北アフリカの一部に分布。

ハシボソガラス
Carrion Crow

Corvus corone
スズメ目カラス科
全長：48〜53cm

- 一腹卵数：3〜6卵
- 抱卵日数：17〜22日
- 卵のサイズ：41×28mm

[卵の特徴]　地色は淡い黄茶色やクリーム色、薄青緑色で、褐色、紫褐色、灰色の斑が全体を覆う。

[巣・繁殖]　高い木の上に、枝を組み合わせて椀形の巣を作る。中央の産座には、枯草、木の皮、シュロ、毛、羽などを使う。雌が抱卵。

[生息場所]　ユーラシアの温帯以北、エジプト、イギリス、サハリンなどに繁殖分布し、寒地のものは、やや南下して越冬する。ウラル山脈以西のロシアから東ヨーロッパと北ヨーロッパにかけて生息。

実物大

ハシブトガラス
Large-billed Crow

Corvus macrorhynchos
スズメ目カラス科
全長：46〜59cm

- 一腹卵数：3〜6卵
- 抱卵日数：17〜22日
- 卵のサイズ：41×28mm

実物大

[卵の特徴]　地色は淡い緑色がかった青色から灰色、褐色を帯びた緑色などで、オリーブ色や褐色、黒褐色、灰色、赤紫色など多様な色みの斑が散らばる。

[巣・繁殖]　高木の枝上に、枝、葉、蔓、根などを使って椀形の巣を作る。産座にはシュロ、毛、羽などを敷く。抱卵は雌が、子育ては雌雄で行う。繁殖期にはつがいごとで分散するが、繁殖を終えると群れの生活に戻る。

[生息場所]　プリモルスキー、千島列島、サハリン、日本から東南アジア、インド、アフガニスタンに分布。

ミナミワタリガラス
Australian Raven

Corvus coronoides
スズメ目カラス科
全長：48〜54cm

- 一腹卵数：4〜5卵
- 抱卵日数：19〜21日
- 卵のサイズ：40×29mm

実物大

[卵の特徴]　地色は淡い青色で、褐色、灰色の斑が覆う。

[巣・繁殖]　地上10m以上の崖や樹上などに、枝を組んで洗面器のような形にし、中央の産座部分に、枯草、樹皮、蔓、羽毛などを敷いて椀形の巣を作る。雌が抱卵。

[生息場所]　オーストラリア東部および南西部に分布。

世界のめずらしい巣

● 集団で作る大きな巣

シャカイハタオリ
Sociable Weaver
Philetair socius

寒暖差の激しいアフリカの砂漠には木があまりありません。ここで暮らすシャカイハタオリは、1本の木に協同で巣を作り、産卵だけでなく、そこで暑さや寒さをしのぎます。繁殖期のたびに増築され、巣は年々大きくなります。

オキナインコ
Monk Parekeet
Myiopsitta monachus

インコやオウムの仲間は木のうろなどを巣にしますが、オキナインコは枝などを集め集団の巣を作ります。

ヤシドリ
Palmechat
Dulus dominicus

ヤシドリは西インド諸島ドミニカの国鳥です。ダイオウヤシの葉の付け根に枝を集めて1m大の巣を作り、繁殖期以外にもねぐらに使用します。

● ぶら下げた巣

キムネコウヨウジャク
Baya Weaver
Ploceus philipinus

ハタオリドリ科の鳥は、草を編んで籠のようなしっかりした巣を作ります。キムネコウヨウジャクの巣は、まるで妊婦さんのお腹のような形です。

＜雌＞

巣は雄が作り、上手に作れないと雌が途中でやめさせる。

＜雄＞

カンムリオオツリスドリ
Crested Propendola
Psarocolius decumanus

南米にすむツリスドリ科の鳥は、草を編んで高い木の枝先にぶら下げます。カンムリオオツリスドリの巣は、長いもので1m以上もあります。

アカガシラモリハタオリ
Red-needed Weaver
Anaplectes rubreceps

細い枝の先の皮を剥ぎ、その皮でほかの枝と結び付け、形を作っていきます。

ノドグロモリハタオリ
Cassin's Malimbe
Malimbus cassini

裂いたヤシの葉で、とても丁寧に巣を作ります。巣はヤシの葉などに固定されます。

● 凝った作りの巣

マミジロスズメハタオリ
White-browed Sparrow Weaver
Plocepasser mahali

出入口が2つあります。天敵であるヘビが来たときに逃げるためだと言われています。

キバラアフリカツリスガラ
Cape Penduline-tit
Anthoscopus minutus

羊の毛や綿を使い、フェルトのようなやわらかな巣を作ります。出入口に見える大きなくぼみはダミーで、本物の出入口は上にあり、普段は閉まっています。猿やヘビなどに襲われないためと、寒さから守るためです。

ウシハタオリ
Red-billed Buffalo Weaver
Bubalornis niger

一夫多妻で、ひとつの巣に複数の産室があります。枝や電柱などに乗せるように作ります。

セアカカマドドリ
Rufous Hornero
Furnarius rufus

枝の上や牧場の杭の上などに、土に藁を混ぜ、かまどのような頑丈な巣を作ります。入口の奥に穴があり、そこからしか産室に入れません。

ジャワアナツバメ
Edible-nest Swiftlet
Aerodramus fuciphagus

ジャワアナツバメの唾液は糖タンパク質で粘着性があります。その特性を活かし、唾液を少しずつ固めてハマグリの貝殻のような巣を作ります。

おわりに

● 監修者のことば

国立科学博物館館長
（公財）山階鳥類研究所所長

林 良博

『世界655種 鳥と卵と巣の大図鑑』の監修を依頼され、記載されている鳥類の多さに驚いたと同時に、挿絵の温かさにとても感動しました。

著者の吉村卓三さんは、「卵博士」と呼ばれているように、世界最大の鳥であった絶滅鳥エピオルニスの卵殻をマダガスカルの海岸で拾い集めただけでなく、655種に上る鳥たちの卵を詳細に観察・記録された方です。わたしも秋篠宮文仁親王殿下の調査に随行して、マダガスカルの海岸でエピオルニスの卵殻を拾い集めた経験がありますが、このような巨大な鳥が現存していたならば、世界の子どもたちが生き物の多様性を理解するのにどれほど貢献しただろうかと悔やまれてなりませんでした。

一方、挿絵を担当された鈴木まもるさんは、日本だけではなく世界中の鳥の巣を探す旅を続けてこられました。このお二人が出会ったことは、単なる偶然ではなく、鳥を愛してやまない吉村さんと鈴木さんが協働して、自分たちの未来を守ってくれるのではないかと企んだ鳥たちの願いが叶ったのではないでしょうか。

言うまでもなく、鳥たちの卵や巣は彼らの生態を知るための重要な情報を与えてくれます。鳥類学者や愛鳥家などの専門家は、森や草むらで鳥の巣や卵を探すことに長けています。そうした専門家が巣や卵に関する貴重な情報を図鑑として出版することは、単に科学の進歩に貢献するだけではなく、多くの人びとの愛鳥意識を高めることにもつながります。こうした情報の公開は、たとえ少数の心ない人たちの「鳥の巣を荒らす行為」を刺激したとしても、貢献のほうがはるかに大きいでしょう。

鳥の巣は、人間の家と異なり、基本的には繁殖のための装置です。鳥たちは卵を産むたびに新しい巣を作り、ヒナが巣立ってしまうと、その巣は使いません。使命をはたして放置された古巣を、標本として採集することに倫理的な問題は生じません。

巣が繁殖のための装置である以上、「卵」と「巣」は鳥の図鑑において切り離すことができないふたつの要素です。全世界に10,000種余りいる鳥類のうち、本図鑑は、国内外の実に655種についてまとめており、その簡潔な説明と心温まる挿絵は、卵と巣の形態、色彩、文様の多様性を理解するための手助けになります。多様な形態と文様をもつ卵とその器としての巣、その種が営んでいる生活を想像することができるのも、このような緻密で正確な図鑑があればこそです。生物多様性と地球環境の保全に、本書が貢献することを願ってやみません。

● 謝辞

　本書では、吉村卓三たまご資料室収蔵品を基に、アメリカのWESTERN FOUNDATION of VERTEBRATE ZOOLOGY（ここは、鳥類と自然環境の保護促進の目的で、世界中から貴重な資料が集められ大切に保管されているところです）、山形県立博物館、兵庫県立人と自然の博物館、庄司昭夫資料室、我孫子市鳥の博物館などのご協力をいただき、貴重な卵の写真を掲載することができました。また個人的に御指導賜った、岡田泰六様（光央）、故・小林桂助様（日本鳥学会名誉会員）、森岡弘之様（国立科学博物館名誉研究員）、江崎保男様（日本鳥学会会長、兵庫県立大学教授）、故・石沢慈鳥様とご長女の桶舎富士子様、奥山武夫様（山形県立博物館元副館長）、吉田哉様（山形県立博物館学芸員）、時田賢一様（我孫子市鳥の博物館館長補佐）、堤秀世様（伊豆シャボテン公園名誉園長）、竹之内日海様、ディールジョーンズ様（アメリカ、カリフォルニア州カルバーシティ市元助役）各皆さまには貴重なお時間をおしみなく割いていただき、今回、絶滅種、絶滅危惧種を含め655種の卵と巣を、鳥の生態を傷つけることなく掲載することができました。この場をかりてその御好意、御協力に心から感謝申し上げます。ありがとうございました。

　また、本書の監修を快くお引き受けいただき、巻末に原稿をお寄せくださいました林良博様（国立科学博物館館長、山階鳥類研究所所長）、ならびに、ブックマン社の木谷社長、小宮編集長、藤本淳子さんに厚く御礼申し上げます。

吉村卓三

　ぼくが最初に吉村卓三さんのことを知ったのは、日本鳥学会名誉会員の故・小林桂助先生を訪ねて神戸のご自宅をお訪ねし、先生と奥様に楽しい鳥のお話をうかがっていたときでした。曰く「君は吉村卓三君を知っているかね？　卵を集めて世界をまわっている。ぼくはエピオルニスの卵の破片をもらったよ」と嬉しそうにお話されました。世の中には変った人がいるものだとその時思ったのですが、数年後、山の中に住むぼくの家をノックする人がいます。ドアを開けると…「吉村卓三です！」とハミングバードの巣を持ったご本人が立っているではありませんか。こうして吉村さんとのお付き合いが始まったのです。

　この本を作るにあたり、アメリカの鳥類研究所WFVZのリニア・ホールさん、レニー・コラドさんはじめたくさんの方々にご協力いただき感謝に堪えません。ありがとうございました。また出版を快諾していただいたブックマン社の木谷社長、膨大な量の編集をこなしてくれた藤本淳子さん、美しい本に仕上げてくれたデザイナーの小口翔平さん、本当にありがとうございました。多くの英訳をしてくれた妻にはいつも感謝しております。

　最後になりましたが、655種の鳥さんたちを描くために、それぞれが住む環境に始まり、様々な色の羽や足、くちばし、目、鳥の巣の材料の枝や枯草、コケなどひとつひとつ調べ、何を食べ、何を想い空を飛び、巣を作り生きていくのか想像しながら絵を描きました。世界の多様な環境で暮らす、様々な生命を感じるとてもとても楽しい時間でした。鳥さんたち本当にありがとう。

鈴木まもる

Profile

著者
吉村卓三（よしむら・たくぞう）

　動物学博士・動物学者。マルゼン動物ランド、グリュック王国などの園長を経て、現在は社団法人日本作家クラブ理事長、山梨県道志村観光振興特別大使、社団法人日本カンボジア協会理事、社団法人全国日本学士会評議員などを務める。1991年にアジア平和賞を韓国で受賞したほか、社団法人全国日本学士会アカデミア賞、財団法人日本博物館協会賞、著書『たまごのふしぎ』（オデッセウス）でJLNA池田満寿夫ブロンズ賞などを受賞。2010年には東久邇宮文化褒賞を受賞した。2013年「いしかわ観光特使」に就任。主な著書に、『ボクは動物少年だい！』（講談社）、『動物ものしり事典』（日本文芸社）、『犬や猫はなぜ夢を見るのか!?』（徳間書店）、『動物のふしぎ』（明治図書出版）、『巨鳥が歩んだ道』（メタモル出版）、『光の塔』（L・H陽光出版）など。

絵・構成
鈴木まもる（すずき・まもる）

　画家、絵本作家、鳥の巣研究家。東京芸術大学中退。「黒ねこサンゴロウ」シリーズ（偕成社）で赤い鳥さし絵賞、『ぼくの鳥の巣絵日記』（偕成社）で講談社出版文化賞絵本賞を受賞。主な作品に、『鳥の巣の本』『世界の鳥の巣の本』（岩崎書店／アメリカWFVZより英語版出版）、『ふしぎな鳥の巣』『ツバメのたび』『日本の鳥の巣図鑑全259』（偕成社）などがある。1998年、日本で初の鳥の巣展覧会を開催。以後2002年にニューヨークのギャラリーAnnexで「NESTS」展を開催したほか、上野動物園、大阪市立自然史博物館、横浜ランドマークタワー、群馬県立自然史博物館、吉祥寺美術館、香川県坂出市民美術館など国内外で鳥の巣展覧会と原画展を開催。NHK『プレミアム8 －シャカイハタオリ』に出演、アルベール国際映画祭特別審査員賞受賞。

監修
林 良博（はやし・よしひろ）

　国立科学博物館館長、山階鳥類研究所所長。1946年生まれ。1969年東京大学農学部畜産獣医学科卒、1975年東京大学大学院農学研究科獣医学博士課程修了。東京大学助手、助教授、ハーバード大学客員研究員、コーネル大学客員助教授、ラプラタ大学客員教授などを経て、1990年東京大学農学部教授。その後、大学院農学生命科学研究科教授兼総合研究博物館館長、研究科長、農学部長、副学長を歴任。2007～2009年食料・農業・農村政策審議会会長、2009年より「ごはんを食べよう国民運動推進協議会」会長。2013年より現職。第20、21期日本学術会議会員。著書に『鳥の絶滅危惧種図鑑――変わりゆく地球の生態系をビジュアルで知る』（緑書房）、『ヒトと動物――野生動物・家畜・ペットを考える』（朔北社）、『ふるさと資源の再発見――農村の新しい地域づくりをめざして』（家の光協会）など。

索引

和名索引 —— 374
学名索引 —— 379
英名索引 —— 383

和名索引

ア

アイスランドカモメ	200
アオアシシギ	187
アオアズマヤドリ	356
アオキコンゴウインコ	224
アオサギ	66
アオジ	347
アオハウチワドリ	305
アオハシヒムネオオハシ	251
アオバズク	232
アカアシイワシャコ	132
アカアシシギ	186
アカアシチョウゲンボウ	118
アカエリシトド	348
アカエリシロチドリ	182
アカオカケス	361
アカオネッタイチョウ	47
アカガシラソリハシセイタカシギ	169
アカガシラモリハタオリ	368
アカケアシノスリ	110
アカゲラ	253
アカコッコ	290
アカショウビン	244
アカツクシガモ	87
アカハシネッタイチョウ	46
アカバネシギダチョウ	35
アカハラ	290
アカハラダカ	107
アカハラヒメシャクケイ	124
アカモズ	281
アジアヘビウ	65
アジアレンカク	166
アジサシ	203
アシボソハイタカ	108
アデリーペンギン	40
アナドリ	53
アビ	43
アフリカカワツバメ	263
アフリカスナバシリ	172
アフリカトキコウ	74
アフリカハゲコウ	75
アフリカヒヨドリ	274
アフリカレンカク	165
アホウドリ	50
アマサギ	68
アマミヤマシギ	191
アメリカイソシギ	190
アメリカウズラシギ	196
アメリカオオモズ	283
アメリカオシ	88
アメリカカケス	359
アメリカシロヅル	153
アメリカシロペリカン	60
アメリカダイシャクシギ	184
アメリカツリスガラ	321
アメリカヒレアシシギ	190
アメリカヤマシギ	192
アメリカワシミミズク	231
アリサンヒタキ	296
アリスイ	255
アレチシギダチョウ	35
アンチルカンムリハチドリ	238
アンデスシギダチョウ	36
アンデスフラミンゴ	80
アンナハチドリ	240

イ

イイジマムシクイ	316
イエスズメ	330
イカル	339
イカルチドリ	179
イシガキヒヨドリ	274
イシチドリ	170
イソシギ	189
イソヒヨドリ	286
イタハシヤマオオハシ	251
イヌワシ	113
イワシャコ	131
イワツバメ	266
イワトビペンギン	41
インドクジャク	143
インドトサカゲリ	177
インドブッポウソウ	246

ウ

ウィルソンチドリ	180
ウグイス	308
ウシハタオリ	369
ウズラ	132
ウソ	338
ウチヤマセンニュウ	310
ウトウ	213
ウミアイサ	94
ウミガラス	211
ウミスズメ	212
ウミネコ	198
ウロコクイナ	156

エ

エジプトハゲワシ	102
エゾセンニュウ	309
エゾライチョウ	130
エトピリカ	215
エナガ	320
エピオルニス（象鳥）	19
エボシクマタカ	115
エボシメガネモズ	285
エミュー	30
エリマキライチョウ	130
エンペラーペンギン（コウテイペンギン）	39

オ

オウカンゲリ	174
オウギワシ	111
オウサマクイナ	158
オウチュウ	354
オオアジサシ	207
オオウミガラス	209
オオカモメ	200
オオカラモズ	284
オオクロムクドリモドキ	351
オオグンカンドリ	65
オオコガネハタオリ	343
オオコノハズク	231
オーストラリアヅル	153
オーストンウミツバメ	58
オオセグロカモメ	199
オオソリハシシギ	184
オオタカ	109
オオヅル	151
オオニワシドリ	357
オオハイイロミズナギドリ	54
オオハクチョウ	81
オオハシウミガラス	210
オオハシシギ	194
オオハチドリ	239
オオハナインコ	222
オオハム	44
オオバン	162
オオヒタキモドキ	258
オオフラミンゴ	79
オオホウカンチョウ	126
オオミズナギドリ	55
オオミチバシリ	229
オオムジツグミモドキ	278
オオモズ	283
オオヨシキリ	312
オオヨシゴイ	72
オオルリ	299
オガサワラカラスバト	218
オカメインコ	221
オカヨシガモ	90
オガワコマドリ	295
オキナインコ	367
オグロカマドドリ	256
オシドリ	89
オジロゲリ	175
オジロビタキ	299
オジロライチョウ	128
オジロワシ	100
オナガ	361
オナガイヌワシ	114
オナガガモ	92
オナガサイホウチョウ	304
オナガドリ（尾長鶏）	135
オナガミズナギドリ	55
オナガミツスイ	328
オニアジサシ	205
オニオオハシ	252
オニカナダガン	86

オニクイナ	157
オニタシギ	194
オバシギダチョウ	33
オリーブツグミ	287

カ

カイツブリ	45
カエデチョウ	332
カオジロオーストラリアヒタキ	327
カケス	359
カササギ	362
カササギフエガラス	349
カザリキヌバネドリ（ケツァール）	242
カシラダカ	346
カタジロオナガモズ	280
カタシロワシ	112
カツオドリ	62
カッショクペリカン	60
カナダガン	87
カナダヅル	152
カナリア	335
カブトホウカンチョウ	125
カヤクグリ	280
カラアカハラ	288
カラカラ	116
カラスバト	217
ガラパゴスコバネウ	63
カラフトライチョウ	127
カラフトワシ	112
カリフォルニアコンドル	97
カルガモ	92
カロライナインコ	226
カワウ	62
カワガラス	276
カワセミ	243
カワラバト	216
カワラヒワ	335
カワリサンコウチョウ	302
カワリタイヨウチョウ	324
カンムリアマツバメ	237
カンムリウズラ	144
カンムリウミスズメ	213
カンムリオオツリスドリ	368
カンムリコリン	145
カンムリサギ	69
カンムリシギダチョウ	37
カンムリシャコ	136
カンムリヅル	154
カンムリバト	220
カンムリワシ	105

キ

キーウィ	31
キイロモフアムシクイ	307
キクイタダキ	306
キゴシタイヨウチョウ	326
キジ	141
キジバト	218
キセキレイ	267
キタヤナギムシクイ	314
キノドタイヨウチョウ	323
キバシガラス	363
キバシヒワ	336
キバシミドリチュウハシ	250
キバシリ	322
キバタン	221
キバラアフリカツリスガラ	369
キバラモズヒタキ	303
キビタキ	298
キムネコウヨウジャク	368
キムネハワイマシコ	350
キュウカンチョウ	354
キョクアジサシ	205
キリアイ	197
キレンジャク	275
ギンガオサイチョウ	248
キンカチョウ	333
キングペンギン（オウサマペンギン）	38
キンケイ	141
ギンケイ	142
キンバト	219

ク

クイナ	155
クサシギ	187
クビワツグミ	289
クマゲラ	254
クロアシアホウドリ	49
クロアジサシ	208
クロウタドリ	289
クロウミツバメ	58
クロガシラ	273
クロガモ	94
クロサギ	67
クロコンドル	97
クロジョウビタキ	297
クロスジオジロハチドリ	238
クロツグミ	288
クロヅル	150
クロトウゾクカモメ	197
クロトキ	77
クロハゲワシ	104
クロハラアジサシ	203
クロハラチュウノガン	164
クロヒメシャクケイ	124
クロヒヨドリ	275
クロミズナギドリ	54
クロライチョウ	129

ケ

ケアシノスリ	111
ケイマフリ	212
ケープイシチドリ	170
ケープペンギン	42
ケリ	176
ケワタガモ	93

コ

コアオアシシギ	186
コアジサシ	207
コアホウドリ	51
コイカル	339
ゴイサギ	70
コウノトリ	75
コウライキジ	140
コオニクイナ	157
コガモ	91
コガラ	318
コキンチョウ	333
コクチョウ	83
コクマルガラス	364
コゲラ	253
コサギ	69
コサメビタキ	300
コシアカツバメ	264
コシギダチョウ	34
ゴシキヒワ	336
コシジロアジサシ	206
コシジロウミツバメ	57
コシジロハゲワシ	102
コシベニペリカン	59
ゴジュウカラ	319
コジュケイ	134
コジュリン	345
コスタハチドリ	240
コチドリ	180
コトドリ	259
コノドジロムシクイ	314
コノハズク	230
コハクチョウ	83
コバシチドリ	183
コヒクイドリ	29
コビトウ	64
コビトペンギン（コガタペンギン）	41
コビトメジロ	330
コブハクチョウ	82
コマダラキーウィ	32
コマドリ	293
ゴマバラワシ	115
コムクドリ	352
コモントゲハシムシクイ	307
コヨシキリ	312
コリンウズラ	144
コルリ	295
コンゴウインコ	225
コンドル	95

サ

サイチョウ	249
サカツラトキ	76
ササゴイ	71
サシバ	109
サボテンミソサザイ	277
サヨナキドリ（ナイチンゲール）	294
サンカノゴイ	72
サンコウチョウ	302
サンショウクイ	272
サンショクウミワシ	99
サンショクツバメ	265
サンドイッチアジサシ	208

シ

- ジェンツーペンギン — 40
- シジュウカラ — 318
- シチメンチョウ — 127
- シナガチョウ（原種：サカツラガン）— 84
- シマアオジ — 346
- シマアジ — 93
- シマクイナ — 159
- シメ — 340
- シャカイハタオリ — 367
- ジャマイカコビトドリ — 244
- ジャワアナツバメ — 369
- シュモクドリ — 73
- ショウジョウトキ — 76
- ショウドウツバメ — 264
- シラオネッタイチョウ — 47
- シラコバト — 219
- シロアホウドリ — 49
- シロエリハゲワシ — 103
- シロカザリフウチョウ — 358
- シロガシラ — 273
- シロカツオドリ — 61
- シロチドリ — 181
- シロハラアマツバメ — 236
- シロハラクイナ — 161
- シロハラサケイ — 215
- シロハラトウゾクカモメ — 198
- シロハラミズナギドリ — 52
- シロマダラウズラ — 146
- シロムネオオハシ — 252

ス

- ズアオアトリ — 334
- ズアカガケツバメ — 266
- ズグロウロコハタオリ — 342
- ズグロチャキンチョウ — 348
- ズグロトサカゲリ — 177
- スゲヨシキリ — 311
- スズメ — 331
- スナヒバリ — 260
- スミレコンゴウインコ — 224
- スミレスナバシリ — 172
- スミレヌレバカケス — 360

セ

- セアカカマドドリ — 369
- セイラン — 142
- セキショクヤケイ — 135
- セグロアジサシ — 206
- セグロセキレイ — 268
- セッカ — 304
- セッカカマドドリ — 257
- セリン — 334
- センダイムシクイ — 316

ソ

- ソウゲンライチョウ — 131
- ソリハシオオイシチドリ — 171
- ソリハシシギ — 189
- ソリハシセイタカシギ — 168

タ

- ダーウィンレア — 27
- ダイサギ — 67
- ダイゼン — 178
- タイワンジュズカケバト — 217
- タイワンヨタカ — 235
- タカサゴモズ — 282
- タカブシギ — 188
- タゲリ — 173
- ダチョウ — 24
- タテジマクモカリドリ — 327
- タヒバリ — 271
- タマシギ — 167
- ダルマインコ — 223
- ダルマエナガ — 322
- ダルマワシ — 105
- タンチョウ — 152

チ

- チゴモズ — 281
- チフチャフ — 315
- チャイロオウギセッカ — 309
- チャイロネズミドリ — 241
- チャイロヤブモズ — 284
- チャクビモリクイナ — 156
- チャバネシャクケイ — 123
- チャバライカル — 349
- チャバラホウカンチョウ — 125
- チュウサギ — 68
- チョウゲンボウ — 117
- チョウセンミフウズラ — 148
- チリーフラミンゴ — 80
- チリールリツバメ — 263

ツ

- ツカツクリ — 119
- ツツドリ — 228
- ツノメドリ — 214
- ツバメ — 262
- ツバメチドリ — 171
- ツミ — 107
- ツメナガセキレイ — 267
- ツメバケイ — 150
- ツリスガラ — 321
- ツルクイナ — 161
- ツルシギ — 185

テ

- デンショバト（カワラバト）— 216

ト

- トキ — 78
- トキイロコンドル — 96
- トサカゲリ — 174
- トサカレンカク — 166
- トビ — 99
- トラツグミ — 287

- トンガツカツクリ — 120

ナ

- ナキカラスフウチョウ — 357
- ナキシャクケイ — 123
- ナベコウ — 74
- ナンアサンショクツバメ — 265
- ナンベイタゲリ — 176
- ナンベイタシギ — 193
- ナンベイタマシギ — 168
- ナンベイヒメウ — 63

ニ

- ニコバルツカツクリ — 121
- ニジキジ — 136
- ニシコウライウグイス — 340
- ニシコクマルガラス — 364
- ニシズグロカモメ — 201
- ニシセグロカモメ — 199
- ニシタイランチョウ — 258
- ニシツノメドリ — 214
- ニシツバメチドリ — 173
- ニシブッポウソウ — 246
- ニュウナイスズメ — 331
- ニワムシクイ — 313

ネ

- ネコドリ — 355
- ネコマネドリ — 278

ノ

- ノガン — 163
- ノゴマ — 294
- ノジコ — 347
- ノスリ — 110
- ノドグロアオジ — 344
- ノドグロハチドリ — 239
- ノドグロミツオシエ — 256
- ノドグロモリハタオリ — 368
- ノドジロクロミズナギドリ — 53
- ノドジロムシクイ — 313
- ノハラツグミ — 291
- ノバリケン — 88
- ノビタキ — 298

ハ

- ハイイロオウギビタキ — 301
- ハイイロガン — 85
- ハイイロチュウヒ — 106
- ハイイロヒレアシシギ — 191
- ハイイロペリカン — 61
- ハイイロミズナギドリ — 56
- ハイイロモズツグミ — 303
- ハイムネメジロ — 329
- ハクセキレイ — 268
- ハクトウワシ — 101
- ハゴロモガラス — 351
- ハシグロアビ — 44
- ハシジロアビ — 45

ハシジロキツツキ	255
ハシナガクモカリドリ	326
ハシブトアジサシ	204
ハシブトウミガラス	210
ハシブトガラス	366
ハシブトハタオリ	341
ハシブトヒバリ	261
ハシボソガラス	365
ハジロオオシギ	188
ハジロカイツブリ	46
ハジロクロハラアジサシ	204
パタゴニアシギダチョウ	37
ハッカン	138
ハマシギ	196
ハマヒバリ	262
ハヤブサ	118
パラワンツカツクリ（フィリピンツカツクリ）	122
ハリオシギ	192
ハワイガン	86
バン	162

ヒ

ヒオドシジュケイ	137
ヒガシキバラヒタキ	285
ヒガラ	319
ヒクイドリ	28
ヒクイナ	160
ヒゲワシ	100
ヒシクイ	84
ヒドリガモ	89
ヒバリ	260
ヒバリシギ	195
ヒムネタイヨウチョウ	323
ヒメアマツバメ	237
ヒメウ	64
ヒメウズラ	133
ヒメウミツバメ	56
ヒメクイナ	160
ヒメクビワカモメ	202
ヒメクマタカ	114
ヒメクロウミツバメ	57
ヒメコンドル	98
ヒメノガン	164
ヒヨドリ	272
ビルマカラヤマドリ	139
ビンズイ	270

フ

フィリピンヒメミフウズラ	147
フウチョウモドキ	356
フォークランドツグミ	292
フキナガシヨタカ	235
フクロウ	233
フクロウオウム	227
フサボホロホロチョウ	147
ブッポウソウ	247
フルマカモメ	51
フンボルトペンギン	42

ヘ

ベニコンゴウインコ	226
ベニスズメ	332
ベニノジコ	343
ベニフウチョウ	358
ベニマシコ	337
ヘビクイワシ	116
ヘラサギ	79

ホ

ホオアカ	345
ホオアカトキ	77
ホオジロ	344
ホオジロカンムリヅル	154
ホシガラス	362
ホシムクドリ	353
ホロホロチョウ	146

マ

マガモ	91
マガン	85
マキノセンニュウ	310
マキバシギ	185
マキバタヒバリ	269
マクジャク	143
マゼランペンギン	43
マダガスカルオオタカ	108
マダガスカルカンムリサギ	70
マダガスカルシマクイナ	158
マダガスカルミフウズラ	149
マダラウズラ	145
マダラカンムリカッコウ	228
マダラシギダチョウ	36
マダラハゲワシ	103
マダラフルマカモメ	52
マミジロ	286
マミジロクイナ	159
マミジロゲリ	175
マミジロスズメハタオリ	369
マミジロノビタキ	297
マミチャジナイ	291
マミハウチワドリ	305
マメハチドリ	241
マリアナツカツクリ	120

ミ

ミカドキジ	139
ミサゴ	98
ミズカキチドリ	179
ミスジチドリ	181
ミソサザイ	277
ミツユビカモメ	202
ミドリオナガタイヨウチョウ	325
ミドリカラスモドキ	353
ミドリモリヤツガシラ	248
ミナミゴシキタイヨウチョウ	325
ミナミジサイチョウ	249
ミナミワタリガラス	366
ミフウズラ	148
ミミキジ	138
ミミジロコバシミツスイ	328
ミミジロネコドリ	355
ミミヒダハゲワシ	104
ミヤマガラス	363
ミヤマチドリ	182
ミヤマテッケイ	134
ミユビゲラ	254

ム

ムクドリ	352
ムジハイイロエボシドリ	227
ムナグロミフウズラ	149
ムナジロオオサンショウクイ	271
ムナジロカワガラス	276
ムナフジチメドリ	317
ムナフチュウハシ	250
ムナフヒタキ	300
ムネアカタイヨウチョウ	324
ムネアカタヒバリ	270
ムネアカヒワ	337
ムラサキサギ	66

メ

メキシコマシコ	338
メジロ	329
メジロチメドリ	317
メスグロホウカンチョウ	126
メボソムシクイ	315
メラネシアツカツクリ	121

モ

モア	22
モーリシャスチョウゲンボウ	117
モズ	282
モモイロペリカン	59
モモジロクマタカ	113
モリタイランチョウ	257
モリヒバリ	261
モリフクロウ	233

ヤ

ヤイロチョウ	259
ヤシドリ	367
ヤシハゲワシ	101
ヤツガシラ	247
ヤドリギツグミ	292
ヤブウズラ	133
ヤブガラ	320
ヤブサメ	308
ヤブシギダチョウ	34
ヤマセミ	242
ヤマドリ	140
ヤマヌレバカケス	360
ヤマヒバリ	279

ヨ

ヨウム	223
ヨーロッパアマツバメ	236

ヨーロッパオオライチョウ	129
ヨーロッパカヤクグリ	279
ヨーロッパコマドリ	293
ヨーロッパジシギ	193
ヨーロッパチュウヒ	106
ヨーロッパトウネン	195
ヨーロッパハチクイ	245
ヨーロッパビンズイ	269
ヨーロッパムナグロ	178
ヨーロッパヨシキリ	311
ヨーロッパヨタカ	234
ヨコジマテリカッコウ	229
ヨコフリオウギビタキ	301
ヨシガモ	90
ヨシゴイ	71
ヨタカ	234

ラ

ライチョウ	128
ラッパチョウ	155

リ

リュウキュウコノハズク	230
リョコウバト	220

ル

ルリオーストラリアムシクイ	306
ルリゴシインコ	222
ルリコンゴウインコ	225
ルリビタキ	296
ルリホオハチクイ	245

レ

レア（アメリカダチョウ）	26
レイサンハワイマシコ	350
レンカク	165

ワ

ワキアカチドリ	183
ワシミミズク	232
ワタリアホウドリ	48
ワライカモメ	201
ワライカワセミ	243

学名索引

A

Acanthiza chrysorrhoa — 307
Accipiter gentilis — 109
Accipiter gularis — 107
Accipiter henstii — 108
Accipiter soloensis — 107
Accipiter striatus — 108
Acrocephalus bistrigiceps — 312
Acrocephalus orientalis — 312
Acrocephalus schoenobaenus — 311
Acrocephalus scirpaceus — 311
Acryllium vulturinum — 147
Actitis hypoleucos — 189
Actitis macularius — 190
Actophilornis africanus — 165
Aegithalos caudatus — 320
Aegypius monachus — 104
Aepyornis maximus — 19
Aerodramus fuciphagus — 369
Aethopyga siparaja — 326
Agelaius phoeniceus — 351
Agropsar philippensis — 352
Ailuroedus buccoides — 355
Ailuroedus crassirostris — 355
Aix galericulata — 89
Aix sponsa — 88
Alauda arvensis — 260
Alca torda — 210
Alcedo atthis — 243
Alcippe morrisonia — 317
Alectoris chukar — 131
Alectoris rufa — 132
Amandava amandava — 332
Amaurornis phoenicurus — 161
Amblyospiza albifrons — 341
Ammomanes deserti — 260
Anaplectes rubreceps — 368
Anas acuta — 92
Anas crecca — 91
Anas falcata — 90
Anas penelope — 89
Anas platyrhynchos — 91
Anas querquedula — 93
Anas strepera — 90
Anas zonorhyncha — 92
Andigena laminirostris — 251
Anhinga melanogaster — 65
Anodorhynchus hyacinthinus — 224
Anous stolidus — 208
Anser albifrons — 85
Anser anser — 85
Anser cygnoides var. domesticus — 84
Anser fabalis — 84
Anthoscopus minutus — 369
Anthus cervinus — 270
Anthus hodgsoni — 270
Anthus pratensis — 269
Anthus rubescens — 271
Anthus trivialis — 269
Aphelocoma coerulescens — 359
Aplonis panayensis — 353
Aptenodytes forsteri — 39
Aptenodytes patagonicus — 38
Apteryx australis — 31
Apteryx owenii — 32
Apus apus — 236
Apus nipalensis — 237
Aquila audax — 114
Aquila chrysaetos — 113
Aquila clanga — 112
Aquila heliaca — 112
Ara ararauna — 225
Ara chloropterus — 226
Ara glaucogularis — 224
Ara macao — 225
Arachnothera magna — 327
Arachnothera robusta — 326
Aramides axillaris — 156
Arborophila crudigularis — 134
Archilochus alexandri — 239
Ardea alba — 67
Ardea cinerea — 66
Ardea purpurea — 66
Ardeola idea — 70
Ardeola ralloides — 69
Argusianus argus — 142
Asthenes humicola — 256
Aulacorhynchus prasinus — 250
Auriparus flaviceps — 321

B

Balearica pavonina — 154
Balearica regulorum — 154
Bambusicola thoracicus — 134
Bartramia longicauda — 185
Bombycilla garrulus — 275
Bonasa umbellus — 130
Botaurus stellaris — 72
Bradypterus luteoventris — 309
Branta canadensis — 87
Branta canadensis maxima — 86
Branta sandvicensis — 86
Bubalornis niger — 369
Bubo bubo — 232
Bubo virginianus — 231
Bubulcus ibis — 68
Buceros rhinoceros — 249
Bucorvus leadbeateri — 249
Bulweria bulwerii — 53
Burhinus capensis — 170
Burhinus oedicnemus — 170
Butastur indicus — 109
Buteo buteo — 110
Buteo lagopus — 111
Buteo regalis — 110
Butorides striata — 71
Bycanistes brevis — 248

C

Cacatua galerita — 221
Cairina moschata — 88
Calidris alpina — 196
Calidris melanotos — 196
Calidris minuta — 195
Calidris subminuta — 195
Callipepla californica — 144
Calonectris leucomelas — 55
Calypte anna — 240
Calypte costae — 240
Campephilus principalis — 255
Campylorhynchus brunneicapillus — 277
Caprimulgus europaeus — 234
Caprimulgus indicus — 234
Caprimulgus monticolus — 235
Caracara plancus — 116
Carduelis cannabina — 337
Carduelis carduelis — 336
Carduelis flavirostris — 336
Carpodacus mexicanus — 338
Casuarius bennetti — 29
Casuarius casuarius — 28
Cathartes aura — 98
Cepphus carbo — 212
Cerorhinca monocerata — 213
Certhia familiaris — 322
Cettia diphone — 308
Chalcomitra adelberti — 323
Chalcomitra senegalensis — 323
Chalcophaps indica — 219
Charadrius alexandrinus — 181
Charadrius dubius — 180
Charadrius montanus — 182
Charadrius morinellus — 183
Charadrius placidus — 179
Charadrius ruficapillus — 182
Charadrius semipalmatus — 179
Charadrius tricollaris — 181
Charadrius wilsonia — 180
Chlamydera nuchalis — 357
Chlidonias hybrida — 203
Chlidonias leucopterus — 204
Chloris sinica — 335
Chrysococcyx lucidus — 229
Chrysolophus amherstiae — 142
Chrysolophus pictus — 141
Ciconia boyciana — 75
Ciconia nigra — 74
Cinclus cinclus — 276
Cinclus pallasii — 276
Cinnyris chalybeus — 325

Cinnyris venustus	324
Circus aeruginosus	106
Circus cyaneus	106
Cisticola juncidis	304
Clamator glandarius	228
Coccothraustes coccothraustes	340
Colinus cristatus	145
Colinus virginianus	144
Colius striatus	241
Colluricincla harmonica	303
Columba janthina	217
Columba livia	216
Columba pulchricollis	217
Columba versicolor	218
Contopus virens	257
Conuropsis carolinensis	226
Coracias benghalensis	246
Coracias garrulus	246
Coracina pectoralis	271
Coragyps atratus	97
Corvus corone	365
Corvus coronoides	366
Corvus dauuricus	364
Corvus frugilegus	363
Corvus macrorhynchos	366
Corvus monedula	364
Corythaixoides concolor	227
Coturnicops exquisitus	159
Coturnix chinensis	133
Coturnix japonica	132
Crax alector	126
Crax rubra	126
Crossoptilon mantchuricum	138
Crypturellus cinnamomeus	34
Crypturellus soui	34
Cuculus optatus	228
Cursorius temminckii	172
Cyanocorax beecheii	360
Cyanocorax melanocyaneus	360
Cyanopica cyanus	361
Cyanoptila cyanomelana	299
Cygnus atratus	83
Cygnus columbianus	83
Cygnus cygnus	81
Cygnus olor	82
Cyrtonyx montezumae	146

D

Dacelo novaeguineae	243
Daption capense	52
Delichon dasypus	266
Dendrocopos kizuki	253
Dendrocopos major	253
Dicrurus macrocercus	354
Dinornis maximus	22
Diomedea epomophora	49
Diomedea exulans	48
Dromaius novaehollandiae	30
Dryocopus martius	254
Dulus dominicus	367
Dumetella carolinensis	278

E

Eclectus roratus	222
Ectopistes migratorius	220
Egretta ardesiaca	67
Egretta garzetta	69
Egretta intermedia	68
Emberiza aureola	346
Emberiza cioides	344
Emberiza cirlus	344
Emberiza fucata	345
Emberiza melanocephala	348
Emberiza rustica	346
Emberiza spodocephala	347
Emberiza sulphurata	347
Emberiza yessoensis	345
Eophona migratoria	339
Eophona personata	339
Eopsaltria australis	285
Epthianura albifrons	327
Eremophila alpestris	262
Erithacus rubecula	293
Erythrogonys cinctus	183
Erythrura gouldiae	333
Esacus recurvirostris	171
Estrilda troglodytes	332
Eudocimus ruber	76
Eudromia elegans	37
Eudyptes chrysocome	41
Eudyptula minor	41
Eupherusa eximia	238
Eurystomus orientalis	247

F

Falco amurensis	118
Falco peregrinus	118
Falco punctatus	117
Falco tinnunculus	117
Ficedula albicilla	299
Ficedula narcissina	298
Foudia madagascariensis	343
Fratercula arctica	214
Fratercula cirrhata	215
Fratercula corniculata	214
Fregata minor	65
Fringilla coelebs	334
Fulica atra	162
Fulmarus glacialis	51
Furnarius rufus	369

G

Gallicrex cinerea	161
Gallinago media	193
Gallinago paraguaiae	193
Gallinago stenura	192
Gallinago undulata	194
Gallinula chloropus	162
Gallus gallus	135
Gallus gallus var. domesticus	135
Garrulus glandarius	359
Gavia adamsii	45
Gavia arctica	44
Gavia immer	44
Gavia stellata	43
Gelochelidon nilotica	204
Geococcyx californianus	229
Geronticus eremita	77
Glareola maldivarum	171
Glareola pratincola	173
Goura cristata	220
Gracula religiosa	354
Grus Americana	153
Grus antigone	151
Grus canadensis	152
Grus grus	150
Grus japonensis	152
Grus rubicuuda	153
Gymnogyps californianus	97
Gymnorhina tibicen	349
Gypaetus barbatus	100
Gypohierax angolensis	101
Gyps africanus	102
Gyps fulvus	103
Gyps rueppellii	103

H

Halcyon coromanda	244
Haliaeetus albicilla	100
Haliaeetus leucocephalus	101
Haliaeetus vocifer	99
Harpia harpyja	111
Hemiprocne longipennis	237
Hieraaetus pennatus	114
Hieraaetus spilogaster	113
Himantornis haematopus	156
Hirundo daurica	264
Hirundo rustica	262
Hydrobates pelagicus	56
Hydrophasianus chirurgus	165
Hypsipetes amaurotis	272
Hypsipetes amaurotis stejinegeri	274
Hypsipetes madagascariensis	275

I

Indicator indicator	256
Irediparra gallinacea	166
Ixobrychus eurhythmus	72
Ixobrychus sinensis	71

J

Jynx torquilla	255

L

Lagopus lagopus	127
Lagopus leucura	128
Lagopus muta	128
Lanius bucephalus	282
Lanius collaris	280
Lanius cristatus	281
Lanius excubitor	283
Lanius ludovicianus	283

Lanius schach	282
Lanius sphenocercus	284
Lanius tigrinus	281
Larus atricilla	201
Larus crassirostris	198
Larus fuscus	199
Larus glaucoides	200
Larus marinus	200
Larus melanocephalus	201
Larus schistisagus	199
Leptocoma sperata	324
Leptoptilos crumeniferus	75
Lichenostomus penicillatus	328
Limicola falcinellus	197
Limnodromus scolopaceus	194
Limosa lapponica	184
Lissotis melanogaster	164
Locustella fasciolata	309
Locustella lanceolata	310
Locustella pleskei	310
Lophaetus occipitalis	115
Lophophorus impejanus	136
Lophura nycthemera	138
Loxioides bailleui	350
Lullula arborea	261
Luscinia akahige	293
Luscinia calliope	294
Luscinia cyane	295
Luscinia johnstoniae	296
Luscinia megarhynchos	294
Luscinia svecica	295

M

Macrodipteryx vexillarius	235
Malimbus cassini	368
Malurus cyaneus	306
Megaceryle lugubris	242
Megapodius cumingii	122
Megapodius eremita	121
Megapodius freycinet	119
Megapodius freycinet (*Megapodius micobariensis*)	121
Megapodius laperouse	120
Megapodius pritchardii	120
Melanitta americana	94
Meleagris gallopavo	127
Mellisuga helenae	241
Menura novaehollandiae	259
Mergus serrator	94
Merops apiaster	245
Merops superciliosus	245
Metopidius indicus	166
Milvus migrans	99
Mitu mitu	125
Mohoua ochrocephala	307
Monticola solitarius	286
Morus bassanus	61
Motacilla alba	268
Motacilla cinerea	267
Motacilla flava	267
Motacilla grandis	268

Muscicapa dauurica	300
Muscicapa striata	300
Mycteria ibis	74
Myiarchus crinitus	258
Myiopsitta monachus	367

N

Nectarinia famosa	325
Neophron percnopterus	102
Ninox scutulata	232
Nipponia nippon	78
Nothoprocta cinerascens	35
Nothoprocta pentlandii	36
Nothura maculosa	36
Nucifraga caryocatactes	362
Numenius americanus	184
Numida meleagris	146
Nycticorax nycticorax	70
Nycticryphes semicollaris	168
Nymphicus hollandicus	221

O

Oceanodroma leucorhoa	57
Oceanodroma matsudairae	58
Oceanodroma monorhis	57
Oceanodroma tristrami	58
Oculocincta squamifrons	330
Odontophorus guttatus	145
Opisthocomus hoazin	150
Oriolus oriolus	340
Ortalis wagleri	124
Orthorhyncus cristatus	238
Orthotomus sutorius	304
Otis tarda	163
Otus elegans	230
Otus lempiji	231
Otus sunia	230

P

Pachycephala pectoralis	303
Pandion haliaetus	98
Paradisaea guilielmi	358
Paradisaea rubra	358
Paradoxornis webbianus	322
Parus minor	318
Passer domesticus	330
Passer montanus	331
Passer rutilans	331
Patagona gigas	239
Pauxi pauxi	125
Pavo cristatus	143
Pavo muticus	143
Pelecanus crispus	61
Pelecanus erythrorhynchos	60
Pelecanus occidentalis	60
Pelecanus onocrotalus	59
Pelecanus rufescens	59
Pellorneum ruficeps	317
Penelope superciliaris	123
Penelopina nigra	124

Perdicula asiatica	133
Pericrocotus divaricatus	272
Periparus ater	319
Perisoreus infaustus	361
Petrochelidon ariel	266
Petrochelidon pyrrhonota	265
Petrochelidon spilodera	265
Phaethon aethereus	46
Phaethon lepturus	47
Phaethon rubricauda	47
Phalacrocorax brasilianus	63
Phalacrocorax carbo	62
Phalacrocorax harrisi	63
Phalacrocorax pelagicus	64
Phalacrocorax pygmeus	64
Phalaropus fulicarius	191
Phalaropus tricolor	190
Pharomachrus mocinno	242
Phasianus colchicus	141
Phasianus colchicus karpowi	140
Pheucticus melanocephalus	349
Philetair socius	367
Phimosus infuscatus	76
Phleocryptes melanops	257
Phoebastria albatrus	50
Phoebastria immutabilis	51
Phoebastria nigripes	49
Phoenicoparrus andinus	80
Phoenicopterus chilensis	80
Phoenicopterus ruber	79
Phoeniculus purpureus	248
Phoenicurus ochruros	297
Phonygammus kerauarenii	357
Phylloscopus collybita	315
Phylloscopus coronatus	316
Phylloscopus ijimae	316
Phylloscopus trochilus	314
Phylloscopus xanthodryas	315
Pica pica	362
Picoides tridactylus	254
Pinguinus impennis	209
Pipile pipile	123
Pitta nympha	259
Platalea leucorodia	79
Plocepasser mahali	369
Ploceus cucullatus	342
Ploceus philipinus	368
Ploceus xanthops	343
Pluvialis apricaria	178
Pluvialis squatarola	178
Podiceps nigricollis	46
Poecile montanus	318
Polemaetus bellicosus	115
Porzana cinerea	159
Porzana fusca	160
Porzana pusilla	160
Prinia flaviventris	305
Prinia inornata	305
Prionops plumatus	285
Procellaria aequinoctialis	53
Procellaria cinerea	54

Procellaria parkinsoni — 54	*Scolopax minor* — 192	*Toxostoma redivivum* — 278
Promerops cafer — 328	*Scolopax mira* — 191	*Tragopan satyra* — 137
Prunella modularis — 279	*Scopus umbretta* — 73	*Tringa erythropus* — 185
Prunella montanella — 279	*Sericulus chrysocephalus* — 356	*Tringa glareola* — 188
Prunella rubida — 280	*Serinus canaria* — 335	*Tringa nebularia* — 187
Psaltriparus minimus — 320	*Serinus serinus* — 334	*Tringa ochropus* — 187
Psarocolius decumanus — 368	*Sitta europaea* — 319	*Tringa semipalmatus* — 188
Pseudochelidon eurystomina — 263	*Somateria spectabilis* — 93	*Tringa stagnatilis* — 186
Psittacula alexandri — 223	*Spheniscus demersus* — 42	*Tringa totanus* — 186
Psittacus erithacus — 223	*Spheniscus humboldti* — 42	*Troglodytes troglodytes* — 277
Psittinus cyanurus — 222	*Spheniscus magellanicus* — 43	*Turdus cardis* — 288
Psophia crepitans — 155	*Spilornis cheela* — 105	*Turdus celaenops* — 290
Pterocles alchata — 215	*Spodiopsar cineraceus* — 352	*Turdus chrysolaus* — 290
Pterodroma hypoleuca — 52	*Stercorarius longicaudus* — 198	*Turdus falcklandii* — 292
Pteroglossus torquatus — 250	*Stercorarius parasiticus* — 197	*Turdus hortulorum* — 288
Ptilonorhynchus violaceus — 356	*Sterna albifrons* — 207	*Turdus merula* — 289
Puffinus griseus — 56	*Sterna aleutica* — 206	*Turdus obscurus* — 291
Puffinus pacificus — 55	*Sterna bergii* — 207	*Turdus olivaceus* — 287
Pycnonotus barbatus — 274	*Sterna caspia* — 205	*Turdus pilaris* — 291
Pycnonotus sinensis — 273	*Sterna fuscata* — 206	*Turdus torquatus* — 289
Pycnonotus taivanus — 273	*Sterna hirundo* — 203	*Turdus viscivorus* — 292
Pygoscelis adeliae — 40	*Sterna paradisaea* — 205	*Turnix melanogaster* — 149
Pygoscelis papua — 40	*Sterna sandvicensis* — 208	*Turnix nigricollis* — 149
Pyrrhocorax graculus — 363	*Streptopelia decaocto* — 219	*Turnix suscitator* — 148
Pyrrhula pyrrhula — 338	*Streptopelia orientalis* — 218	*Turnix tanki* — 148
	Strigops habroptila — 227	*Turnix worcesteri* — 147
	Strix aluco — 233	*Tympanuchus cupido* — 131
Q	*Strix uralensis* — 233	*Tyrannus verticalis* — 258
Quiscalus quiscula — 351	*Struthio camelus* — 24	
	Sturnus vulgaris — 353	**U**
R	*Sula leucogaster* — 62	*Upupa epops* — 247
Rallus aquaticus — 155	*Sylvia borin* — 313	*Uragus sibiricus* — 337
Rallus elegans — 158	*Sylvia communis* — 313	*Uria aalge* — 211
Rallus limicola — 157	*Sylvia curruca* — 314	*Uria lomvia* — 210
Rallus longirostris — 157	*Synthliboramphus antiquus* — 212	*Urosphena squameiceps* — 308
Ramphastos dicolorus — 251	*Synthliboramphus wumizusume* — 213	
Ramphastos toco — 252	*Syrmaticus humiae* — 139	**V**
Ramphastos tucanus — 252	*Syrmaticus mikado* — 139	*Vanellus chilensis* — 176
Ramphocoris clotbey — 261	*Syrmaticus soemmerringii* — 140	*Vanellus cinereus* — 176
Recurvirostra avosetta — 168		*Vanellus coronatus* — 174
Recurvirostra novaehollandiae — 169	**T**	*Vanellus gregarius* — 175
Regulus regulus — 306	*Tachybaptus ruficollis* — 45	*Vanellus indicus* — 177
Remiz pendulinus — 321	*Tachycineta meyeni* — 263	*Vanellus leucurus* — 175
Rhea americana — 26	*Tachymarptis melba* — 236	*Vanellus miles* — 177
Rhea pennata — 27	*Tadorna ferruginea* — 87	*Vanellus senegallus* — 174
Rhinoptilus chalcopterus — 172	*Taeniopygia guttata* — 333	*Vanellus vanellus* — 173
Rhipidura fuliginosa — 301	*Tarsiger cyanura* — 296	*Vultur gryphus* — 95
Rhipidura leucophrys — 301	*Tchagra senegalus* — 284	
Rhodostethia rosea — 202	*Telespiza cantans* — 350	**X**
Rhynchotus rufescens — 35	*Terathopius ecaudatus* — 105	*Xenus cinereus* — 189
Riparia riparia — 264	*Terpsiphone atrocaudata* — 302	
Rissa tridactyla — 202	*Terpsiphone paradisi* — 302	**Z**
Rollulus rouloul — 136	*Tetrao tetrix* — 129	*Zonotrichia capensis* — 348
Rostratula benghalensis — 167	*Tetrao urogallus* — 129	*Zoothera dauma* — 287
	Tetrastes bonasia — 130	*Zoothera sibirica* — 286
S	*Tetrax tetrax* — 164	*Zosterops japonicus* — 329
Sagittarius serpentarius — 116	*Threskiornis melanocephalus* — 77	*Zosterops lateralis* — 329
Sarcoramphus papa — 96	*Tinamotis ingoufi* — 37	
Sarothrura insularis — 158	*Tinamus solitarius* — 33	
Saxicola rubetra — 297	*Todus todus* — 244	
Saxicola torquatus — 298	*Torgos tracheliotus* — 104	

英名索引

A

Adelie Penguin	40
African Fish Eagle	99
African Hawk Eagle	113
African Jacana	165
African Penguin	42
African River Martin	263
Alagoas Curassow	125
Aleutian Tern	206
Alpine Swift	236
Amami Woodcock	191
American Painted-snipe	168
American White Pelican	60
American Woodcock	192
Amur Falcon	118
Ancient Murrelet	212
Andean Condor	95
Andean Flamingo	80
Andean Tinamou	36
Anna's Hummingbird	240
Antillean Crested Hummingbird	238
Arctic Loon	44
Arctic Tern	205
Ashy Minivet	272
Ashy Wood Pigeon	217
Asian Brown Flycatcher	300
Asian Glossy Starling	353
Asian House Martin	266
Asian Paradise Flycatcher	302
Asian Stubtail	308
Atlantic Puffin	214
Austral Thrush	292
Australian Magpie	349
Australian Raven	366
Azure-winged Magpie	361

B

Baillon's Crake	160
Bald Eagle	101
Barn swallow	262
Barred Buttonquail	148
Bar-tailed Godwit	184
Bateleur	105
Baya Weaver	368
Bean Goose	84
Bee Hummingbird	241
Black Crowned Crane	154
Black Curassow	126
Black Drongo	354
Black Grouse	129
Black Heron	67
Black Kite	99
Black Petrel	54
Black Redstart	297
Black Stork	74
Black Swan	83
Black Vulture	97
Black Woodpecker	254
Black-bellied Bustard	164
Black-breasted Buttonquail	149
Black-browed Reed Warbler	312
Black-chinned Hummingbird	239
Black-crowned Night Heron	70
Black-crowned Tchagra	284
Black-faced Bunting	347
Black-footed Albatross	49
Black-headed Bunting	348
Black-headed Grosbeak	349
Black-headed Ibis	77
Black-legged Kittiwake	202
Black-necked Grebe	46
Black-rumped Waxbill	332
Black-tailed Gull	198
Blue Rock Thrush	286
Blue-and-white Flycatcher	299
Blue-and-yellow Macaw	225
Blue-breasted Quail	133
Blue-rumped Parrot	222
Bluethroat	295
Blue-throated Macaw	224
Bohemian Waxwing	275
Bonin Petrel	52
Bonin Wood Pigeon	218
Booted Eagle	114
Broad-billed Sandpiper	197
Brolga	153
Bromze-winged Courser	172
Bronze-winged Jacana	166
Brown Booby	62
Brown Bush Warbler	309
Brown Dipper	276
Brown Eared Pheasant	138
Brown Hawk Owl	232
Brown Kiwi	31
Brown Noddy	208
Brown Pelican	60
Brown Shrike	281
Brown-eared Bulbul	272
Brown-eared Bulbul	274
Brown-headed Thrush	290
Brushland Tinamou	35
Buff-throated Sunbird	323
Bull-headed Shrike	282
Bulwer's Petrel	53
Bushtit	320
Bushy-crested Jay	360

C

Cactus Wren	277
California Condor	97
California Quail	144
California Thrasher	278
Canada Goose	87
Cape Penduline-tit	369
Cape Petrel	52
Cape Sugarbird	328
Capercaillie	129
Carolina Parakeet	226
Carrion Crow	365
Caspian Tern	205
Cassin's Malimbe	368
Cattle Egret	68
Chestnut-cheeked Starling	352
Chestnut-eared Bunting	345
Chilean Flamingo	80
Chilean Swallow	263
Chinese Bamboo Partridge	134
Chinese Goshawk	107
Chinese Great-grey Shrike	284
Chukar	131
Cinereous Vulture	104
Cirl Bunting	344
Clapper Rail	157
Cliff Swallow	265
Coal Tit	319
Cockatiel	221
Collared Aracari	250
Collared Bush Robin	296
Collared Pratincole	173
Collared Scops Owl	231
Comb-crested Jacana	166
Commn Chiffchaff	315
Common Bulbul	274
Common Buzzard	110
Common Chaffinch	334
Common Coot	162
Common Crane	150
Common Fiscal	280
Common Grackle	351
Common Greenshank	187
Common Kestrel	117
Common Kingfisher	243
Common Loon	44
Common Moorhen	162
Common Murre	211
Common Nightingale	294
Common Piping Guan	123
Common Redshank	186
Common Sandpiper	189
Common Scoter	94
Common Starling	353
Common Swift	236
Common Tailorbird	304
Common Teal	91
Common Tern	203
Common Whitethroat	313
Copper Pheasant	140
Costa's Hummingbird	240
Crested Bobwhite	145
Crested Caracara	116
Crested Ibis	78

383

Crested Kingfisher — 242
Crested Partridge — 136
Crested Propendola — 368
Crested Serpent Eagle — 105
Crimson Sunbird — 326
Crowned Lapwing — 174

D

Dalmatian Pelican — 61
Daurian Jackdaw — 364
Desert Lark — 260
Dunlin — 196
Dunnock — 279
Dusky Scrubfowl — 119
Dusky Scrubfowl (Nicobar Scrubfowl) — 121
Dusky-tailed Canastero — 256
Dwarf Cassowary — 29

E

Eastern Crowned Leaf Warbler — 316
Eastern Spot-billed Duck — 92
Eastern Wood Pewee — 257
Eastern Yellow Robin — 285
Eclectus Parrot — 222
Edible-nest Swiftlet — 369
Egyptian Vulture — 102
Elegant Crested Tinamou — 37
Elephant Bird — 19
Emerald Dove — 219
Emerald Toucanet — 250
Emperor Bird-of-paradise — 358
Emperor Penguin — 39
Emu — 30
Eurasian Blackbird — 289
Eurasian Bullfinch — 338
Eurasian Collared Dove — 219
Eurasian Dotterel — 183
Eurasian Eagle Owl — 232
Eurasian Griffon — 103
Eurasian Jay — 359
Eurasian Linnet — 337
Eurasian Magpie — 362
Eurasian Nightjar — 234
Eurasian Penduline Tit — 321
Eurasian Reed Warbler — 311
Eurasian Spoonbill — 79
Eurasian Thick-knee — 170
Eurasian Tree Sparrow — 331
Eurasian Treecreeper — 322
Eurasian Wigeon — 89
Eurasian Wryneck — 255
European Bee-eater — 245
European Golden Plover — 178
European Goldfinch — 336
European Nuthatch — 319
European Robin — 293
European Roller — 246
European Serin — 334
European Storm Petrel — 56
Eyebrowed Thrush — 291

F

Fairy Martin — 266
Fairy Pitta — 259
Falcated Duck — 90
Ferruginous Hawk — 110
Fieldfare — 291
Flightless Cormorant — 63
Franklin's Nightjar — 235

G

Gadwall — 90
Garden Warbler — 313
Garganey — 93
Gentoo Penguin — 40
Giant Canada Goose — 86
Giant Hummingbird — 239
Giant Moa — 22
Giant Snipe — 194
Goldcrest — 306
Golden Eagle — 113
Golden Oriole — 340
Golden Pheasant — 141
Golden Whistler — 303
Golden-bronze Cuckoo — 229
Gouldian Finch — 333
Gray Crowned Crane — 154
Gray's Grasshopper Warbler — 309
Great Argus — 142
Great Auk — 209
Great Bittern — 72
Great Black-backed Gull — 200
Great Bowerbird — 357
Great Bustard — 163
Great Cormorant — 62
Great Crested Flycatcher — 258
Great Crested Tern — 207
Great Curassow — 126
Great Egret — 67
Great Frigatebird — 65
Great Grey Shrike — 283
Great Horned Owl — 231
Great Snipe — 193
Great Spotted Cuckoo — 228
Great Spotted Woodpecker — 253
Great Thick-knee — 171
Great White Pelican — 59
Greater Flamingo — 79
Greater Honeyguide — 256
Greater Painted-snipe — 167
Greater Prairie-chicken — 131
Greater Rhea — 26
Greater Roadrunner — 229
Greater Spotted Eagle — 112
Greater White-fronted Goose — 85
Green Catbird — 355
Green Peafowl — 143
Green Pheasant — 141
Green Sandpiper — 187
Green Woodhoopoe — 248
Grey Catbird — 278

Grey Go-away-bird — 227
Grey Heron — 66
Grey Parrot — 223
Grey Petrel — 54
Grey Plover — 178
Grey Shrike-thrush — 303
Grey Wagtail — 267
Grey-backed Thrush — 288
Grey-cheeked Fulvetta — 317
Grey-faced Buzzard — 109
Grey-headed Lapwing — 176
Greylag Goose — 85
Grey-rumped Treeswift — 237
Grey-winged Trumpeter — 155
Grosbeak Weaver — 341
Gull-billed Tern — 204

H

Hamerkop — 73
Harpy Eagle — 111
Hawfinch — 340
Hazel Grouse — 130
Helmeted Curassow — 125
Helmeted Guineafowl — 146
Henst's Goshawk — 108
Highland Guan — 124
Hill Myna — 354
Himalayan Monal — 136
Hoatzin — 150
Holub's Golden Weaver — 343
Hoopoe — 247
Horned Lark — 262
Horned Puffin — 214
House Finch — 338
House Sparrow — 330
House Swift — 237
Humboldt Penguin — 42
Hume's Pheasant — 139
Hyacinth Macaw — 224

I

Iceland Gull — 200
Ijima's Leaf Warbler — 316
Imperial Eagle — 112
Indian Peafowl — 143
Indian Roller — 246
Intermediate Egret — 68
Island Canary — 335
Ivory-billed Woodpecker — 255
Izu Thrush — 290

J

Jamaican Tody — 244
Japanese Accentor — 280
Japanese Bush Warbler — 308
Japanese Grosbeak — 339
Japanese Leaf Warbler — 315
Japanese Murrelet — 213
Japanese Paradise Flycatcher — 302
Japanese Quail — 132

Japanese Reed Bunting	345
Japanese Robin	293
Japanese Sparrowhawk	107
Japanese Thrush	288
Japanese Tit	318
Japanese Wagtail	268
Japanese White-eye	329
Japanese Wood Pigeon	217
Jungle Bush Quail	133
Jungle Nightjar	234

K

Kakapo	227
Kentish Plover	181
King Eider	93
King Penguin	38
King Rail	158
King Vulture	96

L

Lady Amherst's Pheasant	142
Lammergeier	100
Lanceolated Grasshopper Warbler	310
Lappet-faced Vulture	104
Large-billed Crow	366
Laughing Gull	201
Laughing Kookaburra	243
Laysan Albatross	51
Laysan Finch	350
Leach's Storm Petrel	57
Lesser Black-backed Gull	199
Lesser Rhea	27
Lesser Whitethroat	314
Light-vented Bulbul	273
Little Bustard	164
Little Egret	69
Little Grebe	45
Little Penguin	41
Little Ringed Plover	180
Little Spotted Kiwi	32
Little Stint	195
Little Tern	207
Little Tinamou	34
Loggerhead Shrike	283
Long Tailed Fowl	135
Long-billed Curlew	184
Long-billed Dowitcher	194
Long-billed Plover	179
Long-billed Spiderhunter	326
Long-crested Eagle	115
Long-tailed Jaeger	198
Long-tailed Rosefinch	337
Long-tailed Shrike	282
Long-tailed Tit	320
Long-toed Stint	195

M

Madagascar Black Bulbul	275
Madagascar Buttonquail	149
Madagascar Flufftail	158
Madagascar Pond Heron	70
Madagascar Red Fody	343
Magellanic Penguin	43
Malachite Sunbird	325
Mallard	91
Mandarin Duck	89
Marabou Stork	75
Marsh Sandpiper	186
Martial Eagle	115
Masked Lapwing	177
Matsudaira's Storm Petrel	58
Mauritius Kestrel	117
Meadow Pipit	269
Mediterranean Gull	201
Melanesian Scrubfowl	121
Micronesian Scrubfowl	120
Mikado Pheasant	139
Mistle Thrush	292
Monk Parakeet	367
Montezuma Quail	146
Mountain Plover	182
Muscovy Duck	88
Mute Swan	82
Narcissus Flycatcher	298

N

Nene	86
Neotropic Cormorant	63
New Zealand Fantail	301
Niaufoou Scrubfowl	120
Nkulengu Rail	156
Northern Bald Ibis	77
Northern Bobwhite	144
Northern Fulmar	51
Northern Gannet	61
Northern Goshawk	109
Northern Harrier	106
Northern Lapwing	173
Northern Pintail	92
Northern Wren	277

O

Olive Bee-eater	245
Olive Thrush	287
Olive-backed Pipit	270
Oriental Cuckoo	228
Oriental Darter	65
Oriental Dollarbird	247
Oriental Great Reed Warbler	312
Oriental Greenfinch	335
Oriental Pratincole	171
Oriental Scops Owl	230
Oriental Stork	75
Oriental Turtle Dove	218
Osprey	98
Ostrich	24

P

Palila	350
Palmechat	367
Palm-nut Vulture	101
Parasitic Jaeger	197
Passenger Pigeon	220
Patagonian Tinamou	37
Pectoral Sandpiper	196
Pelagic Cormorant	64
Pennant-winged Nightjar	235
Peregrine Falcon	118
Pheasant-tailed Jacana	165
Philippine Scrubfowl	122
Pied Avocet	168
Pink-backed Pelican	59
Pintail Snipe	192
Pin-tailed Sandgrouse	215
Plain Prinia	305
Plate-billed Mountain Toucan	251
Puff-throated Babbler	317
Purple Heron	66
Purple-throated Sunbird	324
Purplish-backed Jay	360
Pygmy Cormorant	64
Pygmy White-eye	330
Pygmy Woodpecker	253

R

Razorbill	210
Red Avadavat	332
Red Bird-of-paradise	358
Red Crowned Crane	152
Red Junglefowl	135
Red Phalarope	191
Red-and-green Macaw	226
Red-billed Buffalo Weaver	369
Red-billed Toucan	252
Red-billed Tropicbird	46
Red-breasted Merganser	94
Red-breasted Parakeet	223
Red-breasted Toucan	251
Red-capped Plover	182
Red-flanked Bluetail	296
Red-kneed Dotterel	183
Red-legged Partridge	132
Red-necked Avocet	169
Red-needed Weaver	368
Red-rumped Swallow	264
Red-tailed Tropicbird	47
Red-throated Loon	43
Red-throated Pipit	270
Red-wattled Lapwing	177
Red-winged Blackbird	351
Red-winged Tinamou	35
Regent Bowerbird	356
Resplendent Quetzal	242
Rhinoceros Auklet	213
Rhinoceros Hornbill	249
Ring Ouzel	289
Ring-necked Pheasant	140
Rock Pigeon	216
Rock Ptarmigan	128

Rockhopper Penguin	41
Rook	363
Ross's Gull	202
Rough-legged Buzzard	111
Royal Albatross	49
Ruddy Kingfisher	244
Ruddy Shelduck	87
Ruddy-breasted Crake	160
Ruffed Grouse	130
Rufous Hornero	369
Rufous-bellied Chachalaca	124
Rufous-collared Sparrow	348
Rufous-necked Wood Rail	156
Ruppell's Griffon	103
Russet Sparrow	331
Rustic Bunting	346
Rusty-margined Guan	123
Ryukyu Scops Owl	230

S

Sand Martin	264
Sandhill Crane	152
Sandwich Tern	208
Sarus Crane	151
Satin Bowerbird	356
Satyr Tragopan	137
Scarlet Ibis	76
Scarlet Macaw	225
Scarlet-chested Sunbird	323
Schrenck's Bittern	72
Scrub Jay	359
Secretarybird	116
Sedge Warbler	311
Semipalmated Plover	179
Sharp-shinned Hawk	108
Short-tailed Albatross	50
Siberian Accentor	279
Siberian Blue Robin	295
Siberian Jay	361
Siberian Meadow Bunting	344
Siberian Rubythroat	294
Siberian Thrush	286
Silver Pheasant	138
Silvereye	329
Silvery-cheeked Hornbill	248
Skylark	260
Slaty-backed Gull	199
Sociable Lapwing	175
Sociable Weaver	367
Solitary Tinamou	33
Sooty Shearwater	56
Sooty Tern	206
South African Swallow	265
South American Snipe	193
Southern Cassowary	28
Southern Double-collared Sunbird	325
Southern Ground-hornbill	249
Southern Lapwing	176
Speckled Mousebird	241
Spectacled Guillemot	212
Spotted Flycatcher	300

Spotted Nothura	36
Spotted Nutcracker	362
Spotted Redshank	185
Spotted Sandpiper	190
Spotted Thick-knee	170
Spotted Wood Quail	145
Squacco Heron	69
Stonechat	298
Streaked Shearwater	55
Streaked Spiderhunter	327
Striated Heron	71
Stripe-tailed Hummingbird	238
Styan's Bulbul	273
Styan's Grasshopper Warbler	310
Sulphur-crested Cockatoo	221
Superb Fairywren	306
Superb Lyrebird	259
Swan Goose (Domestic type)	84
Swinhoe's Storm Petrel	57

T

Taiga Flycatcher	299
Taiwan Partridge	134
Tawny Owl	233
Temminck's Courser	172
Terek Sandpiper	189
Thick-billed Lark	261
Thick-billed Murre	210
Thicket Tinamou	34
Three-banded Plover	181
Three-toed Woodpecker	254
Tiger Shrike	281
Toco Toucan	252
Tree Pipit	269
Tristram's Storm Petrel	58
Trumpet Manucode	357
Tufted Puffin	215
Tundra Swan	83
Turkey Vulture	98
Twite	336

U

Upland Sandpiper	185
Ural Owl	233

V

Variable Sunbird	324
Verdin	321
Village Weaver	342
Vinous-throated Parrotbill	322
Virginia Rail	157
Vulturine Guineafowl	147

W

Wandering Albatross	48
Water Pipit	271
Water Rail	155
Watercock	161
Wattled Lapwing	174
Wedge-tailed Eagle	114

Wedge-tailed Shearwater	55
Western Crowned Pigeon	220
Western Jackdaw	364
Western Kingbird	258
Western Marsh Harrier	106
Whinchat	297
Whiskered Tern	203
Whispering Ibis	76
White Helmetshrike	285
White Wagtail	268
White-backed Vulture	102
White-breasted Cuckoo-shrike	271
White-breasted Waterhen	161
White-browed Crake	159
White-browed Sparrow Weaver	369
White-cheeked Starling	352
White-chinned Petrel	53
White-eared Catbird	355
White-fronted Chat	327
White-plumed Honeyeater	328
White's Thrush	287
White-tailed Eagle	100
White-tailed Lapwing	175
White-tailed Ptarmigan	128
White-tailed Tropicbird	47
White-throated Dipper	276
White-winged Tern	204
Whooper Swan	81
Whooping Crane	153
Wild Turkey	127
Willet	188
Willie-wagtail	301
Willow Ptarmigan	127
Willow Tit	318
Willow Warbler	314
Wilson's Phalarope	190
Wilson's Plover	180
Wood Duck	88
Wood Sandpiper	188
Woodlark	261
Worcester's Buttonquail	147
Wren-like Rushbird	257

Y

Yellow Bittern	71
Yellow Bunting	347
Yellow Rail	159
Yellow Wagtail	267
Yellow-bellied Prinia	305
Yellow-billed Chough	363
Yellow-billed Grosbeak	339
Yellow-billed Loon	45
Yellow-billed Stork	74
Yellow-breasted Bunting	346
Yellowhead	307
Yellow-legged Buttonquail	148
Yellow-rumped Thornbill	307

Z

Zebra Finch	333
Zitting Cisticola	304

取材協力

WESTERN FOUNDATION of VERTABRATE ZOOLOGY（アメリカ）、山形県立博物館、兵庫県立人と自然の博物館、庄司昭夫記念館、我孫子市鳥の博物館

参考文献

- BIRDS of THE WORLD. Volume1〜9. 1969-1971.Johon Gooders IPC MAGAZINE LTD .UK
- Complete Book of Australian Birds ..1988 .Readers Digest .Australia
- THE COMPLEATE BOOK of SOUTHERN AFRICAN BIRDS.1989 P,j,Gimm,STRUCK WINCHESTER .South Africa
- A GUIDE TO THE Nests,Eggs and Nestlings of North American Birds, Paul J .Baicich ColinsJ.O Harrison 1977,USA
- Eastern Birds Nest..Hal Harrison 1975 Houghton Miffling Company.USA
- Western Birds Nest..Hal Harrison 1979 Houghton Miffling Company.USA
- NESTS and EGGS of Southern African Birds.Warwick Tarboton..Struck Publishers LTD .2012.South Africa
- HANDBOOK of THE BIRDS of THE WORLD.Volume 1~16.Lynx Editions 1992=2011 Spain
- 『日本鳥類目録 改訂第7版』日本鳥学会編
- 『世界鳥類和名辞典』山階芳麿著（大学書林）
- 『世界「鳥の卵」図鑑』マイケル ウォルターズ著（新樹社）
- 『原色 日本野鳥生態図鑑 陸鳥編』中村登流、中村雅彦 共著（保育社）
- 『原色 日本野鳥生態図鑑 水鳥編』中村登流、中村雅彦 共著（保育社）
- 『日本の野鳥 巣と卵図鑑』柿沢亮三、小海途銀次郎 共著（世界文化社）
- 『鳥類学』フランクBギル著（新樹社）
- 『朝日週刊百科 動物たちの地球 鳥類Ⅰ・Ⅱ』（朝日新聞社）

P1：ニシフウキンチョウ　Western Tanager　*Piranga ludoviciana*
P17：キーウィ　Brown Kiwi　*Apteryx australis*

世界655種
鳥と卵と巣の大図鑑

2014年05月24日　初版第1刷発行
2015年08月24日　初版第3刷発行

著者	吉村卓三
絵・構成	鈴木まもる
監修	林 良博
カバーデザイン	小口翔平(tobufune)
本文デザイン	小口翔平(tobufune)＋黒瀬章夫(nakagurograph)
撮影	正木信之
	中村 太
	Rene Corado
文章協力	鈴木まもる
編集	藤本淳子
編集協力	村山聡美
	下村千秋
発行者	木谷仁哉
発行所	株式会社ブックマン社
	〒101-0065　千代田区西神田3-3-5
	TEL 03-3237-7777　FAX 03-5226-9599
	http://www.bookman.co.jp
印刷・製本	凸版印刷株式会社

ISBN978-4-89308-813-0

乱丁・落丁本はお取替えいたします。
本書の一部あるいは全部を無断で複写複製及び転載することは、
法律で認められた場合を除き、著作権の侵害となります。
定価はカバーに表示してあります。

© Takuzo Yoshimura , Mamoru Suzuki , BOOKMAN-sha
PRINTED IN JAPAN 2014

Scarlet Minivet *Karoo Scrub Robin* *Jacobin Cuckoo* *Booted Warbler* *Tree Pipit*

Common Tailorbird *Simple Greenbul* *Madagascar Black Bulbul* *Japanese Tit* *Yellow-eared Spiderhunter*

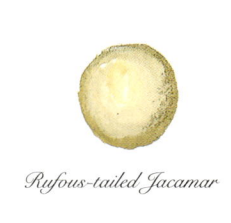

Oriental White-eye *Pine Grosbeak* *Blue-grey Gnatcatcher* *Greater Honeyguide* *Rufous-tailed Jacamar*

New Guinea Friarbird *Cardinal Quelea* *Gray's Malimbe* *Grey Bushchat* *Oriental Magpie Robin*

Magpie-lark *Scarlet Minivet* *Turnstone* *Plain Prinia* *Magnificent Riflebird*

San Blas Jay *African Brown Flycatcher* *Lemon-throated sericornis* *Vinous-throated Parrotbill*

White-fronted Chat *Pied Avocet* *Spotted Grey Creeper* *Long-tailed Tit*

Skylark *Black-headed Weaver* *Anna's Hummingbird* *Magpie Robin*